技术元素

The Technium

【美】凯文·凯利（Kevin Kelly）著
张行舟 余倩 周峰 管策 金鑫 曾丹阳 李远 译

電子工業出版社
Publishing House of Electronics Industry
北京 • BEIJING

图书在版编目（CIP）数据

技术元素 /（美）凯利（Kelly,K.）著；张行舟等译 . —北京：电子工业出版社，2012.6

ISBN 978-7-121-16733-1

Ⅰ . ①技…　Ⅱ . ①凯…　②张…　Ⅲ . ①未来学－文集　Ⅳ . ① G303-53

中国版本图书馆 CIP 数据核字（2012）第 065232 号

策划编辑：胡　南
责任编辑：李　影
印　　刷：三河市鑫金马印装有限公司
装　　订：三河市鑫金马印装有限公司
出版发行：电子工业出版社
　　　　　北京市海淀区万寿路 173 信箱　邮编 100036
开　　本：720×1000　1/16　印张：26　字数：380 千字
版　　次：2012 年 6 月第 1 版
印　　次：2022 年 3 月第 27 次印刷
定　　价：68.00 元

凡所购买电子工业出版社图书有缺损问题，请向购买书店调换。若书店售缺，请与本社发行部联系，联系及邮购电话：（010）88254888。

质量投诉请发邮件至zlts@phei.com.cn，盗版侵权举报请发邮件至dbqq@phei.com.cn。
服务热线：（010）88258888。

目 录

第五章　未来 / 361

第一章

技术元素

The Technium

THE NAME OF WHAT WE DO
技术的洗礼

技术元素（technium）在人类诞生之前就已存在。但是在大部分时间里，技术都被人们忽略了，直到近代它才有了名字。没有人确切地知道它是什么，它做了什么，以及它到底意味着什么。

对于今天的大部分人来说，“技术”这个词意味着炼铁厂、电话、化学制品、汽车、硅芯片和其他一大堆冰冷的东西。我们几乎都能听见技术厚重的颚音中那金属震荡之音——tek，tek。

但是这并不是三千年前这个名字产生的由来。“技艺”（techne）是古希腊人用来形容给事物以形状的动作的词，例如用陶土制作罐子、用木头制作桌子。这有些像我们所说的“手工艺”（craft），尽管其含义远远大于简单的手工劳动。这是一门带有创造精神的手工活，它更像是一门艺术。古希腊人认为工匠和技工将羊毛制成毛衣、大理石做成饰物、铁制成斧头以及将银打造成珠宝；而手工艺人的“技艺”不仅反映了他们双手的工作，而且也反映出了他们的才智，这些才智中属于艺术家的那一部分精神在陶土中呼吸着。“技艺”对于人类来说是一项独一无二的高尚行为。

“灵巧”（craftiness）曾被认为是人类最重要的特性之一。“techne”是人类最重要的特性之一。"技艺"也用于表示在各种情景下以智取胜的能力。正因为如此，这一特性在古希腊人中得到了极大地珍视。奥德修斯[1]之所以成为英雄，部分原因在于他制造了一些能逃脱诸神和命运设下的陷阱的小发明（"技艺"）。他通过声称自己叫做"没有人"这个聪明的小把戏（"技艺"）让独眼巨人昏了头。那个天才的特洛伊木马同样也是他的主意。荷马说赫菲斯托斯使用"技艺"打造了细如蛛网的钢铁链条来约束他不忠的妻子。当赫菲斯托斯抓住他的情敌战神阿瑞斯时，其他的神赞扬赫菲斯托斯道："尽管他腿脚不便，却利用手工艺（"技艺"）抓住了阿瑞斯。"

但是在最开始时，古人对这些精巧的东西感到很困惑。这些手工艺品得以实现真的是因为它们自己吗？还是说一件手工艺（"技艺"）品所有的内涵都源自艺术家的创造呢？关于手工艺的这些含混之处同样也存于古希腊哲学家中。和大多数学者一样，柏拉图认为手工艺是低贱的、不纯洁的以及有失身份的。即使一个木匠做出最舒适的床，这张床也比不上理念中的那张床。但是同时，柏拉图也为手工艺人惊人的创造力而着迷。尽管这些手工业艺人似乎让诸神蒙羞，但是同时他们又知道"许多美妙的事情"。在柏拉图的《高尔吉亚篇》中，卡里克利斯向苏格拉底抱怨道："柏拉图无时不刻不在谈论修鞋匠、洗衣匠、厨子和医生。"苏格拉底认为，一件艺术品经由手工艺人之手并且被赋予生命，这在宇宙中属于小概率事件。

在古罗马时代，那些对新奇事物无限迷恋的知识精英从未对发明给予任何关注或者赞扬。波西多尼奥斯宣称肯定是某位聪明的哲学家第一个发明了工具，而塞内加针锋相对地回应道，并不是什么哲学家，而是一些只会愚蠢地盯着地面的人发明了工具[2]。

但是实际上，在古希腊和古罗马这些试图树立一个宇宙逻辑思维的大规模学术研究中，手工艺品只是其中的一个小问题。由于柏拉图轻视实用知识，在他对所有知识（都是些抽象性的知识）的细分中忽略了与手工艺相关的一切。除非涉及到道德问题，否则他是不会去探寻编织的细节的，而编织这门学问也不会出现在他的学术研究计划中。

古希腊人认为手工艺的问题在于，技艺提供了实用性却没有为人们指明生活的方向。因此实用性就排在娱乐之后而成为一种美德。哲学家们想知道“技艺如何实用”？“技艺”具备一切潜能。如果有意识地引导这种潜能将会怎样呢？于是物质世界被经典哲学家在用其他理解方式探索已知世界的过程中忽略了。这本该引导接下来两千年的研究。

柏拉图的学生亚里士多德没有说太多手工艺的事，但是他确实就艺术发表过意见，他称艺术是“生成”某物的行为。他将手工艺归类于“生产性的艺术”——又是实用性的角度。手工艺是对自然的重现，向自然学习你就学会了一切。

在对发明的创造性持续的忽略中，唯一的例外就记录在亚里士多德的文章《修辞学》(***Rhetoric***)中，在这里他谈到修辞的“技艺”。在一个阐述语法问题的千篇一律的段落中，亚里士多德首次将希腊语“techne”和“logos”③组合成了一个词“technologia”。但是人们无从知晓亚里士多德四次使用这个新词“technology”时想表达什么，究竟是对词语的修饰还是关于手工艺的词语？是对艺术的看法还是指说话的艺术？

经典哲学中没有一本专著能解决“技艺”的地位问题，或者用一个明确的方法将其归纳。人们对关于手工艺的外延的困惑、长期以来对艺术道德品质的怀疑，以及对这些聪明的发明究竟在宇宙中扮演什么角色完全没有头绪，最终导致其既无名字，亦无身份。历史学家埃尔斯佩思·惠特尼(Elspeth Whitney)写道：“没有一种古代学科分类像现在一样，将艺术全部置于技术之下。”

古希腊人和古罗马人不太擅长探索，但是他们在伟大发明上所作出的贡献却是显著并令人称道的。早在公元前600年前，古希腊的转轮和上色技术使得他们生产的灰陶成为地中海国家市场的宠儿。阿那克西曼德(Anaximander)绘制了第一张世界地图。古希腊人发明了冶铁术、风箱、磨刀石以及钥匙。古罗马人更是制造了数以百计的新物件：藏宝室、高架水渠、吹制玻璃、水泥、下水道、水磨等等。然而在他们那个时代以及随后的数个世纪里，所有这些制造出来的工具几乎都被人们忽视了。每个时代都有聪明人和贸易秘密，对于易于传播的天才发明来说，世界其实并不大。除了古人的精神世界外，技术可以在古代世界的任何地方找到。

事实上，亚里士多德创造的“technology”这个词在古典时期过后即被抛弃，成为某些疑难文章的脚注。在随后的数个世纪里，学者们继续把做东西称为“手工艺”（craft），称发明创造为“艺术”（art）。随着工具、机器以及新发明的重要性日益显著，整个手工业被改称为“有用的艺术”，这很大程度上是受亚里士多德所称“生产性艺术”的影响。每一种有用的艺术——采矿、纺织、冶金、女工——都有其自己的秘传知识，这些知识通过师傅—学徒的关系来传承。但是有用的艺术仍旧是一门艺术，它是制作者的一种延伸，这个术语仍然包含古希腊原本的手工艺和聪明的意思。

在接下来的一千年里，艺术和技术被视为完全不同的学科。艺术的产品，例如铁篱笆、精细的马车车厢、一条水渠或者马槽都是艺术家独一无二的表达。这些东西有用吗？当然，重要的是它们来自于一个特定之人的独特的聪明与天才。这意味着，就像历史学家卡尔·米切姆（Carl Mitcham）所说的：“大规模生产对于经典思维而言不可想象，而且也并非出于技术原因。”

到欧洲中世纪时，个人的才智更是孕育了众多辉煌的文化艺术精品。之前人们根本无法想象会出现大教堂式建筑、新奇的音乐和文学，以及对武器的大胆开发。这些都好像是突然出现似的。而工艺对自身最大的完善来自于对新能源的利用。一种有效的马项圈在社会上流传，加大了能被耕种土地的面积。当水磨以及风车磨坊的性能提升时，更是加快了原木、面粉以及排水系统的发展。而且所有这一切的富庶都不是建立在奴役的基础之上的，正如技术史学家林恩·怀特④（Lynn White）所写的：“中世纪中后期主要的辉煌不在于那些大教堂，不在于其史诗般的文学作品，也不在于其经院哲学。它的辉煌在于，这是史上首次建立在非人力基础上，而不是奴役和骸骨之上的高等文明。”机器变成了我们的劳动力。

自动力计时装置的出现让人们形成了一种时空视角——时间是周期性的运动。计时装置在所有的新发明中都有应用，它赋予机器以心脏和头脑。自动力计时装置比其他发明的进步之处在于它预示着所有组装起来的东西都可能分享同一个名字。

到19世纪时，世界迅速地被新技术和新思想所占据，这些新事物扰乱了旧有秩序，引发美国以及法国大革命、启蒙运动。但是那时，这个充斥于人们生活之中、进入到农场和家庭之内、生长于城市之间的新事物依旧没有名字。每个部族文明都知道，名字带来力量。为隐形之物命名，它便能为人所见。1829年一名哈佛教授詹姆斯·雅各布·毕格罗（James Jacob Bigelow）命名了这件围绕在我们身旁却一直无名的事物。他在马萨诸塞州的剑桥市就“有用的艺术”进行了一系列演讲。他强调，“有用的艺术”在社会中日益增长的实用性要求我们系统地教授以及研究它。他称这种大众知识为“技术”（TECHNOLOGY）——这个被重新启用的希腊词语。在一本名为《技术的要素》（Elements of Technology）的书中，他百科全书式地归纳了每个领域技术（采矿、工程以及化工）的主要特点，这是一本关于“技艺”的目录。他希望这本目录能成为这一学科首期课程的教学大纲。

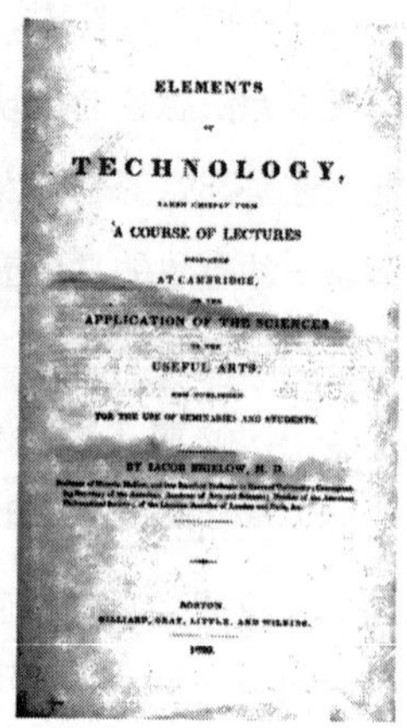

ELEMENTS

TECHNOLOGY,

A COURSE OF LECTURES

AT CAMBRIDGE,

APPLICATION OF THE SCIENCES

USEFUL ARTS.

BOSTON

右图的这一页就是技术元素的洗礼和命名仪式。一直在发展的思想终于成为了现实——它们被命名为“技术”。我们现在看见了它，看过它，我们不知道为什么有人无法看到它。看着它，我们不知道它究竟想要些什么。

2004年11月24日

---

① 在荷马史诗《奥德赛》故事中，经历过特洛伊十年鏖战的英雄奥德修斯于回家途中登陆独眼巨人聚居的西西里岛。他带着12个希腊人为了寻找补给来到一个巨大的洞穴，那里正是波吕斐摩斯的巢穴。波吕斐摩斯回洞后发现了奥德修斯一伙，立刻用巨石封堵了洞口，并随后残暴地摔死和吞食了其中几人。奥德修斯悲痛万分之下想到了一个逃走的计划，他把没有勾兑的烈性葡萄酒给波吕斐摩斯喝，并告诉他自己的名字叫“没有人”。乘着巨人醉酒后熟睡，奥德修斯带着剩下的人把巨人用作武器的橄榄树桩削尖磨锐，然后几人一起举着插入了巨人的独眼。盲目的巨人大声痛呼，希望岛上其他的巨人来帮忙，但他呼喊的“没有人攻击我”只被当成了玩笑，没人前来。第二天，巨人和往常一样把他洞里圈养的大羊放出洞外吃草，在洞口他一一摸着羊的脊背，防止奥德修斯等人骑羊逃走，但奥德修斯和他的手下还是藏在羊的肚子下面安全逃出。回到船上的奥德修斯大声嘲笑波吕斐摩斯“没有人没有伤害你，伤你的是奥德修斯”，这一傲慢举动为他招来后来的不幸。波吕斐摩斯向他的父亲波塞冬祈祷，要求报复奥德修斯，波塞冬唤起巨浪和大风，将奥德修斯的船吹离了回家的航线，后面遭遇了更多艰险。（来源：维基百科）

② 古罗马哲学家塞内加在其作品《论道德 · 致卢齐利乌斯（第90封信）》（*Moral Letter to Lucilius / Letter 90*）中提到，波西多尼奥认为某些智慧的人发现了铜和铁并发明了锤子和钳子等工具。但塞内加并不同意此观点。他认为山火致使矿石裸露地面，而恰被这些经常躬身盯着大地的人发现。他们之所以首先使用工具也是因为他们经常和这些工具打交道。他认为发明者是灵巧而敏感的却称不上伟大而智慧。

③ “逻各斯”（Logos）在希腊文的愿意是“话语”的意思。一方面它代表了语言、演说、交谈、故事、原则等原意，另一方面，它也代表了理性、思考、计算、关系、因果、类推等等。（来源：维基百科）

④ 林恩 · 怀特（Lynn white, 1907—1987），当代美国历史学家、环境伦理家，著有《我们环境危机的历史根源》等。（来源：新浪网）

THE MOST POWERFUL FORCE IN THE WORLD
世间至强之力

即便算上农业的漫长轨迹，技术元素的成形也仅需要不到地球陆地表面百分之一的原子。而质量与能量这一丁点儿技术碎片给这个星球带来的影响与其大小极不相称。以每克或每卡路里的影响力来衡量，没有什么能与我们创造的东西相提并论。技术是世上最强大的力量。

从智人兴于非洲并向这个星球每个宜居流域拓殖那一刻起，他们的发明便开始改变其周围的环境。智人的打猎工具和技术具有深远影响：技术让他们能杀光主要的食草动物（猛犸、巨型麋鹿等），这些动物的灭绝永久性地改变了整个草原生物群落的生态环境。居支配地位的食草动物被消灭，给整个生态系统造成连锁反应。新的掠食者、新的植物物种及其竞争对手和同盟军走上舞台，占据并改变了生态系统。由此几个部族的人改变了成千上万其他物种的命运。当智人学会用火，这一技术进一步大规模地改变了自然地形：这一小小的技术——放火烧荒，逆火控制，引火做饭——对整个大陆的广大地区造成了天翻地覆的变化。

后来随着农业发明在整个地球的不断涌现和传播，所影响的就不只是地球表面，还有其厚达100公里的大气层。农耕破坏了土壤，增加了二氧化碳的排放。一些气候学家认为正是这个始于八千年前的早期的人为升温阻止了下一个冰期的到来。农耕的广泛采用破坏了自然的气候周期，这个周期本可以把北半球的绝大部分地区重新"冻住"。换句话说，农业使世界变得（并仍在变得）适于发展更多的农业。和大多数复杂的技术一样，农业这个包括驯化的动植物、灌溉基础设施和土壤管理的集成系统是自我维持的，会改变周遭环境来促进自己的发展。

当然，在人类发明了以浓缩的古老植物（煤）而不是新鲜植物为食的机器后，随着机器数量的增加，由机器带来的二氧化碳排放进一步改变了大气平衡。机器一旦掌控这个充裕的能量来源，技术元素便四处开花。以石油为燃料的机器不仅改变了农业的闲适、生产效率和传播（加速一种旧趋势），机器还更快地钻探出更多石油（创造一种新趋势），提高其加速度。如今，所有机器的二氧化碳排放量大大超过了所有动物的二氧化碳排放量，甚至接近由地质力量产生的二氧化碳排放量。艾伦·韦斯曼①（Alan Weisman）在写作《没有我们的世界》（*World Without Us*）时提出，从地质学来看，这和一连串永不熄灭的火山别无二致："通过开采碳基形式的燃料并把它喷向天空，我们已经变成一座自十八世纪初以来就从未停止喷发的火山。"其影响不仅具有全球性，而且极其持久："我们改造过的空气弥漫在那些我们死后还能保持极长时间的人造物品中间。"据气候学家泰勒·沃尔克估算，"在不依靠技术性缓解的情况下，一个自然的地质周期

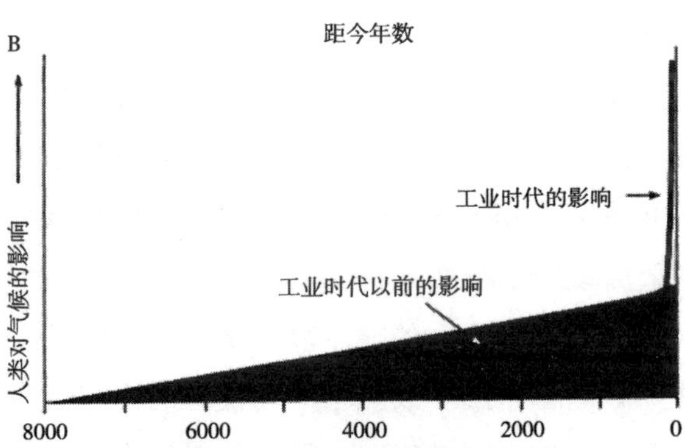

图注：早在工业时代很久以前，人类就在改变地球的气候了。

需要用十万年才能把农业和工业所导致的二氧化碳浓度恢复到技术出现以前的水平。”

技术元素每年都要消耗超过40万亿磅煤、1.6万亿磅铁、2000亿磅石膏、1.2万亿磅小麦，这只是满足其庞大胃口所需的成千上万种原料的数据中的四个数据，而全部总需求量每年增速超过5%。在现代世界中，技术元素每年平均必须处理20吨原子来养活一个男人（女人或孩子）。

技术元素的巨大力量并非来自其规模，而是来自其自我增强的天性。一项突破性的发明——例如字母表、蒸汽泵或者电——能够引起更深刻的突破性发明，比如书籍、煤矿和电话。接下来这些进步又引起其他突破性发明，比如图书馆、发电机和互联网。每一步都在保留此前发明的大部分优点的同时增加了更多力量。一个人的想法（一个纺车吧）能够蹦到其他人脑子里，演变成一个衍生想法（把纺车放在雪橇下面以便于拖运），而这就打破了此前的平衡，从而引起变化。这种变化往往会唤起别人的另一个想法（用牛来拖纺车），这反过来又造成了另一场混乱、另一次重新平衡、另一次变化。一旦开始，这个跷跷板游戏往往会持续好几代。一个想法激发出两个新想法，然后二生四,四生八，这个技术连锁反应在整个社会来回激荡，不断累积力量，变化永不停息。高性能机器使企业能够制造出更高性能的机器。智能芯片帮助人们制造出更加智能的芯片。这些良性循环就像摩擦精灵的神灯所许的最后一个愿一样：再许三个愿望。自我增强的传奇故事在每一个技术领域中上演。

然而不是所有由技术引起的变化都那么美妙，那么讨人喜欢。曾让非洲深受其害的形成产业规模的奴隶制，是在运俘船实现跨洋航行后才变得可行，而能够廉价地加工奴隶种植和收获的棉丝的轧棉机，则起了推波助澜的作用。离开了技术，如此大规模的奴隶制根本无法想象。成千上万人工合成的持久性毒素，不论给人类还是其他物种的自然循环都造成了大规模破坏，可以说这是由小发明引起的不必要的大问题。战争是个特别危险的放大器，能释放由技术带来的巨大消极力量。能把全新的暴行强加于社会的破坏性恐怖武器，是直接从这世上最强大的力量中产生的。

另一方面，这些消极后果的补救办法同样源自这股极其强大的力量。基于本土民族的奴隶制曾被大多数早期文明所采用，史前时期也大抵如此，零星边远地区可能仍在持续；它在世界范围的全面衰落归功于传播、法律和教育的技术工具。检测与置换技术能够使我们摆脱对合成毒素的日常使用。监督、法律、协商、警务、法庭、公民媒体和经济全球化的相关技术能够缓和、抑制甚至从长远来看减缓战争的恶性循环。

一切社会变迁都可以追溯到我们头脑中的产物。文明的历史从来都是我们所创造的社会组织发生的连锁性连续事件。社会起初不过是狩猎采集者组成的乌合之众，数代之后有了首领，凭借对农田、土地和用水权利的权威性裁决真正定居下来，进而孕育出城市，最终形成国家和民族。文明的每一步都被赋予了如下特征：更加社会化的组织，（家庭关系以外的）人与人之间更多不同种类的联系，更多互相依赖的网络，这给《非零年代》（*Non Zero*）作者罗伯特·赖特[②]（Robert Wright）所说的“非零和”带来更多新内容，那就是自我强化，互惠互利。社会演进中出现的每个组织都作为一个平台，以便给公民带来更多新的组织方式。这个自我改进的“再许三个愿”的递归式循环周而复始，增强了其原始力量。

协作的力量并不是什么新鲜事，只不过这个良性循环远非一般意义上的利他主义，因为参与者往往并非有意识地参与协作，实际上可能处于相互竞争甚至是寄生的状态。卖一桶葡萄干的雅典商人和马其顿的葡萄种植者或科林斯的囤积仓库投机商之间没有协作，然而这三者形成了一个扩展其共同利益的系统（一个新兴市场）。这是个多赢格局。这种累积型社会组织展现出某种超越睦邻关系的纯数学味道。与其说这个系统基于愉快的友谊，不如说这个递增体系是基于信息流的，这个信息流将信任与竞争拉紧形成相互依赖的网络。随着这些链接的增加，这种增强与加速的力量也相应增大。

进步乃或道德进步终究也是人类的发明。它是我们意志和头脑的产物，因而也是技术。我们可以判断奴隶制不是好主意。我们可以断定，法律面前人人平等才是好观念，而非裙带关系、任人唯亲。我们能通过签署条约宣告某些刑罚为非法。我们能用书写的发明来激励责任感。我们能有意识地扩展与我们心心相印的人际圈子。这都是发明，和灯泡与电报机一样，是我们头脑的产物。

更重要的是，这个社会改良的回旋加速器不是由伦理或宗教，而是由技术推动的。通过注射这世上力量最强大的递增药剂，社会得到发展；遍寻历史，社会组织的每一个进展都是由新技术的介入驱动的。书写的发明解除了法律公平公正的束缚。标准铸币的发明使贸易更加普遍，激励了创业精神，催生了自由思想。历史学家林恩·怀特写道："很少有发明像马蹬那样简单，然而也很少有发明对历史产生过那样重要的催化剂作用。"在怀特看来，给马鞍配上脚蹬使骑手能够在马背上使用武器，这使骑兵获得了相对于步兵的优势，使养得起马的领主获得了优势，从而支持了贵族封建主义在欧洲的兴起。马蹬不是该对封建主义出现负责的唯一技术原因。正如卡尔·马克思的著名论断所说："手推磨带来的是封建领主的社会，蒸汽磨带来的则是工业资本家的社会。"

由圣芳济会修道士1494年发明的复式记账，使公司能监督其现金流并首次操控复杂商业。复式记账法撬动了威尼斯的银行业，开创了全球经济。1960年避孕药的发明帮助了女权主义的兴起。活字印刷术在欧洲的传播推动基督徒们阅读他们宗教的创始文本，做出自己的解释，在宗教内部或反宗教立场上发起"抗议"这一思想。早在1620年，现代科学之父弗朗西斯·培根就意识到技术正变得多么强大。他列出三项曾经改变世界的"实用艺术"——印刷机、火药和磁罗盘。他宣告："没有一个帝国、一个教派、一起事件加诸人类的力量能比这些机械发明更大。"培根帮助开创了加快发明速度的科学方法，此后一个接着一个概念种子打破了社会均衡，社会便处于恒定的变化之中。

钟表这种看似简单的发明具有意义深远的社会后果，它将连续不断的时间流平分成可计量的单位。一旦时间有了一张脸，它就成了主宰我们生命的暴君。计算机科学家丹尼·希利斯[③]（Danny Hillis）坚信钟表的齿轮谱写了科学及其众多后继文化的历史。他说："钟表的机械装置是我们对自然法则独立运转的一个隐喻（随预设规则机械运转的电脑就是钟表的嫡系子孙）。一旦我们能把太阳系想象成自动机械装置，对自然界其他方面的归纳基本上就是水到渠成的事了，科学进程开始了。"

将任何大尺度的文化变革归咎于单一原因绝不是明智的想法。变革影响的人越多，其背后的因素可能就越多。由复杂环境构成的网络必须向中心收敛才能在复杂社会里引起标志性的转变。然而当我们在众多原因的每个因素里追根究底时，我们发现每条线索都导致了新技术、新想法的产生。

这意味着今天的新技术会对未来产生长远的影响，决定我们后代的生活。超声波胎儿检查和常规堕胎技术使子女的性别选择成为可能，结果是如今在中国和印度的青年当中，男性数量超过女性。这样的失衡将造成社会上未婚男性严重过剩，这种过剩过去一直是社会动荡、犯罪和战争的根源。他们还这么年轻，故事都还没完全演绎，而鉴于其绝对数字（亚洲就有数亿），最后的影响将是全球性的。不管这种性别比例失衡产生什么结果——国际卖淫增加，有野心的创业者和新兵激增，或者向非洲这样的地方大规模迁徙——其影响之广泛，技术要求之低，远非超声波仪器发明之初所能预料的。

举今天的文化颠覆为例，不论是积极的还是消极的文化颠覆，往回推足够远，你总能发现一个引起不平衡的真实发明。全球化？瞧瞧廉价的、无处不在的全球通信吧。社会保障的重负？当拜增加寿命和降低出生率的医学进步所赐。肥胖症的流行？单一食品体系和惰性娱乐技术相结合的结果。同性恋权利？证明性别偏好与生物学相关的科学鼓舞了他们。追星族？广播媒体的功劳。吉哈德圣战？伊斯兰教已经差不多1500岁了。然而，没有相应的经济爆发和政治进步，由医学进步引起的人口爆炸就会破坏此前的社会平衡。

查尔斯·达尔文和阿尔弗雷德·华莱士都从阅读马尔萨斯人口论著作中认识到，自然选择是由自然界两种增长模式的差异所推动的：人口与食物的差异。人口增长势头更猛，难以被低于几何级数的粮食产量增长所容纳。人口增加势不可挡与其物质容器缓慢扩展之间的紧张状态是社会演化背后的驱动力。

同样，技术元素的演化也是从两种增长率之间的差异得到了无与伦比的力

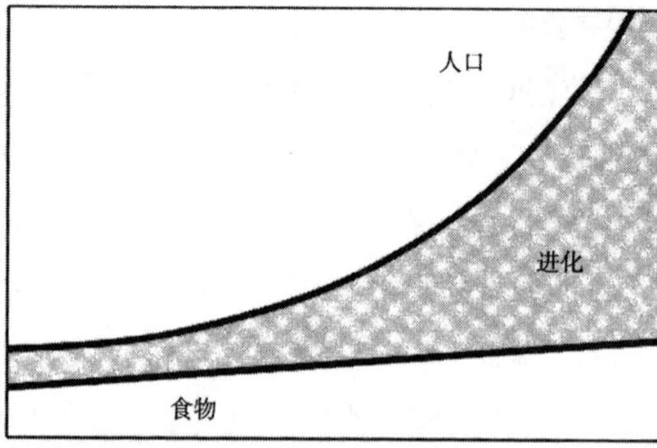

量。创意数量及其通过电脑、书籍、电话线、专利许可等途径传播的数量呈指数级增加。信息实际上是这颗星球增加最快的东西。信息尤其有助于放大和复合效应。随着事实数量的增加，事实之间的联系也以指数级更快地增长。作为排列组合数学法则的结果，事件间的链接数量剧增，比事件数量的增长还快。在特定领域，比如由日益增加的线路组合驱动的通信业，新发明能够从整体上加快发明的速度，加速创新引擎。环顾四周，技术元素总是与放大变化规模的自我增强循环相连。从根本上看，关于发现方法的科学发现和关于创造方法的发明创造（我们称这样的魔法为科学），到处都在加快发现与创造的速度。

不过我们人类吸收和处理这种创意爆炸的能力最多呈线性增长。不管受的教育有多少年，获得的营养有多滋润，我们的大脑在速度、记忆力和洞察力上并没有像电脑一样每18个月翻一番。其实从生物学角度来看，我们的大脑与五万年前首批智人的大脑非常相似。最聪明的人比普通人聪明的程度也非指数级的差别，人的平均智商只是日久天长才缓慢提高了极小一点儿（当今时代每十年提高几个百分点）。即便从总体上看，单个人类智能也只是随人类数量的增加而有所提高。在由我们和我们的机器造成的信息增长的不断攀升，和我们理解信息海洋

并加以利用的微不足道的进步之间，有一道鸿沟，它是技术元素快速演化身后的驱动器。

理解所有这些信息的工作正从人类向技术元素转移。我们再也无法跟上我们

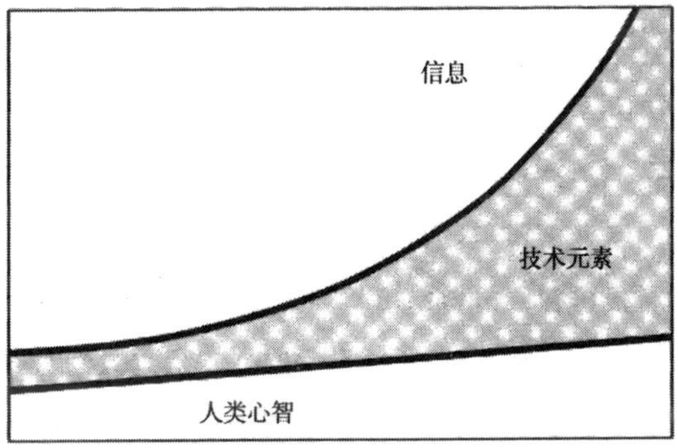

自己的创造物，所以我们在创建一个结构化我们的所思所想的工具，与我们最初在纸上书写来扩展记忆是一个道理。今天我们正在外包其他的心智功能。技术元素包含一个由百科全书、分类索引、交叉引用、搜索引擎、脚注、引文、超链接和网络构成的复杂知识加工系统。这些技术把我们的集体智慧成果——无形的创意和有形的发明——组成一个颇似生态系统的语义结构。这个包括各种联系、相关性、关联性的复杂得出奇的天罗地网与新出现的结构一道，给技术元素赋予了我们所不理解的意义。

有理由认为，既然技术元素不过是“头脑的产物”，那么实际上世上最强大的力量不可能是技术，而是人类心智。倘若果真如此，我们将不得不重新审视上述问题，转而宣布在我们生命中的全部变化，来源于藏在我们两耳之间的智力和意识的神秘力量。然而人类心智是第一力量的断言是站不住脚的。不管我们用多少生物头脑的意识来反映我们的心智活动，这种精神反思和自我完善至多也就带来极其有限的改善，更多的时候是一点都没有。为了优化我们自己心智的冥想（即便是坐禅）没有多大的提升效果。单靠自己，心智在自我增强方面不会有多

少进展。

然而，作为我们大脑产物的技术元素，竟然有能力改变创造它的这些循环。在书写和阅读技术熏陶下长大的人有不同的思维方式。我不是说人阅读时的思维方式不同。阅读和书写属于认知工具，一旦被掌握，就改变了大脑记忆事实和构思想法的方式，这些变化激发了抽象思维。当心理学家在项目中用核磁共振等神经影像学技术比较识字者和文盲的大脑时，他们发现两者的大脑活动方式有许多不同之处，不管他们是否读书。研究人员亚历山大·卡斯特罗-卡尔达斯（Alexandre Castro-Caldas）发现，那些有阅读能力的人和那些没有阅读能力的人相比，其大脑半球之间的处理方式也不相同。识字者的胼胝体④有个重要部分更厚，"成人后才学习阅读的人与那些在正常年龄学习阅读的人相比，其枕叶⑤加工信息的速度更慢。"心理学家奥斯特罗斯基-索利斯（Ostrosky-Solis）、加西亚和佩雷斯在测量识字者和文盲的脑波时，用一连串认知能力测验对其测试并得出结论，"阅读和书写技能的获得总体上改变了认知行为的脑组织结构……不仅在语言，在视觉感知、逻辑推理、记忆策略和条理性运筹思维上都是如此。"读写能力这个人类发明重塑了人类心智。

不单是书写，另一项发明——音乐——同样以一种可持续的方式改变了人类的大脑。多项研究已经证明，听音乐可以加强大脑半球之间的通信连接。在促进大脑听觉区域按预期正常发育外，经常演奏音乐会使胼胝体纤维的厚度显著增加，并激活大脑皮层。我们的心智创造了鼓和笛子，鼓和笛子又重塑了我们的心智。

当然，与此相似，其他我们投入大量关注的工具也会改变我们的大脑。一天七小时盯着电视机精致闪烁的画面，大脑怎会发现不了它的感知回路被永久改变了呢？成年美国人每天平均花一个小时开车。以100公里时速在路上兜风不是智人大脑的进化目标，所以汽车技术必定也重塑了我们颇具可塑性的大脑。

现在我们有了网络。尽管一些人大惊小怪地声称谷歌正使我们变傻，实际上谷歌通过重新训练我们的大脑而使我们变得更聪明。在2009年所进行的一项研究中，加里·斯莫尔（Gary Small）用核磁共振扫描证明，经常使用互联网搜索的老人，其大脑几个主要区域的活性比非互联网用户的老人高出两倍。资深网民的决策控制、复杂推理、直觉洞察等行为有显著增强，包括大脑的额极、颞前区、海马状突起区域皆有体现。

任何进步，尤其是读写或上网这样的能力，迄今并非由我们的基因所遗传，也无需每一代都重新发明。相反，能力是由技术元素推进和传承的。世界上不论出现什么进步，它都是通过我们的文化机制代代相传的。不论读写在人类大脑激起何种变化，它肯定不是在我们的基因、而是在技术元素的绵延不绝中传承的。这赋予技术惊人的力量。我们也许不太欣赏它，但我们的“孩子”——技术——的确比身为其“父母”的我们更加强大。

技术不仅是世上最强大的力量，它可能是整个宇宙最强大的力量。如果胚胎量级的技术的无心插柳都能如此影响一颗行星，从今天起几百年苦心经营的同一种力量也许能够瞄准一颗恒星，再假以时日，目标就成了银河系。科幻小说图书馆充斥着先进文明把行星改造成类地行星、把恒星变成发电机、改变星球轨道以及在天文尺度上重新安排物质与能量等貌似合理的计划方案。巨大的太空殖民地、死星[⑥]、环形世界[⑦]以及戴森球[⑧]是一些显示技术的宇宙力量的假想方案。如果这些雄心壮志是完全可能实现的，它们就是在今天的技术元素中运转的同一种复合电路的直接延伸。要对这浩若星海的操作进行控制，我们的心智必须自我增强，方法就是创造比我们更聪明的人工心智，就像通过创造比我们更强壮的人工机器来增强我们的身体，比如起重机、卡车和机械手臂这样的机器。由具有无限递增性创造能力的机器构成的技术元素王国，能以远超我们当前理解能力的方式不断进步。这个复杂系统将在一个无限回路中创造一个优于自己的系统，直到整个循环达到其自然极限（真实的东西都具备的属性）。许多人认为像这样的技术元素在宇宙其他地方已经运转在银河系规模上了。这种推测只是想指出技术元素不单单是地球人类的现象。

技术是由心智所创造的，任何心智——动物、机器或外星人。当我们创造书写技术时，我们很高兴把我们的记忆延伸到纸上，让我们自己变得更聪明。然而我们接着发明的字母表改变了我们的心智的工作方式。因为我们的发明能够回溯到我们大脑内部，从本质上将我们的心智变成我们的另一项发明，所以我们的发明比我们的心智更强大。这样一来技术就能绕回它的起点，成为它自己的孩子。

这只咬尾蛇[9]的力量无与伦比。茫茫宇宙中没有一处原子能、核聚变、离子炮[10]、黑洞、白矮星、宇宙星云能够以技术的方式自我提升。技术元素肯定会继续演化。始于大爆炸而自我进化成持续进化系统，并且不断创造出更多复杂系统，这个伟大传奇一定还会继续。第一个有持久活力的星球孕育出生命，生命提升自己以创造心智，心智又提升自己以创造技术，技术再自我提升来创造更高水平的外熵[11]。但它会延续原有的轨迹弧线，一个同样伟大的历史。不管技术如何演化，它都会朝140亿年前迄今早已确定的方向继续进行：更大的复杂性、多样性、专门性、普遍存在性、社会性、协调一致性、能量密度和感知性。未来的元技术仅靠表面无法辨识，但它必将从根本上延续这些趋势。

就我们所知，周围至少一百光年半径内似乎只有严酷无情的自然力量在起作用：射线、高温、动量，总是伴随着熵。但我们是幸运的。我们生活在一个浮动球体的表层，感染着宇宙中最强大的力量的豪放不羁。令人奇怪的是，这个力量比主宰我们周围恒星的巨大力量更强大。和由宇宙法则所规定的恒定不变不同，这个极其强大的力量在不断变化。实际上技术元素改变着变化的天性，它是个正在进行的变化过程。粗略算来，我们正当其中。

作为一个源自生命的生物物种，我们拥抱我们的生命起源。作为一个理性物种，我们欣然于我们的专乎一心。而在这漫漫进化路中日益明了的是，我们还是一个技术物种。我们的内心告诉自己，我们是不情愿地创造了世上最强大的力量的理性动物。的确如此，而实际上某种更奇妙的事情正在发生。其实我们人类正是宇宙最强大力量的产物。我们就是技术——自我制造的咬尾蛇。

迄今为止，人性是我们最伟大的发明，而我们尚未完成。

2009年8月17日

① 艾伦·韦斯曼（Alan Weisman）：屡获殊荣的新闻记者，他的报道在《哈珀斯》、《纽约时报杂志》、《大西洋月刊》、《发现》和美国国家公共电台等地方发表或播报。他曾是《洛杉矶时报杂志》的特约编辑，现在新闻从业者团体Homelantls Productionsrp担任资深出品人，并在亚利桑那大学教授国际新闻学课程。《没有我们的世界》是他对一篇文稿《没有人类的地球》（发表于2005 年《发现》杂志）的扩充，被评选为“2006年度美国最佳科学写作”。（来源：豆瓣网）

② 罗伯特·赖特（Robert Wright）：美国《新共和》杂志资深编辑，也为《大西洋月刊》、《纽约客》杂志和《时代周刊》撰稿。此前曾为《科学》杂志撰写科学、科技和哲学文章，并获得国家杂志奖。他的第一本著作《三个科学家及他们的神：找寻资讯时代的意义》，获得国家书评奖的提名。（来源：豆瓣网）

③ 丹尼·希利斯（Danny Hillis，1956.09—）：美国发明家、创业家和作家。他与其他人联合创立了“思考机器公司”（Thinking Machine Corporation），该公司研发了并行超级计算机“连接机”（Connection Machine）。（来源：维基百科）

④ 胼胝体位于大脑半球纵裂的底部，连接左右两侧大脑半球的横行神经纤维束，是大脑半球中最大的连合纤维。（来源：互动百科）

⑤ 顶叶与颞叶之后，在小脑之上大脑后端的部分，称为枕叶，枕叶负责语言、动作感觉、抽象概念及视觉。（来源：百度百科）

⑥ 死星是《星际大战》系列电影中的虚构太空要塞。第一颗死星出现于《星际大战四部曲：曙光乍现》中，第二颗未完工的死星二号则是出现在《星际大战六部曲：绝地大反攻》里。（来源：维基百科）

⑦ 《环形世界》是一部探寻外太空星辰的科幻小说，作者是多次获得雨果奖和星云奖的著名科幻作家拉里·尼文（Larry Niven，1938—）。《环形世界》是他最受世人推崇的作品，一举为他赢得了星云奖、雨果奖和轨迹奖三座奖杯，被公认为硬科幻的经典之作。（来源：豆瓣网、卓越亚马逊）

⑧ 戴森球是弗里曼·戴森假想出的包围母恒星的巨大球形结构，它可以捕获大部分或者全部的恒星能量输出。戴森认为戴森球是长期生存的工业文明对于能量需求增长的必然结果，并认为寻找其存在的证据可以引导发现地外高等生命。（来源：维基百科）

⑨ 咬尾蛇（Ouroboros）是一个自古代流传至今的符号，大致形象为一条蛇（或龙）正在吞食自己的尾巴，结果形成一个圆环（有时亦会展示成扭纹形，即阿拉伯数字8的形状），其名字涵义为“自我吞食者”。这个符号一直都有很多不同的象征意义，而当中最广为接受的是“无限大”、“循环”等意义。另外，咬尾蛇亦是宗教及神话中的常见符号，在炼金术中更是重要的徽记。近代，有些心理学家（如卡尔·荣格）认为，咬尾蛇其实反映了人类心理的原型。（来源：《失控》注脚）

⑩ 离子炮（Ion Cannon）属于天基武器，通过在太空部署离子炮卫星来作为发射平台，对地面甚至太空的物体进行打击，在著名的RTS游戏《命令与征服》泰伯利亚系列中，离子炮一直是GDI（全球防御组织）的超级武器。（来源：百度百科）

⑪ 外熵（extropy）：系1988年1月由汤姆·比尔杜撰，并由马克斯·摩尔定义为“生命系统或有组织系统内的智力、功能秩序、活力、能量、生活、经验以及能力还有改进和成长的动力。”外熵只是一种隐喻，还未成为技术名词，故此，它不是熵的反义（反义词是负熵），尽管也有考虑将它作为专用反义词的。马克斯·摩尔撰写 的《外熵的哲理》，其原意旨在阐述其超人主义。（来源：维基百科）

EVERYTHING THAT DOESN'T WORK YET
一切还没有运行完好的事物

艾伦·凯[①]（Alan Kay）是个聪明的全才，曾在雅达利公司[②]、施乐公司[③]、苹果公司和迪斯尼公司工作。他提出了一个关于技术的定义，这是我听到过的最好的定义。"技术，"他说，"是你出生后发明的任何东西。"在这个定义下，汽车、冰箱、晶体管、尼龙，这些在我们的眼中都不是技术——只是普通的旧事物。但它们曾经是我祖父眼中的技术。同样的逻辑，光盘、网络、聚脂薄膜、手机和GPS对我来说是真正的技术——但不是我孩子眼中的技术！他们将有自己的技术，刚刚发明出来的技术。

丹尼·希利斯也是一个全才，曾与艾伦·凯一起共事。在20世纪90年代，他把艾伦·凯的定义进一步精炼，使之更具实用性。"技术，"希利斯说，"就是一切都还未起作用的事物。"这个定义蕴藏着这样的洞见：成功的发明将从我们的意识中消失。电动马达曾经被称为技术——它们那时很新，还没有运行那么完好。随着电动马达技术的发展，它们似乎消失了，即使它们数量上激增了，并嵌入到了我们的家庭和办公室里。它们完美地、默默地、不起眼地运行着。所以，它们不再被称之为"技术"。

讽刺作家和小说家道格拉斯·亚当斯[④]（Douglas Adams）通过提出技术的

自然生命周期，进一步发展了丹尼·希利斯和艾伦·凯的定义。在1999年的一篇小短文里，他这样看待世界：

> 1）在你出生时，世界上已经存在的一切，仅仅是正常的；
>
> 2）在你30岁之前，任何被发明的事物都会难以置信地令人兴奋和富有创造性。运气好的话，你还可以用它们做出一番事业来；
>
> 3）在你30岁之后，任何被发明的事物正如我们所知违反了自然秩序，成为文明终结的开端。直到它存在了十年左右，才逐渐变得真正令人满意。

然后道格·亚当斯用他惯用的说法补充道：

> 把上述三条应用于电影、摇滚音乐、文字处理器和移动电话，可以推断出你有多大年纪。

我们不再认为椅子是技术，我们只是把它们看作是椅子。但是，曾几何时，我们还没有制定出椅子到底应该有多少只腿、它们应该多高。当我们试图使用它们时，它们经常会出现散架的情况。可过不了多久，电脑也将像椅子一样，成为微不足道的和到处都有的事物（之后再过数十年，电脑就跟一张纸或沙粒一样了），我们将不再意识到电脑的存在。

道格·亚当斯故意做出了如此草率的论述，但德国哲学家海德格尔（Heidegger）提出，严肃说来，"技术并不像机器一样"。他认为技术是"取消隐藏"，是显示，是机械体现出的一种内在真实。在法国哲学家诗人伯纳德·施蒂格勒（Bernard Stiegler）的作品中，出现的定义更令人困惑。他说，技术是"组织无机物"。这并没有完全囊括基因工程和转基因生物这个全新的领域。所以对这个词，我们仍然缺乏良好可行的定义。

当希腊人使用"技艺"（techne）这个词时，它表示艺术、技术、工艺，甚至是某种巧妙的东西。"灵巧"（ingenuity）一词可能接近它的意思。不过，在远古时代，人们对技艺并没有很大的兴趣。在希腊文献里，没有任何关于这个词的论述——只有一个例外。就我们对技艺一词的了解，它最早出现在亚里士多德的《修辞学》中，并加上了词缀"-logos"，成为了一个术语"technelogos"。亚里士多德在这篇文章中四次提到了“technelogos”这个词，但他的表意并不明确。人们不明白他指的是“语言的技巧”，还是“关于艺术的论述”。在这以后，这个词基本上就消失了。

雅各布·毕格罗是哈佛大学的工程学教授。在1829年，他提出把他所在学校里的所有“应用艺术”的课程结合起来，综合成一个统一的课程，并认为这将会是一个不错的想法。他把科学研究与建筑、化工、金属制品、砖石、制造的技艺结合起来，编成了一本教科书。他给这个课程提纲的标题是：《技术的要素》，主要取自于一门剑桥大学的课程，叫“科学对实用艺术的应用”。这本书现已出版，供学院和学生使用。

雅各布·毕格罗创造了“技术”（technology）这个词，我们现在使用的就是这个词的现代含义。（他是从亚里士多德的《修辞学》里借鉴的，还是仅仅从希腊词根里选出来构造的，我们不得而知。）然而，在1829年的时候，他的世界就已经充满了刚刚发明的事物，这些事物还并没有完美地运行起来。那时存在着技术，但没有人知道。事实上，许多世纪以来，在欧洲和中国的发明家和工程师已经创造了我们视之为技术的事物。但在他们的世界里，还不具备一个词来形容这些发明。

今天，我们仍然不知道这些事物是什么。我们只知道，还会出现更多这样的事物。

2007年2月22日

---

① 艾伦·凯（Alan Kay，1940年5月17日— ）：美国计算机科学家，在面向对象编程和窗口式图形用户界面方面作出了先驱性贡献。2003年获得图灵奖。目前担任Viewpoints研究院院长，加州大学伯克利分校兼职教授。曾任苹果公司院士，惠普公司资深院士。（来源：维基百科）

② 雅达利公司是美国诺兰·布什内尔在1972年成立的电脑公司，街机、家用电子游戏机和家用电脑的早期拓荒者。不少诸如碰碰弹子台、爆破彗星等经典早期电脑游戏的发行，使雅达利在电子游戏历史上举足轻重。经典游戏主机为1977年发行的Atari 2600。（来源：维基百科）

③ 施乐公司是一家美国的文档管理跨国公司，生产和销售一系列的颜色与黑白打印机、多功能系统、复印机、数字生产印刷机，以及提供相关咨询服务和用品。（来源：维基百科）

④ 道格拉斯·亚当斯（Douglas No.l Adams，1952年3月11日—2001年5月11日）：英国广播剧

作家和音乐家，尤其以《银河系漫游指南》系列作品出名。这部作品以广播剧起家，后来发展成包括五本书的“三部曲”，被拍成电视连续剧，亚当斯逝世后还拍成电影。（来源：维基百科）

EVERY ORGANISM IS A HACK
每个生物都是黑客

技术哺育黑客[①]，黑客们耍一些聪明的小手段在规则里作弊。更重要的是，生命过程也哺育黑客，所有的生物为了生存都会作弊。生命给了我们这样的启示：对于我们关注的每一条技术规则，我们都能找到另外一个技术来破解它。

一个大型媒体公司每年会发布最新的版权保护方案，并且宣称它不可破解，这几乎已经成了年度仪式，但不消几个小时，某个遥远国度的黑客就会将它破解。不管这个新的保护方案有多少像双向翻转（double flip）、12进度（12-guage）、数据流调节器（flowbitz modulator）这样先进的技术，黑客们总会玩转这个系统并且设计出精巧的对策，让这个版权保护方案中的种种创新毫无作用。接下来的一年时间里，破解会蔓延开来，而公司却束手无策。一个高中生只要能去网吧上网，他就可以下载到免费软件来绕过这个新的保护措施。接着第二年，这个焦头烂额的行业又会推出另一个崭新的先进方案来对抗这些不劳而获的家伙。不过这些寄生虫会再次展现出相同的智慧来进行回击。这是创新和反创新、黑客和反黑客、作弊与反作弊的军备竞赛。

这种技术军备竞赛非常普遍。从花费的能量上来说，偷东西总比把自己的东西保护起来要简单，不论是在自然环境还是技术元素当中都是如此。有公共资源的地方，总会有人试图去偷窃。例如计算机的处理能力是一种宝贵的资源，它也是可以被窃取的。计算机病毒就是被设计出来做这件事情。为了与它抗衡，杀毒行业应运而生，并且已经拥有每年几十亿美元的规模。每年这个行业有巨大投入，病毒的确因之变少，但却不会彻底消失，它们只是在这个持续的黑客和反黑客的较量中被暂时阻拦。

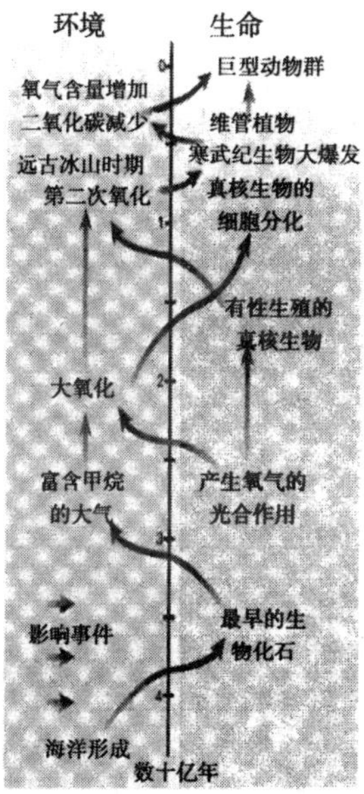

图注：生命与地球环境的共同演化[②]。

军备竞赛就像乒乓球般你来我往并且逐步升级，远如生命与地球环境的共同演化，近如计算机这类技术的发展历程，都可以从中看到这一模式。最早的电脑病毒是通过软盘从一台电脑传到另一台电脑的，它会感染电脑的操作系统。因为很容易被锁定，系统就可以被保护起来防止之后的感染。针对这样的装备升级，病毒的作者让病毒附着在操作系统之外的应用程序上，比如文字处理程序或者电子表格程序。一旦打开了被感染的文件，程序的“宏指令”就会运行病毒的代码。抵御方法是，测量某个应用程序官方文件的大小，如果大小不符，就删除这一程序，因为一旦病毒附加到应用程序文件上面，应用程序的文件就会变大。黑客的应对之策则是把应用程序里一些不重要的代码删去，长度正好与病毒代码的长度相同，这样病毒代码附加上去之后，应用程序仍然会保持原来的大小，用这样的方法潜伏在电脑里。

对于这一招的反击是监看程序的代码，看它是不是曾经被更改过。反击的反击则是把病毒附在电子邮件的文件里面，这样的话它就不是真正存在于操作系统当中。受病毒感染的电子邮件一旦被打开，病毒就会向通讯录里面几百条邮件地址发送自己的副本，开始一场病毒大传染。反击的反击的反击是一台电脑上的杀毒软件会连接到杀毒软件公司的中枢，通过这个中枢通知其他电脑：有一种特定的病毒会产生感染，应该立即删除它。

黑客和反黑客模式适用于所有与资源相关的技术。军备竞赛催生了一种华丽的复杂性，这也成为现代技术的标志。这种复杂性像滚雪球那样越滚越大，所以我们的设备难以使用、难以排除错误、难以视觉化、难以调适、难以彻底了解。它们盘旋上升的生命周期是与寄生虫共同演化的结果。

我们会在许多领域看到这样的模式，这里列出了几种技术性公共资源、相关的破解模式和反破解模式，它们共同让技术日臻精巧：

资源	破解模式	反破解模式
复制	加密	破解加密
计算机处理能力	电脑病毒	杀毒
注意力	垃圾信息	垃圾信息过滤器
声誉	搜索页面排序	搜索优化
首页位置	社会化投票	刷票

社会化投票系统（比如Digg或者Reddit）产生的首页吸引了大量关注，也成为最新的屡受破坏的资源。读者在网上冲浪的时候，看到重要的、酷的或者是很无聊的故事，他们可以对其中任何一个点“赞”或者“不喜欢”，这成为排序的依据。获得很多“赞”和少量“不喜欢”的网页会出现在投票网站的首页。

通过几百万读者的投票，最终首页上出现的赢家会获得巨大数量的关注。“目光聚集的地方，金钱必将跟随。”本来访问量很小的网站会因为出现在Digg或者Reddit的首页获得几百万的点击，并且得到数千美元的广告或者其他商业销售的收入。这对作弊者来说是一种无法抗拒的诱惑。一种作弊的方式是贿赂读者，让他们为一个故事投票（用他们的话来说，“挖”（digg）一个故事）。但是每一个社会化投票网站都会迅速设置一套防疫系统来检测这样伎俩。为了破坏这个防御机制，有个家伙想出了一个很聪明的反击方法。下文是《连线》杂志上一篇关于此事的文章，括号里面是我的评论：

> 这就是“刺穿投票”（Spike the Vote），一个基于Digg的金字塔式的方案，每个成员每次挖一个故事都会获得一个积分。当会员获得足够积分的时候，他们可以提交自己的故事让这个网络来帮忙“挖”上Digg首页。（到这里为止还是标准的手法，很容易看穿。）最近，刺穿投票这个网站的所有者，我们只知道他叫“刺穿”（Spike），他在eBay上出售了这个网站。（嗯，还不赖，不过并没有改变这个游戏。）一个名叫吉姆·麦森杰（Jim Messenger）的Digg用户买下了这个网站，并且把它交给了Digg，Digg立即把这个网站关闭了。（哇，这有点出乎意料，但是……）但是麦森杰做这个事情并不是无私的，他买下“刺穿投票”是因为他知道Digg的粉丝一定会把他做的事情“挖”到Digg的首页。（太聪明了！）他想这样的话就会把顾客吸引到他的搜索引擎优化生意中来。（太精彩了！他把他买网站的钱都赚回来了，还有剩余。）

这个没有穷尽的游戏才刚刚开局。技术通过标准和协议建立参与规则，但这样的规则一旦出台，就会有新技术出现打破这些规则。没有任何一个技术不会被一个新的发明所破坏，我想这一点很少会有例外。

生物界也是如此。我认为，没有一个生物规则（不只是物理规则）不会被某处的某种生物所破坏。生命有许多共享的基本要件，这些要件界定了生命王国：所有的生物都有DNA；基因从祖辈继承下来；有性繁殖需要雌性和雄性；基因信息传递给身体，身体则影响不了基因。但是总有一些物种破坏这些规则而生存下来，事实上，在现存的游戏里作弊是物种“唯一”能够存活下来的方式。

比如，有一条规则：植物生产自己的食物，动物则不会自己生产食物。在生物的图谱当中大概有三四个物种不遵循这样的规则，他们“作弊”生存了下来。这些生物与充满叶绿素的微小细胞形成了一种共生关系。这些绿色和棕色的球体被称为虫黄藻（zooxanthellae），它们就像植物一样，填满了静止的钙化珊瑚虫中的空隙，并为它们提供食物。但有一些更极端的生物，它们的“黑客行为”走得更远。它们会像真正的动物那样漫步移动，但是它们依靠内部共生虫黄藻的光合作用为生，它们是依靠阳光生存的蠕虫，或者水母，就像树突柱海蛞蝓（Placida dendritica）。它们也是动物，但在自己的体内制造食物。

其管状身体里褐色和绿色的混合物就是虫黄藻。有趣的是，虫黄藻就像树突柱海蛞蝓的太阳能电池板一样，但是不能遗传，所以并不是所有树突柱海蛞蝓个体都可以确保能从环境中获得作为“太阳能收集者”的虫黄藻，如果这样的话，这个虫子就会变成浅紫白色。

变成绿色是个很聪明的手段。如果技术系统中也能进行这种生物模仿，那将会有极大的价值。生物无疑有自己特有的“黑客行为”，也无疑会有想要不劳而获的寄生虫来利用这些创新。如果技术上也有像虫黄藻一样的东西，那么也一定会有技术寄生虫来利用它。

每个生物和每个技术都在扰动现有系统，试图在已经建立的秩序中找到捷径，并且破坏规则。秩序被不停扰乱，会带来不断的破坏、效率极其低下、不可避免的颠覆，以及高度的多样化。没有哪种方法无耻到不能用，没有哪条神圣的规则不能被打败。所有成功都是可行的黑客行为，所有可行的事情也都是一种黑客行为。

2007年3月6日

---

① 此处“黑客”原文为“hack”。黑客在文中的意思是擅用技巧打破规则的人（生物）。这与国内主流对黑客的定义（恶意侵入或破坏计算机网络的人员）不同。

② 图表来源：http：//tracer.env.uea.ac.uk/esmg/

CIVILIZATIONS ARE CREATURES
文明的生物性

文明是生物。它们是有机体，寿命很长，在地球表面分布很广。文明是一种存在，消耗能量，产出观念和想法。这些观念和想法以城市、机构、法律、艺术、书籍，以及回忆的形式而存在。一种文明可能会延续数千年，不断发展。与有血有肉的动物甚或人类的大脑组织相比，文明是地球上变化最快的有机体。

现在的文明不同于过去的文明，前者更复杂，变化更快。随着时间的推移，文明从几乎没有智力的阿米巴虫似的一团，发展成能够进行适应性学习的复杂多核生物。现在的西方文明，其记忆仍处于萌芽期，它叫做图书馆。

如果一个文明要延续一万年，那就需要一个万年存储功能——一个万年图书馆。这并非万年文明唯一需要的东西，但却是其非常关键的一个需要。万年图书馆是悠长记忆的胚胎干细胞，我们需要它来引导和支撑着我们的社会走过这漫漫岁月。

直到最近，图书馆似乎已奄奄一息。在坚硬的石墙之间，是一堆通常没什么人会去读的老书，作者都早已入土。图书馆怎么会是一个生物的器官呢？

生命，无论大小，其独特之处部分在于它能传承过去，在当下表现过去，以很好地应对未来发生的事情。如果没有记忆或任何东西来引导反应，那么生物对于刺激的反应便几乎毫无意义。生物学意义上的生物拥有基因的记忆以及过去刺激的记忆。文明则拥有图书馆。图书馆里面装满了记载着过去的思想和情感表达的书简和卷轴，这种记忆尚未成熟，但比起早期的口头传播、叙事和谚语等方式，已是极大的进步。

一个万年生物需要怎样的记忆呢?

首先，文明的记忆应该来自无数的感觉输入。就像电脑一样，所有的运动传感器、摄像头、温度计、麦克风、键盘和计算机芯片都应该将自己感知到的东西输入到存储器中。想象一下图书馆也有自己的身体，再想象一下它的身体是一层膜，由各种相互关联的小工具和小装置组成，在它们之间流动着源源不断的实时信息，包括对正在发生的事情的感知。

其次，这个生物的记忆应该囊括所有它知道的东西。所有文明知识未必都在物理距离上彼此相近，但它们一定是相互联系的。也就是说，人类的所有创造一定会通过引用和索引彼此链接。这种信息的全体聚合（寰宇图书馆）必须作为一个单独的分布式存储器而存在。理想状况中，它的信息碎片应当在观念层面就相互链接，而不仅仅是文献和“文件”层面。每种观念的力量都应该通过对其他观念、事实或想法的参考和引用而得到支撑。

第三，这种记忆应该能够被文明这个生物的每个节点所获取。文明中的每个人和每台机器都应该与这个公共图书馆相连接，这样图书馆的记忆便成为了他们的记忆。

这个记忆也并非一成不变。观念或文件之间的连接和关系都在不断变化。书籍在不断更新，文献在不断修改，观念获得发展或遭到质疑。整个图书馆就像一篇很长的维基百科文章。

最后，为“文明这一有机体的记忆”而建的图书馆，其成功的标志是新思想和新认知方式的产生。这意味着将会出现新的记忆水平。这个有机体可能会以一种令人类感到费解的方式去感知和回忆，毕竟我们“不过是这个生物组织中的结点”。

2006年3月14日

HUMANITY'S IDENTITY CRISES
人类的身份危机

这个世纪的主题之一将是追寻我们的集体身份。我们正在寻找“我们是谁”的答案。作为人意味着什么？还有其他种类的人吗？事实上，究竟什么是人？

平均每天科学都会推出一项新发明，这些日常发明会瓦解我们关于自己的观念，这一点难得有错。我们每天都会获知挑战我们身份的消息。干细胞疗法、基因测序、人工智能、可控机器人、新的克隆动物、跨物种杂交、大脑植入、增强记忆的药物、肢体修复、社交网络——这其中每一件工具都模糊了我们作为个体与物种一员之间的界限。我们是谁，我们想要成为什么？

我们将在网上把玩这些问题的答案。在《第二人生》游戏中，或是在聊天室里，我们能选择自己想成为的人、性别、特征甚至物种。技术赋予了我们转换性别，采用新外形，修饰自身形体的方法。

与此同时，超现实正在兴起。这些模拟如此复杂、令人信服、逻辑一致，以至于超现实拥有了自身的现实力量。一件冒牌货好到一定程度，就会作为一件绝佳的冒牌货被出售和购买。迪士尼乐园如此迷人，它会孕育自身的“冒牌货”。必须有东西以供假冒。经过PS的图片明显不真实，但它们却拥有自己的实在性。人造材料要比天然材料更受人喜爱。原件比不上再生物。谁关心什么是真实的，什么是数字复制品？

这些超现实引出了一些问题，如虚拟空间中的攻击是否应算作实际暴力攻击，还是仅仅是虚拟攻击。我们的现实生活有多少是想象出来的？有多少是交感幻觉①？我们的思维会在哪里终结，外部世界从哪里开始？假如它们——我们之外的一切事情——都是想象的呢？

我们的生活变得间接的速度越快，规模越大——我们通过技术沟通的时间越多，回答“什么是真实”这个问题就变得越迫切。我们如何能分辨真实和模拟之间的区别（如果有的话）呢？这些区别会如何重新定义人类？

我从传奇科幻作家菲利普·K·狄克（Philip K. Dick）自由思考、几近疯狂的调查中获慰良多。我是狄克的铁杆粉丝，其作品现在如日中天，因为他作品的两大主题正是未来一百年我们文化发展的主题，即，人是什么？非人或现实的本质是什么？

在狄克于1978年发表的一次令人惊叹（也非常诡异）的谈话中，他列出了自己的主题：

> 让我着迷的两个基本主题是“什么是现实”以及“什么构成了真正的人类”。在过去27年间我所发表小说和故事，一次又一次地研究这两个互相关连的主题。我认为它们是重要的主题。我们是什么？围绕我们的，被我们称之为非我或经验或现象世界的是什么？

狄克的主题正在变成我们的主题。“我们是谁”、“什么是现实”这些问题将从科幻作品边缘转移到我们文化的中心。我能想象，这些问题将会占据社会意识的前沿阵地。人类身份的问题将成为《今日美国》和CNN的头条。最高法院将讨论这些问题。它们将成为茶余饭后的话题。

几十年内，当狄克的想象成为现实，当我们每天都能和更好的人工智能打交道，当基因修正的孩子长大，当思维增强药物奏效，当虚拟现实变得寻常，当社会蜂巢思想永远在线时，狄克试图解决的难题将成为我们的难题。想想11

点新闻上“黑客帝国”般的场景吧。参议员、商人和坚定的共和党人会说：“伙计，假如现实其实是另一层呢？假如变成人只是一种选择呢？”

可以预料，关于我们的物种身份以及我们该把什么当作真实的本质会产生很大的不确定性。这将是一个焦灼的时刻。深刻的焦虑和不确定性会滋生多种诡异的小众文化和奇怪的信仰——就像其对菲利普·K·狄克产生的影响一样。（再读读他的谈话！）对人是什么的不确定性将会导致精神变态和战争。堕胎战争和奴隶制战争只是这个问题能引发世间纷争的两个例子。

即便是那些能逃避暴力的人——普罗大众和网民——也将面临一个悬而未决的疑问。我是谁？人的种类只有一种吗？机器人能成为上帝的孩子吗？对智能机器的奴役是否可被接受？我们是否应该把同情心由动物和生物扩大至所有造物？如果它能造成伤害，它是不是真实的？

当你的一位朋友遇到这些无法作答的问题时，你知道会发生什么？他们也许会失控，也许会在这些问题的重压下失神。现在，想象一下被这些狄克式问题伏击的世界吧：所有物种都受到身份危机的折磨。这个世界即将到来。

2008年3月14日

---

① 美国科幻作家吉布森把其首创的“赛博空间”（Cyberspace）称为一种“交感幻觉”，将它描述为可带来大量财富和权力信息的计算机虚拟网络。在他看来，现实世界和网络世界相互交融，人们可以感知到一个由计算机创造但现实世界并不存在的虚拟世界，这个充满情感的虚拟世界影响着人类现实世界。将近20年以后的《黑客帝国》所描绘的网络虚拟空间，就是吉布森所描绘的赛博空间的视觉呈现而已。

HUMANS ARE THE SEX ORGANS OF TECHNOLOGY
人类是技术的性器官

我可以断言，技术有自己的议事日程。技术作为一个整体具有自主性有什么证据？人们会说，如果没有自主性，某样东西怎么会有自己的议事日程？我将分三部分对此作答。

首先，我认为一个系统可以有自己的议事日程，即便它依赖另一个系统而生存。让我们以人类心智和人类文化为例。显然人类是动物，而且不过是进化出来的又一种生物。作为一种哺乳动物，我们必须遵循生物学法则。我们是活体组织进化轨迹的一部分：我们的肉体必须呼吸、新陈代谢、交配、排泄，最后死亡。我们身体的议事日程恰与任何其他动物身体的议事日程完全相同。

而我们也说过我们和动物不同，我们对地球的影响力似乎就是明证。我们建造非常巨大的建筑物（城市），这些建筑物在规模上独一无二。白蚁的摩天楼和珊瑚礁与纽约的摩天楼和混凝土礁石相比，单是大小就相形见绌。我们以远超其他物种的规模改造地球表面，淘汰其他物种。我们对气候的干预规模令绝大多数物种望尘莫及。当然我们还制造了许多新物品和“有机体”，没有一种其他生物做得到这些。很明显人类有自己的议事日程，而生物界其他部分则没有。

然而，如果所有动物生命（包括人这种动物）死亡，人类心智和人类文化也会死亡。人类心智依赖于动物生命系统。因此，按照你的逻辑来说，人类心智就不可能有自己的议事日程。但我们确实有。为什么？因为人类文化的自主性运行在与动物生命完全不同的层面上，尽管其“依赖”于动物生命。同样，技术的自主性运行在与人类的动物生命完全不同的水平上，尽管它依赖于人类生命。

第二，技术还年轻。“技术”这个概念直到1829年才被创造出来，大多数我们称为技术的东西本世纪才刚刚问世。我们认为一个两岁大的婴儿活着且具有自主性，尽管他要依靠其父母才能继续存活。我们知道自己的孩子最终会离我们而去，成为具有自主性的父母，但只要他们是我们的孩子，他们就需要我们，即便他们有自己的议事日程。技术就是我们的孩子。作为人类，我们是所有技术的父母，养育它们，满怀希望地培养它们走向自立。

第三，技术最终将具有比现在多得多的自主性。目前我们不仅是技术的父母，还是技术的性器官。从技术的眼睛看来，我们是四处游荡繁殖它们的神秘腺体。它们也许能够自行运转，但是它们需要我们来繁殖它们。这一点已经有所改变。如今世界上大多数计算机芯片都部分地由其他计算机芯片设计出来。大多数机器人设备都部分地由其他机器人设备制造出来。既然我们在改进芯片和机器人，那就没有理由认为，在未来某些时刻会完全由一些计算机设计其他计算机，完全由一些机器人系统制造其他机器人系统。下一步似乎不可避免：技术将自主繁殖。

必须承认的是，现在还没有自主繁殖的技术，也没有自主维持的技术。相反，现在的技术宛如婴儿，有自己的要求。甚至连小孩子都能很快训练父母满足他的愿望及需求。它用自己弱小的力量获取资源（食物、关注、许可）以成长。如果我们离得够远，我们就能看出技术意图创造一个有助于更多技术成长的环境。技术极少使创造更多技术变得更加困难。技术须适应于不断扩展技术的需要。技术培养了我们——它的父母或者说性腺。技术使人类更健康，有更多闲暇去消费，这导致了更多技术的出现。我们创造的技术越多，我们就需要创造更多东西来保证它完全运转。这个正向反馈回路正是有自己议事日程的系统会发展出来的那种自我保护策略。

没有我们此刻的帮助，技术不可能自我繁殖，但是它在膨胀，在变得越来越复杂，越来越聪明。更重要的是，技术每天都在进化得更快。尽管它依赖我们，我们也越来越依赖它。像所有的孩子一样，它有自己的要求。迄今为止，人类作为一个整体仍然在否认自己居然有个孩子。

2007年2月16日

TECHNOLOGY, THE MOVIE
技术与电影

即便人人生来就是明星，但每个人的潜能、新生见解和未来经历的组合也会有各自的独特之处。即使是DNA相同的双胞胎，生命潜能也不同。

当一个人能够充分发挥自己的那套天赋，他们就会绽放光芒，因为没有人能做到他们所做的事。他们无可比拟，这也是我们欣赏他们的原因。事实上，这就是我们所说的“明星”。这并不意味着人人都会在百老汇上唱歌、在奥运会上比赛或赢得诺贝尔奖。这些仅仅是成为明星的三个俗套途径，且由于经过精心设计，这些特别的机会很有限。但我们错以为这是所有人成功之路。事实上，这些卓越才能和明星地位是牢笼，别人出类拔萃的历程是你的束缚。名人们激励了大批人试图复制他们的成功之路。他们的追随者试图在别人的电影里成为明星。毫无意外，他们通常都失败了。

读过一千本传记你会了解，大多数人要花上大半辈子的时间才能找到自己的人生电影。活在别人的电影里很容易，尤其当别人的电影十分精彩时。但做你自己是乐趣无穷的。成功的人非常有吸引力，因为他们已经找到了一种独特的方式来做自己。为什么不走捷径而去模仿那些生活精彩的人呢？与此同时，你自己的人生电影却止步不前。如果被模仿的人非常令人钦佩和伟大，那么真正可怕的诱惑就到来了。这些崇拜模仿者身上雄心和不诚实的必然碰撞是很可悲的。当你成为自己电影中的明星时，你就不同于他人。

虽然成为自己电影中的明星是世界上最简单的事情——简单则表示你走在了正确的人生道路上。但是，寻找到自己的人生电影是极其艰巨的工作，无法一个人独自完成。很少有人能在没有别人的反馈和外部观点的情况下——包括朋友和敌人，切实评估和培育他们的才华。从实际意义上来说，这就是他人的作用。但是，如果太注重别人的看法，你就会被别人的人生拉着跑，他们当然很乐意让你来饰演他们电影的配角。

寻找自己的电影还有另一个障碍。有时候，我们的天赋与我们身边的人很接近，比如父母和兄弟姐妹。这需要伟大的洞察力来察觉自己的独立性。我们真的拥有在我们父亲或母亲身上所看到的特质吗？我们要对这些察觉到的特质进行测试、尝试、研究和实验，看它是否确实属于我们。这种测试被称为生活。

但找寻我们自己的电影的真正障碍是，我们只能通过创造它来找到它。我们的电影并不是已经存在，藏在某个地方等我们去打开。我们必须创造自己主演的电影，它是我们编写的！最困难之处是，我们必须在知道我们的故事如何结束之前写好剧本。更糟糕的是，我们的人生影片中所有的配角，在自己电影中都是主演（或应该是主演）！因此，情况很快就变得非常复杂了。我的生活是你的舞台布景，随着我慢慢成长，我又重新安排你电影中的道具。难怪保持自己的角色是如此困难。但这种重要的相互依存关系是一件好事。这生命的交集正是我们发现自己的最佳台词、自己的角色和故事的地方。

那些我们用一生开发的特定天赋并非与生俱来。它们不像蛋白质由DNA决定。它们不是固定不变的。当然，我们生来具有有限的和不同的能力。我们一开始就不同。有些人的开头比其他人更容易。出生的时间地点和父母这些既定事实，对你的生活有着重大影响。

然而，这些与生俱来的属性不包含我们的命运。我们的特质并不完全是在我们出生时形成的。我们培养它们，或成长为那样的人。它们源于我们的创造天性。它们来自于我们，就像故事来源于我们一样。事实上，我们的生活就是我们为了找出我们是谁而对自己讲的故事。随着我们编写自己的故事，在应对别人上演的变化背景时，我们有机会为自己的角色、新想法以及新能力创造新的回应。许多具体的例子都揭示了这一创造性力量。例如，在1954年罗杰·班尼斯特（Roger Bannister）打破了4分钟一英里的记录，这个英勇的成就改变了运动发展潜力的格局，使成千上万在他后面的赛跑者，发现了能够完成以前所不可想象的事情的能力。毕加索对立体主义的见解，开辟了一个在以前不可见的巨大艺术天赋领域。（不会画画也能成为艺术家！）像爱因斯坦这样的天才的想象力，释放了人类以前无法想象的能力，比如说多维空间或相对论。合适的朋友也能同样伸展我们的能力。其实，一个人的想象力可以改变另一个人的内部潜力。（反之亦然：一个人的邪恶能破坏另一个人的潜力。）

生活总有一个奇怪的矛盾。为了达到我们最终的潜力，我们的生活必须走到终点，但生活的轨迹会改变一切，包括潜力。这种循环的本质令人不安，但这恰恰是我们热爱生活的原因。如果生活缺乏这种动态的循环，它就只是一种模拟、一个单调的理论、一部能猜到结局的索然无味的电影。正是有了这一本质，生活才充满了惊喜——我们在某种程度上书写着自己。

我们能制造惊奇，无论是作为个体还是集体。归根结底，我们在社会上为他人创造的可能性会继续开拓其他的可能性。我们通常不这样看待机会，但这些可能性被称作“技术”振弦技术发掘了（创造了）小提琴演奏家的潜力。油画颜料和帆布技术释放了几百年来画家的天赋。胶片技术成就了电影人才。写作这种软技术，或者数学和法律制定，扩大了我们创造和做有用之事的潜力。我们作为集体——朋友、家庭、宗族、民族和社会，在让每个人都成为明星方面起着直接作用：最大限度地发挥其独特的贡献。

但是，如果我们不能为他人扩大可能性，而是削弱它们，那将是一种罪过。为他人扩大创造力的范围是一种义务。你能想象如果巴赫在钢琴技术发明之前出生，我们的世界将是多么不幸吗？或者梵高在我们发明油画颜料之前来到这个世界？再或者希区柯克出生之前还没有人发明胶片技术？然而，今天的儿童（包括我的孩子）的潜力都可能受阻。因为能让他们施展才华的理想技术还尚未发明。也许要在某个小设备出现之后，我们这个时代的莎士比亚才能创造他们的杰作。如果没有这些制造的可能性，他（她）就会受到阻碍，由此人类所有的创造力就会减少。因此，我们有道义责任提高技术。当我们扩展了技术的种类和影响范围，我们就增加了选择。当我们扩大了可能性，我们也为每个人成为明星打开了机会之门。

2007年1月31日

THE MACHINE THAT MADE US
造就我们的机器

计算机科学家约瑟夫·魏泽鲍姆（Joseph Weizenbaum）最近以85岁高龄辞世。魏泽鲍姆在40年前发明了著名的伊莱扎（Eliza）聊天机器人。令人惊讶的是，这个伪人工智能仍然具备取悦和糊弄我们的能力。但在这之后的生涯里，魏泽鲍姆成为人工智能的批评者。他主要关注计算隐喻——认为所有有趣的事情都可计算——对我们文化的全面征服，担心在我们试图制造具备思维能力的机器时，我们自己就会变成机器。魏泽鲍姆的离世引起人们对其著作《计算机力量和人类理性》中相关论点的重审。

在Edge.org上，尼克·卡尔称该书“仍然是有关计算机及其对人类影响最好的书之一。书中一些细节已经过时，但其所传递的信息仍像以前一样重要，而且现在看来，依然令人困扰。基本上，魏泽鲍姆坚持认为，计算机向其用户——也就是我们——强加了一种机械化视角，而这一视角能轻易取代其他——也许更人性化的——视角的位置”。尼克强调了书中一个值得注意的段落。

> 一旦计算机与结构完全整合，与众多关键子结构相杂合，计算机就会成为该结构不可缺少的一部分。想要去除计算机，必然会对整个结构造成致命的损害。这基本上

是旧话重提。其作用在于，它能重新唤醒我们，使我们认识到这样一种可能性：一些人类活动——如将计算机引入一些复杂的人类活动——可能会没有回头路可走……计算机并不是战后时期及其后现代社会存在的前提；最具"进步性"的美国政府部门及工商界热情地、不加批判地欢迎计算机，这使计算机很快成为社会存在的必要资源，而计算机本身也成为塑造社会形态的工具。

这段文字极为精彩地总结了一种普遍担忧：我们正让机器接管一切，包括我们自己。

读到这一担忧，我想起BBC的一个新节目《造就我们的机器》。这一系列视频纪念的不仅仅是计算机，还有其他造就我们的机器——印刷机。BBC从四个方面研究了印刷在我们文化中扮演的角色。这让我感觉，魏泽鲍姆所说的关于人工智能的一切也许也适用于印刷术。

于是我搜索了魏泽鲍姆的文字，用另一种更古老的技术"印刷术"替换了"计算机"，并得到如下文字：

> 一旦印刷与结构完全整合，与众多关键子结构相杂合，印刷就会成为该结构不可缺少的一部分。想要去除印刷，必然会对整个结构造成致命的损害。这基本上是旧话重提。其作用在于，它能重新唤醒我们，使我们认识到这样一种可能性：一些人类活动——如将印刷引入一些复杂的人类活动——可能会没有回头路可走……最具"进步性"的美国政府部门及工商界热情地、不加批判地欢迎印刷，这使印刷很快成为社会存在的必要资源，而印刷本身也成为塑造社会形态的工具。

这段话清楚地说明了印刷的重要性及其基础作用，也的确如此。我可以用"书写"或"字母表"等技术做相同的替换——这两种技术都变革了我们的社会，也都必不可少。

事实上，印刷、书写和字母表的确让文化偏向了它们。它们还让自己变得如此必不可少，我们不能想象如果没有它们，文化和社会会变成什么样。如果没有书写，我们的文化会让人分辨不清，谁能够否认这一点呢？而且，正如魏泽鲍姆所表示的，新的嵌入式技术意图取代先前的理念体系。口述已经消失，而我们的书面文化迥异于口头文化。

魏泽鲍姆的主要担忧似乎是，我们会依赖新技术，而由于技术有自己的资讯处理程序和自我强化功能，它会让我们变得不像我们自己（不管在哪方面）。

所有这些转变都是真的。但正如上面的替换所表明的，我们之前曾多次经历这种自我增强的转变，而我相信转变之后会变得更好。文字和印刷提升了我们，尽管我们丢下了一些东西。

魏泽鲍姆（卡尔可能也是）就像古代睿智、好心的长者一样，鼓吹由印刷术和书籍带来的恐怖。他们会着重说明口语化的损失，以及这些新流行的辅助技术（印刷术和书籍）对人性的贬低。他们会大声疾呼：人们啊，我们有自己的记忆，善用它们吧！记忆一直与我们同在，即便柏拉图也曾这样感叹过。

但事实上，人工智能和计算机的普遍性、不可或缺性、基本性、自我强化性和不可逆性倾向并不单是人们忧虑的理由。相反，如果过去历史中印刷和书写有过任何不良迹象，这些都是值得庆祝的理由。随着计算机无所不在时代的到来，我们将经历另一次身份大检修。

2008年4月18日

FOSSIL CITIES
城市化石

行星成分的物理形成似乎要经历三个阶段。每个阶段都会出现一种新的力量，塑造星球上的大部分矿物。这三种力量分别是：物理过程、生命以及心智。

物理现象对于矿物的影响显而易见。直到最近，物理过程都被视作地质学中唯一的力。化学反应、热、侵蚀、巨大的重量和压力，以及偶尔出现的原子力，一起创造并重塑了地球上的岩石。还将出现些什么新的力量吗？

最近的研究表明，生命这种摇摆不定、难以捉摸的东西，直接或间接地影响了地球上现存的大多数矿物。生命改变了大气和地下的化学环境，大量生命的出现为新的岩石类型，如页岩和石灰岩，创造了成分；并间接改变了气候、风化作用和侵蚀作用，这些现象和过程生成了数千种新的矿物。盖亚假说[①]最坚定的支持者认为，生命使地球的化学成分处于一种持续失衡的状态，生命对地球成分的影响就像一个特别的标记，即便在百万英里之遥也能被探测到。

随着人类心智的增强以及科技的广泛兴起，第三个地质时代正在来临：人类世[②]。从地质学角度来说，人类世还未完全诞生，它从开始存在至今不过数百年，现在更像是受孕的那一刻。但即便是在这短暂的一瞬（地质年代时间轴上），我们也可以看到，技术如何大大地改变了地球。四处蔓延的城市覆盖了数万平方公里的大地。人类在地球上开采出大量矿物，建造出了每一座城市。这些庞然大物里的所有金属、砖头、玻璃和石头，都是人类心智和大地的创造结晶。而这些经过改造的矿物，总有一天将会回归大地，重新变成新的矿物。

英国莱斯特大学的地质学家简·扎拉斯维奇（Jan Zalasiewicz）出版了一本新书《人类之后的地球：我们会在岩石中留下什么？》（*The Earth After Us: What Legacy Will Humans Leave in the Rocks?*）。这本书对城市以及技术的产物如何变成化石做了分类说明，是个很棒的情景演习。他在书中描绘了人类科技文明主要组成部分可能的地质路径。

人类用砖块、玻璃、混凝土、夯土、石块以及一些金属骨架，在广袤大地上建起了城市和郊区的主体结构。这些材料都有类似的天然物质。砖块是耐火粘土，天然耐火粘土常常以泥岩（被岩浆烘烤过的粘土）的形式存在。混凝土由砂石和石灰石胶结而成，自然界中也存在这种混合物。玻璃是黑曜石。有时候，纯金属会以天然矿块的形式出现。地质学家能够了解这些天然矿物在数百万年的时间中如何老化。而扎拉斯维奇认为，人类的建筑材料也会出现类似的老化。

> 砖块在烧制过程中会失去水分。但是在垒成墙后，砖块暴露在环境中，就会吸收水分并膨胀。膨胀比例还不及1%，但是随着时间的推移，膨胀的作用有时足以使墙面破裂，尤其是如果修建过程中使用坚硬的水泥砂浆刷墙，而不是柔韧的石灰砂浆，后者能更好地承受膨胀压力。尽管膨胀的速率会逐渐减缓，但膨胀能持续数千年，这个现象在罗马时期的砖块上就已发现。不过，一旦进入填埋层并一直浸泡在水中，城市地层的砖块就会膨胀到其所能达到的极限，而膨胀带来的压力可能会使许多砖块破裂。
>
> 很多砖块呈红色，这是烧制过程中被氧化的结果。在长期掩埋之后，应该会发生相反的反应，化石砖块变成原始材料的灰色和蓝色。如果被埋得更深，砖块里微小的高活性粘土矿物薄片就会改变结构，再结晶，并最终变成另一种不同的粘土矿物晶体，体积更大（但仍然微小）。如果温度更高，这些粘土晶体会开始变成云母。不过

最终，这些砖块化石及其周遭的混凝土碎片应该仍然能看出是人工制品。

遗憾的是，这些设想都没有经过验证。我曾有机会同扎拉斯维奇交谈，并惊讶地从他那里得知，人为将现代材料加速转变成化石的研究极少。没有人尝试将建筑瓦砾、塑料水瓶和汽车废弃零部件变成化石。事实上，也很少有人会去尝试重现天然材料加速变成化石的过程。

我们都知道，氧气、水和风化作用非常具有侵蚀性，能将一切事物化为最基础、稳定的惰性材料。

在金属中，铜和锌比铅更可溶、更活泼。因此，在变成化石的过程中，电线可能完全消失，而铅管仍在。

最精密的科技材料不可能幸免于变成化石的命运，除非它们以负形存在。初始的材料将会消失、溶解或腐烂，而在硬化的岩石内部，将会填充进新溶解矿物，后者会硬化成为一个替代化石。但新材料存在时间不长，人造景观所使用的材料大多是地质年代久远的古老材料。

一个人的一生平均会使用500吨砂石、石灰石、砖瓦粘土和沥青，至少在发达国家是如此。我们用这些东西修路建房，打地基，建造学校、医院、餐馆和多剧场影院。由于新房子往往建在旧房子的瓦砾上，经过数代人和几个世纪的时间，这些建筑材料再加上钢铁、铜和塑料，会堆叠成大量的物质材料。在市区，几个世纪的建筑瓦砾形成了一个巨大的地质矿床。在地质图上，这通常被称为“填筑地”。出于叙述的需要，我们就称之为城市地层。在历史悠久、建设完善的城市，城市地层可能厚达数十米；在新奥尔良这样的城市，摩天大楼能够如此安然地高耸着，是因为地基的存在，高层建筑的地基已经在地下形成了一片倒置的混凝土森林。

人类拆掉旧建筑，在废墟上重建新建筑，这个过程造成了瓦砾的堆叠；因此，古城的考古遗址都高于周围的地面，而上层的瓦砾是杂乱的。真正的格局如下所述：

新奥尔良摩天大楼下倒转的混凝土和钢铁尖塔正慢慢沉入墨西哥湾。作为半个大陆的碎屑，它们被冲上密西西比三角洲的地表，挤压易受外力改变的地壳。水管、电路、天然气管道、污水管道、光缆、地铁、地下停车场，以及核辐射掩蔽所，在混凝土地层的顶部蜿蜒交错。人类帝国的这些废弃建筑地基进入填埋层后，就会开始变成城市地层。在更遥远的未来，未来的人类或其他智能生命或许能发现、分析并探索城市地层，并为之惊叹不已。

并不是所有城市都将变成化石，正如并非所有死亡的动物都会成为化石一样。化石的形成需要合适的条件。

哪座城市能变成化石呢？可能是新奥尔良、海防（越南），或上海，也可能是阿姆斯特丹、威尼斯、哈科特港（尼日利亚），或达卡（孟加拉）。坐落在沿海平原、河泛平原和河口的城市和超大城市很多，这里只列出了其中一部分。这些城市扎根在三角洲沉积物上，这些沉积物的重量就像一个下行的地壳扶梯，带着这些城市下沉。这些城市都刚好与海平面齐平，或略微高出；有些城市甚至在海平面以下，依靠护岸海堤墙才未被淹没。因此，海平面即便微微上升，都会让这些城市面临被淹没的危险。一旦被淹没，这些城市就从侵蚀层进入了沉积层，就像被放进了泡菜缸一样。

另一些城市位于更高的侵蚀层，或位于地壳隆起的前缘，如旧金山，它们就逃不过亿万年的侵蚀，不会成为化石。城市化石化的时候，科技更偶尔能够得以保存，就像我们有时或许能找到娇嫩花朵的化石一样。iPhone和碳纤维滑雪板或许也能保存到下一个地质代？少数东西有可能进入下一个地质代[3]，不过它们会发生巨大的变化。

一粒花粉如果被越埋越深，它就会从最初的苍白半透明，逐渐变暗，先是稻草黄，然后变成橙色，再是褐色，最终变成黑色不透明的石墨化碳外壳。这种颜色变化是可预见的，现代古生物学家和石油地质学家就将这种规律作为地层的古温度计，由此得知化石经过了多少掩埋，经历了多高的温度。今后数百万年中，至少一些人造塑料制品应该会经历类似的颜色转变，被地层包裹的塑料杯和洗发水瓶将永远不复其最初的透明模样。这种颜色转变的现象非常有用，它也是另一种转变的主要线索：地下石油的生成。

那么，什么东西和聚苯乙烯杯（塑料杯）化石最接近呢？或许是一些海洋无脊椎动物有机骨架内的长链有机分子。

我们或许能够预见到，城市地层中会形成各种塑料管和塑料瓶化石，从浅黄色到棕色再到黑色，颜色各异，这取决于它们被掩埋的深度。其他塑料或许会在高温和高压下彻底分解成分子，这些分子会在岩层内游走，直到被困在某些无法穿透的岩层中，成为新形成的石油和天然气储备的一小部分。

随着时间的推移，人造玻璃可能同样会发生变化，失去其透明度。一亿年后，果酱瓶、牛奶瓶以及窗户碎片，几乎都会变成不透明的乳白色物质。

许多化石残骸实质上是新的物质填满原始物件所形成的空间。可以想象，随着被沉积物掩埋并受到数千英尺厚新岩石的挤压，科技物品也会经历一个类似的铸型过程[④]。奇妙的是，它们不一定会被挤压变形。

不论是哪个时期，在掩埋地层中，这种挤压强度的差异都很常见。被泥浆包裹着的流沙或沙丘，很大程度上会保持自己最初的形状，而外层容易受到挤压的泥岩会慢慢变形。任何处于这样空间里的物体——废弃家具、杯子、碟子和任何机器——都不会遭到挤压，它们至少会在外观上保持最初的三维形状。

只要是被掩埋在泥土中，无论何处，城市都会出现黄铁矿化的现象。这种情况下，对应形成的化石是什么样呢？可能就是些半空的小塑料容器，一些塑料管材和电线，以及杯子和花盆的碎片。人类现在所制造出的无数微小金属和电子产品，其内部也会被完全硫化，因为它们本身就含铁——黄铁矿[⑤]（又称愚人金）的成分之一。人类文明的部分碎屑必将发出愚人金的光芒。

技术元素的心智不仅会改变我们的生活，也会改变地质时期，它会孕育新的矿物，并改变地球。换言之，即使人类消亡，技术元素仍将继续从地质上改造地球。无论人类是否继续存在，它都将继续塑造这个星球。

2009年1月6日

---

① 盖亚假说（Gaia Hypothesis）是由英国大气学家詹姆斯·洛夫洛克（James Lovelock）在1972

年提出的一个假说。认为地球表面的温度、酸碱度、氧化还原电位势及大气的气体构成等是由生命活动所控制并保持动态平衡，从而使得地球环境维持在适合于生物生存的状态。

② 地质年表中最大的时间单位是宙（eon），宙下是代（era），代下分纪（period），纪下分世（epoch），世下还可细分为期（age），期下分为时（chron）。Anthropocene是根据Holocene（全新世）一词而造，两者单位都是世。

③ 详见注释②。

④ 当原来的物品被沉积物掩埋形成外模和内核后，物品有时会全部溶解，然后又被其他矿物填充，使得填充物就像铸造的模型一样保留了原来物品的形状和大小。

⑤ 黄铁矿的主要成分是二硫化亚铁FeS_2。因其浅黄铜的颜色和明亮的金属光泽，常被误认为是黄金，故又称为“愚人金”。

WHO SHOULD WE BE?
人类应该成为什么?

技术并非毫无生气的表层事物，而是人类生活中一股活跃的力量。语言、文字、视觉感官，以及法律和正义的观念——这些人类所创造的东西，塑造了我们的内心生活。这些东西一旦出现，就会反过来影响我们。互联网以及过去十万年间我们创造出的所有其他工具，都在重塑人类。

重塑成什么呢？至少在未来的几个世纪里，这都是一个大问题。我们是什么？我们能成为什么？我们应该成为什么？

人类创造的每一项新技术，如网络或克隆技术，都迫使人类一再追问：我们将会成为什么？为了回答这个问题，我们要深入到人类的本性、传统，以及最为重要的一项因素——新技术。

- 这些新事物出现后，我们能够或应该成为什么？首先，我们通过探索人类行为以寻求这个问题的答案。回溯一下人类的动物进化历程，了解我们拥有何种能力。或者，深入研究一下人类社会史，看看我们过去都成就了些什么。我们都认为答案的线索就是人性中最好的东西（至于人性中最好的东西是哪些，每个人都有自己的看法），然后对自己说：我们能够更多地做到这些！因此“更多人性中最好的东西”可能是我们的目标答案之一。

- 我们也可以探寻自己的幻想。超人、科学怪人、奇点①、X战警以及科幻作品中的外星人，是我们集体无意识所想象出的未来人类。如果有哪个社会科学研究生，能够整理出科幻作品中所有的外星人，然后进行分类并分析他们所拥有的能力，进而了解我们对于未来人类的构想轮廓，我想应该很有趣。（如果已经有人做过这样的整理，请告诉我。）超人物种存在的可能性非常之大，科幻小说领域发展仅数百年，我们可能才刚刚开始幻想，人类存在不同的形态。我们的想象力是广阔的，且仍将是我们想要成为什么这一问题的主要源泉。
- 最后，我们也可以对科学技术进行研究，去了解它们所蕴含的力量和能力，随着人类与之融合，这些力量和能力可能转移到我们身上。我们利用科学技术设计基因组，或让生命延续，在这些过程中，我们不可避免会汲取一些科技的力量（正如我们将进化和适应的能力引入科技创造物之中时，科技也无法不吸取自然的动力）。也许我们会在某些新技术中发现仅存于其中的全新能力或潜力，然后心想，好的，我们就要变成这样。举一个小例子，回到前页（顶端）功能让我觉得，未来人类应该能够随心所欲回到自己过去的人生。因此，通过了解科技想要什么，我们或许能够知道人类能成为什么，或想成为什么。

但无论这些可能性的灵感库多么广多么深入，我都不认为人类能够将自己重塑成自己想要的任何东西。有些人，如对待重塑人类问题十分认真的超人主义者，偶尔会声称人类是一张空白的画布，凭借科技的帮助，我们能够将人类这一物种——或至少是个体的人——塑造成我们所想要的任何形态。一些人相信，奇点所谓的超能力就是推动人类变异和转变的秘密武器（尽管其他人并不需要变异和转变）。在这个框架下，只要时间足够多，大脑就无所不能（我称之为思考主义）。正如阿瑟·C·克莱克[②]所说，如果我们认为有些技术是不可能的，那么我们可能错了，对于这点我们确信无疑。

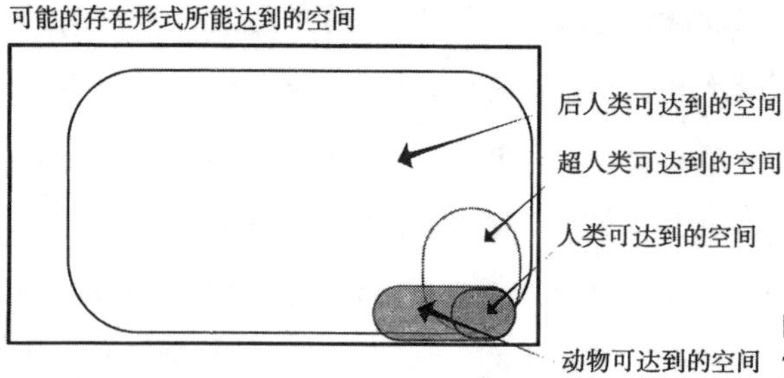

图注：引自“世界超人协会”（World Transhumanist Association）。

上图都表达得很清楚了（未按比例绘制）。“超人类”指转变或获得适度改进的人类，其能力在未经改进的人类和全面发展的后人类之间。而超人主义者只是接受超人主义的人。

但与此同时，宇宙之所以真实，仅仅是因为其有限性。真实的事物之所以真实，是因为物质、实体、自然规律及其他基础，在某些方面限制了可能性。若非如此，一切皆有可能，如魔法。也就是说，虽然我们能够想象出各种事物，但是现实的局限会阻止其中一些成真。

在较短的长期内，我们距离穷尽人类进化的所有可能方式还很远。我们也许能够做到令肉体永生不死，获得心灵感应的能力和绝对可靠的记忆力，对感冒的免疫，拥有更好的脊柱，能够无痛生产等等。我们甚至还可能重新设计人体，令其拥有惊人的可塑性，从而让每个人都能自行取舍自己的能力。

但是我认为，决定人类想要（或应该）成为什么，是一个更大的挑战。我们知道，现实的规则是有得必有失。任何消耗能量或需要信息的东西，都需要付出代价。新的能力会滋生新的问题，并在其他方面产生新的成本。你不可能在各个方面都不受限。

在我们思考人类想要成为什么时，一些大问题涌上了心头：我们是否（应该）仍然作为同一个物种，还是以多个物种的形式出现？人类无论走向何方，作为一个集体而存在是否重要？我们应该仍然做人类吗？人性（无论它是什么）值得保留吗？我们能够进化到什么程度而仍可被视作人类？人类将以普通人来定义？还是应该让另类的极端版本——未来优秀的爱因斯坦和莫扎特——来代表人类？

最后，一些人会说，人性更多地在于道德，而与力量或能力的关系更小；“人类是什么”这一问题的核心在于人的心灵；更大的道德进化或许根本不会出现在人类身体上，而是出现在我们的社会中。也许，如何做比做什么更为重要。

我们已经在决定，作为一个物种，人类想要成为什么。年长的新式父母会定期进行遗传咨询。他们的选择会对后代的遗传特征造成微弱但实在的后续影响。环境化工产品也会以一种目前未知的方式，影响我们的基因。矫正技术，如眼镜、牙套，以及在更为宏观的层面，正如谷歌在某些方面对我们的改变。

我们正在重塑自己。但是，在这个过程中，我们没有去思考这些问题，我们想要成为什么？人类为何而生？我们应该成为什么？

2008年11月14日

---

① 这里指技术奇点，是根据技术发展史总结出的一个观点，认为未来将要发生一件不可避免的事件：技术发展将会在很短的时间内发生极大的接近于无限的进步。一般设想技术奇点由超越现今人类并且可以自我进化的机器智能或者其他形式的超级智能的出现所引发。由于其智能远超今天的人类，因此技术的发展会完全超乎全人类的理解能力，甚至无法预警其发生。之所以被称为奇点，就是好比物理学上引力接近无穷大时产生的黑洞的物理属性一样，已经超出一般正常模型所能预测的范围之内。

② 阿瑟·C·克莱克（Arthur C. Clarke）英国科幻小说家、发明家、未来学家，著有《2001太空漫游》。

TECHNOLOGY, OR THE EVOLUTION OF EVOLUTION
进化的技术，进化的进化

审视技术的时候，我们眼前闪现的是遍布的管道和闪烁的灯光。但从宇宙的角度来看，技术是进化的加速。

理论上讲，自然进化是对可能性空间的探索。而生命便是这种探索中，用于在宇宙中所有可能的形式中，寻找新生存形式的自适应系统。生命尝试着每一种形式——它或圆或长，或静或动，或能驰骋，或能翱翔。它也会鼓励任何一种能够让这场探寻游戏继续下去的设计。生命遇到的大部分形式，只会存活很短的时间。经过亿万年来，生命系统却在地球上安家落户了下来。那些稳定的形式，可能是管状的内脏，也有可能是植物的叶片，还有可能双侧性对称——总之，它们都能允许生命继续寻找更多的形式。生命“发现”的每一个自然的创新，都成为了发现更多创新的平台。在这个过程中，生命扩展了生存形式的多样性，同时也加强了生命不断进化的动力。

生命之所以能够不断进化，是因为生命在进化的路途上已经发现了许多增进自身进化能力的方法。起初，生命可能性的空间十分狭小。生命不得不适应、不得不改变、不得不尝试，寻找新形式的方法少之又少。这种狭小的适应范围，和原始技术无法进行深度定制和改装非常相似。最初，生命的适应性和进化性都很低。但随着时间的推移，进化在努力探索新方式的同时，也找到了一整套“寻找和改变这些形式”的新能力。试想一下，生命担负着一个任务，那就是找出所有可能的形式。但其中只有一两个，会成为具有魔力、能够给予生命探索新领域和更多形式动力的元形式。这就像是这样一个游戏：在游戏里，你需要在某一个关卡中找到一扇门，这扇门通往更复杂、更快速、充满可能性、从未出现过的另一个关卡。在进化过程中，这些特殊的元入口就是能够增加生命进化性的技术（例如有性生殖）。除了有性重组外，进化还发现了其他许多增强进化性的窍门。生物之间的基因水平交换，以及一整套的控制基因（即控制其他基因的基因），仅仅是学习进程和适应进程的两条途径。而生命对可能性的探索已经通过增强后的进化性大大地扩展了开来。

因此，进化在寻找可能形式空间的同时，会时不时地发现一种能够扩大自身可能性空间的形式。通过这种方式，进化进程便创造出了它所寻找的空间。换句话说，如果某个新物种是对于某类有机生命如何生存问题的回答的话，那么进化就不仅仅准备好了答案，它还提出了各种各样的新问题，同时也带来了提问的新方式。

进化窍门所能够增加的进化性，远远比不上思维。思维——不仅仅是人类的思维——极大地赋予了生命学习和适应的方法。这一点不足为奇，因为思维的目的便是寻找答案，而回答问题的关键因素中，或许有一条是如何学习得更好更快。如果思维有利于学习和适应，那么学习如何学习就会加速你的学习过程。即便如此，思维进行的大部分学习都没有直接转化进入生物进化。即便在较低等的动物王国中，思维加速进化的方式也有许多种（参见鲍德温效应）。因此，思维在生命中的存在，增强了生命的进化性。思维的发现将进化推向了许多新的方向，同时也创造了许多新的领域——可能思维的领域——等待探索。

关于这种扩张，最近的扩张便是技术。技术是人类思维探索可能性空间的方式。我们通过科学和技术武装起我们的思维，从而使得可能的事情成真。此外，技术还是我们的社会学习并引入变化的工具。过去一百年中，技术所带来的变化，差不多和过去10亿年中生命所带来的改变一样多——这差不多是老生常谈了。

雷·库兹韦尔（Ray Kurzweil）能给你拿出来好几十个描绘过去一百年中技术加速了变化的图表。从计算机的运算速度，到通信使用的带宽，再到发动机的功率，和农作物的产量——所有东西的数值都在加速发生变化。过去一个世纪还有别名的话，那必然会是“变化”了。

但是元变化并不会为自身加速，它不会让变化变得更快。相反，进化的加速，以及进化性的增强，都是变化的本质发生了变化。正如技术所表达的那样，令我们的集体思维适应变化、生产变化的基本机制正在转变。事实上，我们当前世界中最重要的变化，是“变化发生方式的变化”。

这种元变化处在“进化性的进化”的中心，而且是进化长期轨迹的自然延伸。元变化推动我们的技术，加快了变化的速度，增加了变化的发生方式，还增加了更多进化性的二阶（即下一层）可能性。

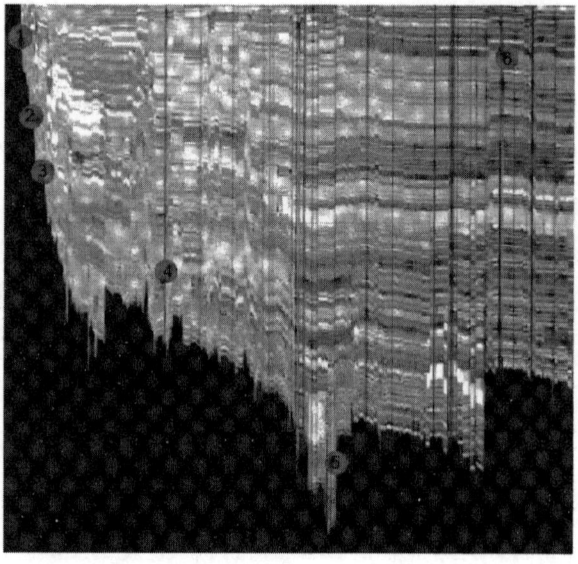

图注：维基百科中“进化的进化”词条，本身就是一个进化中的实体。图中不同颜色的线条，分别表示不同编辑在2005年10月—2011年12月之间，编辑词条的工作。

第一，变化速度的加速。虽然有些怀疑论者怀疑我们的文化中是否发生了变化（起码我们居住的城市没有什么大的改变），但是加速并不需要为了表明自身的重要性而无处不在。即便变化速度的加速发生在特定的信息领域，也足够增强进化性了。生物进化中，大部分早前的元变化转换都是信息和通信系统中的变化。

第二，变化的新途径。科学方法是变化的主要途径。科学使得对可能性的探索更加系统化。同误打误撞不一样，我们可以以一种更直接的方式来学习。科学方法的任何改变，都会催生出一种改变的新方式，也会催生出一种学习的新方式。在那些最伟大的学习新方式中，有一项便是互联网技术带来的集体学习方式。维基百科，便是这种新学习方式的最佳例证。到目前为止，由于其拥有的集体学习机制（向所有成员传播社会“知道”的东西），维基百科似乎并没有（通过设计）制造出任何虚构的信息。它是社会化学习的一种全新方式。总体上看，任何一种能够在技术元素的层面上增强学习和适应能力的方法，都会是带来改变的新途径。图书馆、报刊、电子媒体、科学方法，以及现在的互联网技术，它们都运行在社会思维的层面上，而且也已经改变了我们的认知方式。它们都改变了适应发生的层面。这些功能中的变化，也就表现成为了进化中的元变化。

第三，为更多进化性准备的平台。从目前的变化和元变化中，将会诞生出更多进化的能力。比方说我们还没有开始探索社会规模里不同种类的思维。这里的“思维”并不是隐喻，而是实际工作着的思维。这些思维拥有界限，拥有自我意识，同时也在做着思维的份内事——学习、认知、预测。而且很明显的是，如果这些东西有可能被人构建出来，培养出来，那么这些巨大规模的学习机器将会继续改变我们学习、改变世界的方式。它们会成为进化的最近一次进化。

技术是一股延续了40亿年的力量。它追求的，是更多的进化途径。技术元素是（我们已知的）进化发生进化的最佳途径。但之后呢？进化的未来是什么？无论是否发生在这个星球上，进化很有可能沿着它一直前进的方向，即朝着更灵敏、更聪明、更快速、更广泛、更令人惊讶的进化性继续下去。

随着产生学习的进程，以及变得更快、更广泛、更令人惊讶的变化，进化开始模仿思维。即便是那些不相信进化的人们也能告诉你，如果你按下生命历史的加速键，将生命发生的所有变化压缩进几个小时之中，那么它就很像是工作中的智能思维。由于技术目前是进化的进化的主要载体，技术的未来也会开始模仿思维。或者换句话说，技术具有思维的一面开始占据主导地位了。

2009年1月22日

NARROW GATES OF INEVITABILITY
不可避免性的窄门

我将不可避免地走向死亡，但死亡的方式却并未确定。生命的进化不可避免，但进化出何种生命却未可知。不管有多少种死亡方式，大多数死亡都遵循一种模式。生命进化在宇宙中可能很常见，但生命种类可能也遵循一个狭窄的模式。这一观点绝对小众。绝大多数思考宇宙生命的人认为我们的思想太狭隘，不能准确地想象生命能或会有多么多样。

我猜测，生命进化的窄门并不会像限制替代基础（如DNA）出现的频率一样，限制进化发生的频率。也许只有几种基本的方法能构建出一种自我进化、熵的自我复制的生命形式。一旦拥有这些方法，生命进化可能性的大门就打开了。如果进化的狭窄通道在生命上成立，则其也可能在智能上成立。也许只有几种可行的方法可以进化出一种能自我感知的思维。同样的道理甚至能适用于技术成就。也许只有这几种方法能让一种思维创造出一个全球网络。

我深受科幻作品的影响，对我而言，要产生这些异端思想并不容易。但我成功地转变了自己探究结果的思维。我们研究让生命——任何生命——自发组织自身的条件越多，这些条件的狭窄性看起来就越发令人惊叹。生命需要金发姑娘[①]的触摸——不过热也不太冷；不过于秩序化，也不能太无序；不能太强，也不能太弱。现实中的各个方面，从重力等宇宙常数，到我们星球的确切大小，到冰分子融化的温度——所有这些值和数百种条件都处于最佳位置，才让我们已知的生命动态平衡得以繁荣。事实上，生命的动态平衡要求最佳位置，并一直在秩序和失序之间徘徊。

在这个非常狭窄的参数走廊外，我们所知的生命不被允许存在。科学通过模式和模拟研究熵系统越多，人们发现生命所依赖的最佳位置也越多。当人们发现和列出所有这些配置时，生命的限制变得相当清楚。

曾有一段时间，科学认为生命进化所需的条件非常宽松，直到我们尝试复制这些条件时为止。生命起源论很容易表述：无机化合物与复杂的生物化合物自组织成有生命的有机体。问题是，到目前为止，我们还不能重塑这一化学变化的道路。

问题并不在于我们认为这一过程所需要的长时间。问题是，需要在漫长的时间里积累众多微小的成功。目前的理论是，生命出现前的基础分子受物理约束条件所限（如小水池、深沟、岩孔），随后受能量变化（辐射、光、热、火花）被激活为特定的新组合。最初的结果必须受它们约束条件的保护，以免在一系列渐进式改进得到积累前倒退。但在我们能想到的所有思路上，从开始的原始化合物到结尾的DNA，中间步骤和中间分子数量众多且都很脆弱。

每次再造这些早期分子的实验都以失败告终，而实验所取得的进展只占整个实验进展的一小部分。就拿自我复制的构件氨基酸来说，就我们所知，基本元素要自组织成氨基酸需要单独且互相矛盾的环境。其中一种元素需要非碱性的凉水，一种需要热酸，一种需要加压和甲烷。而且，这些成分存在的时间也很短，必须在消散前的数小时内彼此结合。很难想象所有这些特定环境交相出现的奇妙世界。

生物进化的天才在于，它不需要等待好运气凑到一块才创造全新的东西。它能随着时间将琐碎的改进整合成一些革命性的东西。前生命的难题在于，不存在能在体内积累小优势的自给有机体。换言之，前生命并不具备生命所有的进化优势。前进化的规则不同。在生命诞生前，小的复杂性可以累积，当时没有细胞膜维持并保护这些复杂性。因此，在这种没有生命的环境中，所有新事物都必须同时发生。分别诞生于不同物理区域的数十乃或数百种细微化合物和催化剂都必须集聚在一起，以构建成第一个自我复制的DNA分子。

也许还有我们没想到的更简单的道路。可能自我复制甚至新陈代谢都是先以机械方式形成，附着在黄铁矿晶体或泥土粒子上，因此自我复制可能并不是一开始就有机化，而是一个在更稳定的矿物质上复制的过程。

这种晶体可能性启发了科幻小说作者和大胆的科学家们，他们预测了完全不同的生命形式。他们暗示，在宇宙中的某些地方，生命也许是硅基而非碳基，也许是干燥的而非湿润的，也许以气态而非固态存在。弗雷德·霍伊尔（Fred Hoyle）想象星尘的黑云从无中激发出秩序。气体变成一种分散的、分布式的类生命灵魂。硅基有机体——理论上与碳基组织有众多相似之处——是科幻小说中的常客。理论上，宇宙某处可能存在干燥生命，但当我们试图从惰性材料中整理出一条可行的道路，以便在这些可替换的母体中自组出生命，即便有数十亿年时间和整个宇宙的空间，我们也想象不出这一过程需要的中间自组步骤。

着重说出这些困难的目的并不是暗示，在解释生命出现时需要奇迹或是其他外星力量，而是要指出生命在地球上出现的轨迹——配有DNA的水浴[②]——也许是生命出现的主要或唯一方式。通往生命的道路很寂寞，贯穿可能性空间的道路如此稀少，似乎我们所知的生命道路是贯穿那片空间的唯一路径。我们在尝试查明通往DNA的历史道路上探索的替代方法越多，DNA是一个非常特殊的例子就越明显。DNA和甲壳虫或蠕虫的世界不同，每个甲壳虫或蠕虫周围都有一大片可能的替代有机体，DNA没有替代品。

西蒙·康维·莫里斯（Simon Conway Morris）对伯吉斯页岩所做的工作激发了多种生命多样性理论的产生，他称DNA确实是“宇宙中最诡异的分子”。一些原子通过极其简单的排列就能以一种非常便利的结构支持自身，其结构一碰就能解开或结合，并分拆成一连串永不重复的拷贝。其美如数学。这些分子保持秩序却能按命令分解，分拆创新却能保持精确度的能力赋予生命以力量。到目前为止，我们尚未发现或发明任何和DNA哪怕有一点点像的东西。DNA也许就像圆周率一样独一无二。

按照这一理论，我们应该能预期，我们在银河系中遇到的绝大多数生命都基于DNA脱氧核酸分子。如果出现这种情况的可能性很大，那么复杂有机体具备双边对称性、神经元、管状肠和眼球的可能性也很大，因为这些东西反复出现在许多基于DNA的不同科地球生命上。如果我们能研究足够多的有生命的星球，我们将会认识到，许多地球生命的特征都很普遍。并不是宇宙中的每种有机体都必须有这些特征（地球上的许多有机体也没有），而是只要在生命存在时间很长的地方，这些特征都普遍存在。莫里斯说过："如果你想要研究外星生物学，研究DNA吧。"从这方面来看，大多数科幻电影幻想的外星人看起来并不"外星"，这可能是真的。

要说清楚的是，生命最初进化的条件要比后来生命成长的条件限制更多。我们能很容易想象到，生命在可能不是其进化地的地方欣欣向荣。不难想象，如果生命具备渐进式积聚进化变化的优势，生命就能征服极端严苛的环境，如太空或气体云。一个有生命的分子系统也许会在某个星系的一些非常有利的地方首先进化出来，并将自己播撒到其他不能产生生命的星球上去。一旦生命在其他地方开始，它也许会繁荣起来，直到看起来像是一直存在于那颗星球上。弗雷德·霍伊尔等宇宙学家认为，DNA也许就是这样一个候选项，我们所知的生命来源自地球外，在其被播撒到地球这颗完全空白的有盖培养皿中后，生命开花并通过持续自我增殖扩大，直到变得完全本土化。

宇宙中也许确实存在这样的分子，能像生命所要求的那样自发进行自我复制，但它们也许在最开始并不能自组。这些替代的生命基础也许需要一种思维去发明它们；也就是说，它们也许需要一系列超出本身、精心准备的化学步骤才能开始——也许是某个地方的试管。如果你喜欢科幻作品，你也许会知道，有一种场景假定DNA分子本身就是一些外星生物的发明物，故意或不经意地播撒到了地球上。我们在查明DNA自然源头上遇到如此多困的难，是因为DNA根本没有自然源头。

由于样本只有一个（一种生命、一种智慧），我们不知道自己所看到的生命形式是例外还是普遍如此。我们倾向于把我们自己看作例外。进化论者史蒂芬·杰·古尔德（Stephen Jay Gould）在其论文中反复提到的生命观点是，如果将生命磁带倒带，我们不会得到如我们所知的生命。不存在偏向、通道或门，只有再也不会发生的随机道路。从不可重复性上来看，我们独特的生命形式是例外。

另一种小众观点认为，变化在短期内的确不可重复，但在大的元规模上，在数十亿年的规模上，物理学的限制决定了特定的可能性。也许化学决定了分子有多少种方式自组织成生命，决定了这些分子有多少种方式结合成更高级的形式。反过来，那些最初条件也许会限制分子自发组成一种心智的方法的数目。考虑到所有这些因素，由分子组成的大脑在其能出现的思想及其能产生的技术种类上也有限制，因此，从特定的现实角度来说，这种思维的技术发展道路所受的限制也许远比对这些思维的限制多。

如果是这样，那我们应该怎么办？我认为，我们应该继续关注生命如何自发（或非自发）产生的证据。在这点上，克雷格·文特尔（Craig Venter）和其他人在创造人造生命上所做的努力最具前景。其次，我们应该意识到，技术发展也许是有限的。就像也许存在非常简单的、只能通过一种思维才会出现的生命形式一样，也存在只能通过非常先进的技术的迂回路线才能达到的简单技术形式。

况且，尽管我们强烈相信，人类的自由意志完全掌控着技术，技术发展的未来脚步也许会更多地受物理学和化学的控制，而非我们的奇思怪想。

2008年9月27日

---

① “金发姑娘状态”在自然科学和经济学中主要描述一种一切都恰如其分的状态。金发姑娘是英国作家罗伯特·骚塞（Robert Southey）的童话故事《金发姑娘与三只小熊》中的主人公，她喜欢喝不冷不热的粥、坐不软不硬的椅子、睡不软不硬的床。

② 指生命出现前地球的液态环境。

THE POSITIVE BALANCE OF TECHNOLOGY
技术的美妙天平

意大利报纸《共和报》(*la Repubblica*)问我是否能用不超过1500字对我的书《科技想要什么》(*What Technology Wants*)做一个概括总结。我很难压缩到这个程度，但是我可以提出一个论题：技术有一个道德维度。在这篇短文里我尽可能简洁地论证了在技术之路上存在一个正电荷。在过去几个月里，这是我应邀介绍这本书时所做的一次谈话。

在查尔斯·达尔文(Charles Darwin)之前，自然历史研究的不过是陈列于玻璃容器中数不清的标本。没有一个将生命纳入其中的组织框架。生物学不过是“一个又一个生物”。达尔文用进化论为这场无尽的有机体阅兵仪式引入了逻辑。

如今，我们在技术上处在相似的处境。尽管我们周围有数百万种不同的发明，我们却没有好的理论去理解它们。我们倾向于把技术世界看作数不清的新玩意儿的展览。对我们大多数人来说，技术仅仅是“一个又一个物品”。

我想提出一种关于技术的理论，一个也许能为我们生活中的新事物大军提供逻辑和背景环境的框架。但是我不得不从一个事实出发，即我们对“技术是什么”有一种扭曲的看法。我们许多人倾向于认为技术是“你出生后才发明的一切东西”，或者技术是“尚未起作用的一切东西”。仿佛只有新东西才是技术。

技术当然包括旧发明，就像钟表和杠杆，还有非常管用的古老原材料，比如混凝土和砖。我们生活中的大部分技术是在我们出生很久以前发明的。一般技术还包含我们通常看不到的“无形的东西”，比如日历、记账原则、法律和软件。它包括像社会组织和城市一样的大型复杂事物。技术就是这样，古老，无形，大而且新——技术就是由我们的心智所发明的累积性用途。

更重要的是，所有这些技术一道构成了一个相互影响的整体，这个整体很像技术生态系统。我把这个由相互依赖的发明形成的超级系统称为技术元素。就像生命本身一样，这个整体系统显示出其组成部分所不具备的习性。正如我们不能从单个蜜蜂发现任何蜂巢的特性（只有在整个蜂巢系统中才行），我们也不能从区区一部iPhone手机、一把刀、一台洗衣机就搞清楚技术元素的习性。技术的真实影响力需要在整个系统中才能体会得到。

令我们倍感惊讶的是，技术元素极大地遵循了达尔文从整体上理解生命所遵循的相同模式：一个他称之为进化的模式。我们的发明模式不是任意胡为的。它们不只是一个接一个随意出现的东西。

生物体在进化时突变和多样化所采用的模式与技术多样化日积月累的方式如此相似，以至于我们可以把技术元素看作“生命的第七王国”。技术是与打造生命的其他六个王国相同的进化力量的扩展和加速。

正如我们所见，在生命进化的漫漫长河里，复杂性、多样性和专门化日益增加，我们在技术中同样看到这样的长期趋势。未来的技术会更加复杂，更加多样化，更加专门化。

这种技术观给我们一个黯淡而又深刻的认识：生命本身不是理想国，技术元素也不是。每一个新发明所带来的问题几乎与其带来的解决办法一样多。实际上，当今世界的大多数问题都是由之前的技术造成的。我想指出的是，明天世界的大多数问题也将由今天我们仍在发明创造中的技术引起。

既然新技术造成的问题和解决办法一样多，这可能意味着技术元素是不偏不倚的，50对50的平衡。那样的平衡是一个良好的开端，但却并非全部。当我们发明一种新工具，比如很久以前第一个石锤时，我们同时也至少创造了一个新的选择：是用它来破坏还是创造，是用它去杀人还是去造房子。这个决定是一个选择，一个机遇，一个直到完成这个发明我们才会拥有的可能性。

这种在工具发明前并不存在的额外一点自由意志选择，其本身是好的，尽管工具会造成伤害。有选择本身就有极大的好处。这个额外的好处让50对50的天平稍稍向好的方向倾斜，不过只倾斜了一点点。然而事实证明，一点点就足够了。因为如果每年我们用技术创造的比破坏的多哪怕百分之一，这百分之一的差别（或者千分之一的差别），经过千百年年复一年的累加，将会孕育出文明。

每一种新发明同样也为我们创造了不止一种新的道德选择，久而久之，这种自由意志的累积便为技术元素提供了正电荷。从长期来看，技术给了我们更多的差异、多样性、选项、选择、机会、可能性，还有自由。这便是进步的定义。

我们在工作和购物时应该记得这种进步。我们大多数人都直接或间接地参与了创造和制造。我们都参与了购买行为。我们可能困扰于这样的疑问，是否所有这样的技术发明都值得。我们可能时常感觉自己是被滋养出消费主义的资本主义机器所支配的，我们仅仅为了钱而生产一次性产品，我们购买其他短命产品只是弥补这种意义的缺失。或者也许我们不停地制造和购买新东西只因为我们对新颖的东西上瘾。

这可能都对，但是当我们创造新技术时，我们同时也给世界增加了可能性、选择权和差异性。这很好，因为我们大多数人需要某种工具来帮助我们发现和表达我们自己的天才。莫扎特需要钢琴和大键琴的技术来发现和培养他的音乐天才。但是想像一下如果莫扎特在钢琴或者交响乐发明两千年前就已出生，那对我们和他来说将是多么巨大的损失啊。或者假设梵高出生在发明油画和画布两千年前，技术的缺失对世界，对他，将是多么巨大的损失！或者如果我们没有在乔治·卢卡斯出生以前发明电影技术，世界将会怎样？多么巨大的文化缺憾。

这意味着，如今在世界的某个地方，有一个已经出生的男孩或女孩，他们这一代的莎士比亚，正等着我们发明他们的技术。直到我们创造了他们的工具，他们才能发现和分享他们的天才。因此我们有责任增加世界的技术数量。我们从赐予我们字母表、印刷术、书和报纸的内在可能性的前人那里受益匪浅，因此我们也应该竭尽所能创造技术，以期未来更多人会有选择的权利，并有可能人尽其才。

与仅仅发明新玩意儿相比，我们正参与得更多。当我们创造和使用技术时，我们实际上参与了某个比我们自身更大的事件。我们扩展着创造生命的那同一种力量，加快向未来进化的速度，我们增加着一切的可能性，为我们，我们的孩子，为了整个世界。这就是技术想要的。

2011年3月1日

THE MYTH OF LEAPFROGGING
技术跨越的神话

每个小时技术都在持续消解，在扩展力量的同时缩小体积，让先前卓越的手段变成过时的东西。通过后视镜，我们窥探到昨天制造的东西，而且通常很高兴看着它离过去渐行渐远。尽管也有例外，今天的技术比它之前出现的技术更加称心如意。尤其是与现在的产品比起来，工业革命第一个阶段的产品看起来粗糙、刻板、没有生气，甚至有害。与太阳能电池板相比，谁还会选择由两端串连起来的长铜电缆呢？与高效而小巧的冰箱相比，谁还会看上笨拙庞大的冰箱呢？从全世界的消费者行为模式来判断，很显然没人会这么傻。

最近的技术——尤其是最近的通信技术——已与现实形体严重脱离，几乎成了现实形体如羽毛般轻飘飘的附件，而不是以前重型设备的模样。这一解放孕育出了一种激进思想：也许在当今世界生活中没有多少先进技术的几十亿人，能够跳过技术的工业化世代，像坐火箭一样立刻用上好东西。他们不必忍受工业厂房的烟雾污染，就能以我们现在拥有的最好的技术开始起步。发展中世界的几十亿人能够瞬间直接从前技术时代跳进天堂，六西格玛制造工艺、轻型机器人装配线、多到令人麻木的个性化选择。由于发展中世界往往缺乏大规模技术基础设施，很明显，那些在技术鸿沟中处于落后一方的人有机会能安装最先进的系统。

他们可以从一个高起点上起步，并且——从理论上讲——只在其技术圈里采用最新的东西。对于满是仍在运转、尚待摊销的老旧系统的发达国家而言，这一特定选择并不适用。如果你打开的第一台电脑就是一台超级计算机笔记本，那种运气是多么不可思议啊！或者你的第一次供电来自太阳能电池板；你的第一个房子就超级隔音隔热，你的第一辆车是氢动力的！理论上讲，"世界其他地区"能直接越过最发达地区在前方着陆，给世界带来极小的污染、极大的效能、最好且约束最少的个性化技术。

理论上，事情就该是这样的。跨越发展最常被援引的证据是中国和世界其他地区的手机采用模式。对非洲、亚洲和拉丁美洲的数亿人来说，他们的第一部电话就是手机。但是跳过工业革命的第二个例子就更难得了。我知道印度恒河三角洲的一个小岛和泰国的一个村子安装了太阳能。除此之外，跳过工业革命的例子就从我们的调查视野中蒸发了。有些零星试点方案，但没有真正采用的例子。其实在我看来，越近距离地审视证据，跨越发展就越不可能实际发生。

试图论证技术跨越时所遇到的问题部分在于我们对它的定义。如果我们仅仅是指跳过一代技术这一宽泛的概念，那么技术跨越一直都在发生，但是可能并非以我们所认可的方式。比如在今天的蒙古，通常第一个到达蒙古的实用车轮技术是奔驰卡车的"跨越性"技术。有了这些卡车，蒙古跳过独轮车、二轮马车和自行车直奔柴油动力货车。实际上，通常卡车在道路出现前到来。在中国部分地区，农民得到的最早的水泵可能是由核能发电提供动力，而不是类似于西方最初的风车。尼泊尔一个村子里的第一块表可能是一块数字手表。或者非洲最早的电视机往往是依靠卫星传送的彩色电视机，跳过了基于陆地的黑白电视技术。在这些例子和其他许多例子里，整个技术进化的族系都被跳过了。但是技术跨越肯定不是现代装置那种相对突然的出现，即便它们跳过了前一代装置。

直觉上，我们觉得技术跨越需要有有利的基础设施，而不是家电消费。重要的不是太阳能电池充电器，而是巨型电网的缺失。重要的不是商业飞机的廉价机票，而是避免修建长途公路系统。重要的不是最新的SM牌移动电话，而是能不必接数百万英里电话线。要认为技术跨越具有重要意义，它就必须被理解为一种跳过整整一代基础设施的方式。

我们的确有这方面的例子。沙特阿拉伯和海湾国家的大片地区，还有亚马逊流域部分区域和非洲边远地区，依靠最新系统的大规模进口实现了现代化。整个20世纪的基础设施被空运到其土地上并装配起来——从道路到能源，到通信、房屋和公用设施。看看迪拜，几十年前只有沙地和骆驼的足迹，前一天还是荒野之地，后一天就是半工作状态的城市了。大多数人（除了那些住在那儿的）都被这种技术跨越给震撼到了。这些即时速成的城镇缺乏任何通常存在于有机物生长中、统计学意义上的平滑深度。因为它们跳过了那么多技术积累进化通常要经过的步骤，它们参差不齐，鲁莽，令人讨厌，未经考验，是在许多方面都很脆弱的地方。我们当然不希望世界其他地方变成这样。

我于是得出结论，我们讲的技术跨越是跨过特定类型的基础设施，尤其是那种经常大规模引入发展中国家的大规模工业类型。在那样的地方，安装的全是更加轻便、体积更小、技术更高的后工业化系统。仅仅购买后工业化产品还不够，换句话说，技术跨越意味着获得数字生活的优点而不必忍受工业生活的缺点。

这把我们带回到手机的例子。直到最近，整个发展中世界——从中东到拉丁美洲——中产阶级里的有志之士都普遍抱怨，抗议买一部电话的等待时间过长。这种延迟——几年或几十年——几乎相当于禁止电话。而由于每个人都清楚电话在现代生活中的重要性，这种延迟就愈加令人不快了。数字经济主要是信息和通信经济，所以除非你与外界连通，否则你都不存在。直到20世纪90年代中期，大多数未连通的世界才存在于现代经济中。

接着手机来了。它们廉价、便携（可隐藏），现在可以买得到了。这是一场技术海啸，冲垮了把电话锁定在精英阶层的政治官僚主义围墙。你能听到任何手拿一部手机的有钱人所发出的老于世故的吮吸声。摩托罗拉1995年进入中国为美国制造廉价手机，但是没能出口一部手机，因为都在中国卖光了。电话销售在中国惊人的上升曲线是中国人的生活水平、希望和雄心不断上升的一面镜子。手机在中国的使用呈爆炸性增长，每年都翻番。手机以自毛泽东时代以来从未有过的方式改变着文化。这场温和的革命无须修建一百万电话信号塔、雇佣一百万话务员、消耗一万亿英里铜线。中国跨越了电报时代，直接飞向数字黄金地带。他们从没有电线连接到无须电线相连，整个跳过了连线的一代！如果他们可以，那么亚洲、非洲和拉丁美洲的其他地区也可以。

但愿真的如此。尽管手机的指数级增加是确凿无疑的，做这样一个假设，即新技术将消除对旧技术的需求，就未必那么确定了。这张中国每年手机与固定电话的最简单的图表就说明了问题。当手机购买交易量上涨时，固定电话也在增长。虽然没有那么快，但中国的固定电话在继续增加。它们确实没有被跳过去。

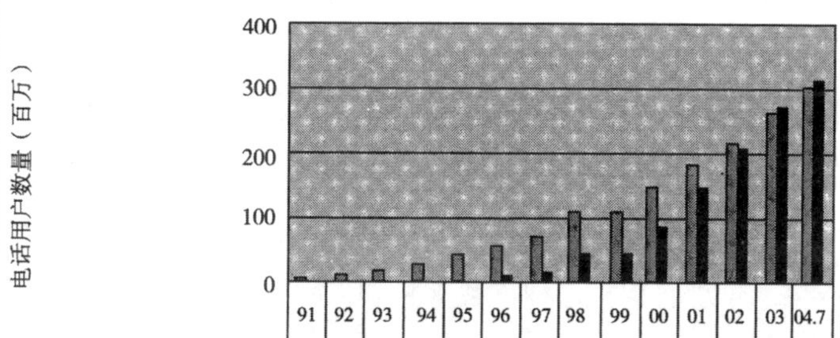

	91	92	93	94	95	96	97	98	99	00	01	02	03	04.7
■ 固定电话装机量	8.5	11.5	17.3	27.3	40.7	55.0	70.3	87.4	108	144	180	214	262	299
■ 手机用户	0.1	0.2	0.6	1.6	3.6	6.9	13.2	23.9	43.3	84.5	145	206	270	310

也许中国是个特例？迄今世界其他地方都遵循着相似的模式。技术跨越的另一个典型代表印度比中国落后几步，但却显示出相同的模式，有线电话随着移动电话的激增而激增。在亚洲、中东、拉丁美洲的其他地方，无线电话激增的速度超过有线电话，但是有线电话（老一代技术）也在继续扩展。说得清楚一点，大约在2001年10月时，全世界的手机数量超过了固定电话的数量。这意味着四分之三非洲国家的手机数量超过固定电话的数量。所有的通信业预测都认为，未来五年手机将继续蚕食固定电话的份额。然而每一个预测同时也预料固定电话技术使用量也将增加。老的技术类型即便在新的技术类型加速时也在增长。（我在世

界上能找到的可确定的固定电话数量下降的唯一一个地方是2003年的智利，当时固定电话数量从前一年的347万降到325万）。

为什么老一代的技术会继续增长？一项关于拉丁美洲手机采用的研究指出，手机培养了人们依赖电话通信的习惯，结果也推动了他们的固定电话需求。手机是实际带宽使用的补充。迄今为止，互联网使用主要局限在陆上通信线路。如果你想上网，你需要好的旧铜线（或光纤）。因此，真正的社会先锋会跃过手机而使用拨号调制解调器或DSL宽带线路。中止全世界固定通信线路可观收益的一个方法是，把它看作互联网的战利品，或者是看作带宽的指示器。移动性带来薄弱的不稳定的通信，固定通信线路带来稳定而丰裕的带宽。当然，随着技术的进化，这些关系未来可能会发生变化，也许可能吧，但是光纤线缆在最近的将来可能会打败无线技术。

既然互联网连接在激增，有线技术有没有可能在电视领域击败无线技术呢？如果交互的互联网越过被动的电视，那将是个多么可爱的世界。但是那种情况并没有发生。尽管世界上每十个人中就有一个是互联网用户（十年前我们做梦都想不到的成功），电视这种古老技术比以前更加流行：全球每三个人就有一台，平均每个家庭一台。电视采用率一直在以每年13%的速度增长，实际上这快于电话线的增长速度。

完全没有证据显示，某个领域的“跨越”部分向所有人展示了跨越之梦。

相反，我们看到的是“向前飞奔”。我们看到更新的技术在旧技术稍慢的增长之上激增。尽管在中国手机正以指数级增长，中国对水泥、蒸汽锅炉、钢铁和工业时代的所有其他原料的使用也在同时增长。

我可能是错的，但我相信没有旧基础设施的增长，就没有新基础设施的增长。新技术建立在旧技术的基础之上，以某种我们看不见的程度。尽管构成我们现代经济的关键层由无形活动组成，每天发生着的事情中，却有很大一部分从规模上看相当工业化：移动原子、重新排列原子、开采原子、焚烧原子、提纯原子、叠加原子。

这与我们的大脑没什么区别。我们的大部分大脑活动都用在简单处理过程上——比如走路，我们甚至不能有意识地感知它。相反，我们只知道有一个脆弱的、新式的、复杂的“高科技”处理层，它建立在旧处理过程的可靠方式基础上并依赖于它。我想只有在会计数后你才懂得做演算，也只有在会用固定电话后你才知道怎么用手机。没有工业化过程的参与，你无法建立数字基础设施。

这是否意味着，如果我们打算尝试殖民一个无人居住的类地行星，我们将被要求重述历史，从削尖的木棍、烟雾信号和泥砖建筑起步，然后摸着石头过河地度过每一代？我们会不会不尝试使用我们已有的最先进技术，从零开始创建一个社会？

我想我们会去尝试，但它未必会奏效。如果我们过去在开发火星文明，推土机将会和无线电广播一样有价值。正如我们大脑中低级功能占据优势，工业过程也在技术元素中占据优势，即便它们被镀上了一层信息的外衣。高科技的消解有时就是幻觉。并不是说信息科技没有实体内容，只存在于抽象的虚拟世界中。相反，高科技是信息扎进物质中的根，比特和原子的无缝融合。它在把智能加入到工业中，而不是取消工业只留下信息。

因此，没有离开低技术的高技术，也没有对低技术的技术跨越。我们可能会发现在新技术向前疾驰的时代，新技术的发展速度超过旧技术的发展速度，而即便如此我们也不会看到技术跨越的神话。

2006年3月3日

TECHNOLOGIES THAT CONNECT
连接的技术

恒今基金会[1]、每个月都会主办“长线思考研讨会”。作为联合主办方之一，我将筛选后的观众问题提交给演讲人。本月的演讲人是伊克巴尔·卡迪尔[2]，他以前在哈佛大学，现在在麻省理工学院。我在十年前就见过伊克巴尔，并一直关注着他之前一部手机改变世界的创业冒险。伊克巴尔的演讲主要集中在技术怎样消除贫困上。下面是我对这次演讲的摘要：

当伊克巴尔·卡迪尔从他位于孟加拉的家乡申请美国大学时，他惊讶地发现并不是所有美国大学都建在首都华盛顿。孟加拉国就是这样，所有重要的东西都集中在首都达卡。后来他了解到孟加拉国并非特例，在大多数发展中国家，基础设施都集中在一两个城市，而农村地区的基础设施几乎是一片空白。当他在法国获得学位和生活经历后，他认识到这种集中化不只是贫穷国家的标志，也可能是他们的贫困之源。

为了给他的技术能够消除贫困的信念提供语境，伊克巴尔提出了这个粗略的发展纲要。他提醒我们，在500年前，当西方国家仍在“发展”自己的社会时，西方的政治体系并不比如今许多发展中国家不稳定的腐败政治制度更好，往往还要更糟。英格兰有一连串国王因为他们的罪行被弹劾、逮捕、罢黜或者砍了头。

只有在市民得到了经济市场的力量后，权力的天平才从中心的国王向去中心的市民倾斜。权力从中央权威移交出来的所有步骤——包括法律、贸易和教育——将带来民主的兴起。

在伊克巴尔看来，集中化本身并不造成贫困。贫困是所有社会的自然开端，东西方皆然。相反，去中心化是消除贫困、带来财富的发展引擎。随着基础设施、教育和贸易去中心化程度的上升，财富会相应增加。随着基础设施、教育和贸易集中化程度的上升，贫困依旧。

虽然许多西方人——尤其是身处数字化时代西方的人——直觉上同意这一看法，但当我们对贫穷国家提供大规模援助时，我们的行动却总是违背这一观察结果。正如卡伊克巴尔的同事威廉·伊斯特利（Wiliam Easterly）在他的书《难以捉摸的增长追求》（*The Elusive Quest for Growth*）中所主张，花在援助发展中国家上的几十亿美元不仅“没有”起什么作用，而且还让它们倒退了几十年。正如我们所知，援助扼杀了发展。这样的伤害之所以发生，是因为以前几乎所有的援助都是通过一个中央政府或半政府组织进行，这种官方路线加强了中心化。即使政府像圣徒一样高尚（当然这绝对不可能），流经这些中心化节点的资金规模还是妨碍了资源、基础设施、贸易和教育的分配。到位的援助越多，实际情况可能是发展越少。

发展技术是逃离这一困境的方法。伊克巴尔逐渐明白，“连接的技术”能解放生产力。他讲述了自己在孟加拉国的亲身经历。那时他还是个13岁的小男孩，不得不步行10公里去买药，却发现药店的人不在家，只好空手而归，浪费了一整天。这全都是因为在他家和药品商之间没有建立连接。许多年后，他浪费了一整天没法工作，因为没有电让电话或电脑运转。生产力要求连接。如果连接可以去中心化，那么它将导致财富增加。

伊克巴尔选择了手机作为去中心化连接的方法。在二十世纪九十年代早期，手机又大又笨，而且非常昂贵。电话费每分钟3美元。只有富人能负担得起。但他希望世界上最穷的人也能得到它们。这该怎么做才行呢？

首先，他相信摩尔定律[3]：电话的价格每年都会降低，而性能会增强。这在他看来不可避免。他说他可以看到“微芯片正在走向穷人”。他是对的。第二，他把希望放在了另一个孟加拉国人穆罕默德·尤努斯[4]的非凡发明上，这个人开发了微融资（之后更凭借这个发明获得了诺贝尔奖）。根据尤努斯的计划，一个基本上一无所有的妇女能够获得200美元贷款去买一头奶牛。之后她可以卖多余的牛奶来偿付贷款，既得到牛奶又为她的家庭挣到一份收入，也许还能再买一头牛。通常而言，没有银行会贷给她这笔微不足道的资金，因为她没有抵押担保，没有接受过教育；而监管这样的收益微不足道的小额贷款，成本未免太过昂贵。发明格莱珉银行[5]的尤努斯发现这些目不识丁的农民实际上更有可能偿还这些小额贷款，而且非常乐意支付适当的利率。结果算下来，这些微型贷款要比给大型工业公司的贷款更加赚钱。

伊克巴尔接着问道，如果妇女能够租一部手机而不是牛呢？格莱珉银行可以向穷人提供微型贷款购买一部手机，然后他们可以向村里其他人出售或出租话时。有魄力的电话出租者会获利，更重要的是，整个村庄将从这种连接中受益。话时是否昂贵实际上并不重要，因为当你没有连接时，你很乐意付出高昂代价去得到它。伊克巴尔的格莱珉电信项目起步时只有五个手机信号塔，最后建立了五千个信号塔。

在1993年卡迪尔刚起步时，孟加拉国是这颗星球上电话穿透率最低的国家之一，每500人才有一部电话。格莱珉电信项目释放了2500万部的装机量。如今孟加拉国的电话数量已经是当初的100倍，即每5人一部电话。正如伊克巴尔所预见的，这种去中心化的连接提高了生产力。在没有连接时，人们把大量时间浪费在跑腿上。有了手机的连接，农民通过获得远方市场的实时价格使自己的利润实现最大化；牧羊人能够给兽医打电话，或者订购药品。根据一项研究得出的结论，一部额外电话的终生总成本（包括手机信号塔和交换设备）大约是2000美元，但每部手机提高的生产力价值5万美元。令人惊讶的是，该项目开始起步的国家越穷，其从连接中获得的财富增长就越大。

伊克巴尔表示，许多错误观念给开发性援助的良好意愿蒙上阴影。比如：穷国没有资源，或者说穷人没有自由支配的开销，不在意品牌，信用风险不佳，诸如此类。所有这些假设都已经一再被证明不真实，格莱珉电信项目即是铁证。它消除的主要错误观念是，政府需要为技术开发提供补贴，事实是开发穷人生产力赚到了大钱。正如伊克巴尔所说："你不是从穷人身上赚钱，而是和穷人一道赚钱。"午餐时我问伊克巴尔是否会对格莱珉电信项目有什么不同动作，他回答说："保留更多股份。"

伊克巴尔现在正在寻找其他技术来进行去中心化，进而成为一种消除贫困的工具。他是麻省理工学院列格坦发展创业中心[⑥]主任，该机构已获得了五千万美元资金拨款。他正在研究能源是否也能够废除现有的极端集中的生产模式。生产出来的电力从产地到达家庭和工厂的电线终端时只剩10%。也许有许多方式可以对它的生产实现去中心化，而这将触发本地层次的连接，提高财富和民主水平。如果奏效的话，分散型能源也可能在富裕国家奏效，从而在我们的世界促进财富的增加和民主程度的提升。

纵观其演讲，伊克巴尔一再重申："欲增加生产力（和财富），先增加连接。就这么简单。"杰伦·拉尼尔[⑦]（Jaron Lanier）指出，连接也许是我们应当用以评价一个技术是否可取的标准之一，我们应扪心自问，技术是增加了人与人之间、地区之间和物品之间的连接，还是减少了连接。那些增加连接的技术更有可能起到好效果。迄今为止我还没有想到任何相反的例子。

2008年5月23日

---

① "恒今基金会"（Long Now Foundation）：由未来学家斯图尔特·布兰德（Stewart Brand）于1996年创办的研究性组织，该组织的宗旨就在于推动人们养成"长线思考"的习惯，作出更理性的选择。

② 伊克巴尔·卡迪尔（Iqbal Quadir）：移民美国的孟加拉国人，曾任投资银行家，后自行创业，格莱珉电话公司（GrameenPhone）创始人，现为麻省理工大学列格坦（Legatum）发展与企业家中心的创立者兼主任。

③ 摩尔定律是由英特尔（Intel）创始人之一戈登·摩尔（Gordon Moore）提出来的。其内容为：当

价格不变时，集成电路（IC）上可容纳的晶体管数目，约每隔24个月（1975年摩尔将24个月更改为18个月）便会增加一倍，性能也将提升一倍；或者说，每一美元所能买到的电脑性能，将每隔18个月翻两倍以上。这一定律揭示了信息技术进步的速度。

④ 穆罕默德·尤努斯（Mohammad Yunus）穷人的银行家、经济学家、格莱珉银行（Grameen Bank，意思为“乡村银行”）的创立者。他和他的格莱珉银行共同获得2006年诺贝尔和平奖。1996年底携手伊克巴尔投资创办格莱珉电信项目，缔造了小额贷款联手移动电话的模式。

⑤ 格莱珉银行（Grameen Bank，意思为“乡村银行”），1983年由穆罕默德·尤努斯（Mohammad Yunus）于孟加拉国建立。

⑥ 英国智库列格坦研究所位于英国伦敦，隶属于列格坦集团，是一家独立非党派公共政策研究机构，旨在提出促进世界自由繁荣的思想和政策。每年发布标志性的“列格坦全球繁荣指数”，该指数提供世界上唯一以财富和幸福感为基础的国家和地区繁荣程度的全球评估。列格坦研究所在麻省理工学院的发展创业中心由伊克巴尔·卡迪尔创办并兼主任。

⑦ 杰伦·拉尼尔（Jaron Lanier，1960—），计算机科学家、艺术家、哲学家，虚拟现实之父，《你不是个玩意儿》（*You are not a Gadget*）的 作者，获评《时代》周刊2010年100位最具影响力的人。

RECURSIVE GENERATION
递归的创造

1978年，侯世达[①]以他最欣赏的三个痴迷于递归的天才为名，写就了一本有关递归形式的奇书——《哥德尔、艾舍尔、巴赫——集异璧之大成》（*Godel, Escher, Bach*），以下简称《集异璧》。这本荣获普利策奖的著作，探索了这样一种系统的特性：在这种系统里，系统会把自己的输出重新归入系统自身，创造出新的事物。《集异璧》用恰到好处的风趣和幽默，描绘出了这些“怪圈”。很难想象，在同一主题上，还有比它更好的其他著作。

递归的力量同样塑造着技术元素。如侯世达所示，计算机编程正是建立在怪圈和后退的概念之上。最极端的代表，就是错误编程中臭名昭著的“无穷后退”循环。技术和生物学类似，由“反馈回路”控制。几经曲折之后，技术会创造出了一些奇怪的“影响怪圈”，通过这个怪圈，技术元素被注入了新的力量。因此，递归循环便是自展和自创的主要动力。

进步、智能，以及生命本身，在本质上都是由自展、自创、自生、自源这些递归形式所推动的。在彼得·温尼沃特尔（Peter Winiwarter）1986年的论文《自我意识》（*Autognosis*）中，我发现了下面这个关于自组织种类的列表：

形式的形式。

维度的维度。

主宰自然法则的自然法则。

系统的系统。

控制的控制。

层次结构的层次等级。

循环的怪圈。

意识的意识。

组织的组织。

进化的进化。

结构的结构。

证据的可证性。

创造的创造。

乍一看，这些术语似乎自相矛盾，甚至还有着不必要的重复。但仔细玩味的话，它们就不会显得比“网络的网络”更加自相矛盾且重复罗嗦了，我们今天的互联网正是所谓“网络的网络”。在《宇宙奖金池：为什么我们的宇宙对生命来说刚刚好》（*Cosmic Jackpot, Why Our Universe Is Just Right for Life*）一书中，保罗·戴维斯（Paul Davies）向我们介绍了他对支配宇宙自然法则的法则的研究。像所有的元形式一样，这些元法则也有力量来自哪里的问题。它们的力量是在循环内部，还是在循环之外呢？当140亿年前宇宙形成时，元法则是在宇宙内部，还是在宇宙之外呢？如果塑造自然法则的法则是在宇宙的外部，这又意味着什么呢？

必有一个系统包含了所有的系统，必有一种形式包含了一切形式，必有一种控制控制了所有控制，必有一种组织方法组织了所有的组织。证据的结构必然可证，类型的类别必然会归入某个类型的类别。

是不是什么东西都有元呢？

那么有元的元吗？正如威廉·詹姆斯（William James）所言的那样，创造的浮屠之上，必有一只乌龟，被另外的乌龟踩在背上；或许元也会成为其他元的垫脚，以此类推，扶摇直上云霄。塑造法则的法则被法则所塑造。但乌龟或元所组成的浮屠，却是对这种堆栈的错误思考，因为塑造“塑造法则的法则”最终会被最下面的法则所塑造。正如戴维斯所指出的那样，或许在事实上，人类的观察塑造了宇宙的法则。如果从正确的制高点观察，元循环就只会扩大到包含更多的元层级，因此所有的东西都会在一个更大的循环之中循环回来到自身这里。

宇宙在最大的尺度和最小的尺度中都有和量子力学相似的不确定性，这也是一个非常巨大的递归循环的例证。

对技术元素来说，这意味着潜在的递归循环越多，生成的元层级越多，被设计进入自生中的自生越多，技术元素就会像我们在类似的自生系统（例如生命和智能）中所发现的那样，变得越发栩栩如生。

除此之外，当回馈变得疯狂古怪的时候，会有一些重要的事情发生，我们应该在其中寻找基因控制基因、法规授权的法律、软件编写软件、智能设计智能的方法。在这些怪圈中，元是王道。

2008年11月10日

---

① 道格拉斯·理查·霍夫斯塔特（Douglas Richard Hofstadter）：美国作家。侯世达是他的中文名。因其著作《哥德尔、埃舍尔、巴赫》获得普利策非小说类别奖。

INCORRUPTIBLE TECHNOLOGIES
不可滥用的技术

我最近第一次见到了丹尼尔·艾尔斯伯格[①]（Daniel Ellsberg）。艾尔斯伯格是前美国军方分析师，后来成为了自觉的反对者，并在1971年泄漏了绝密的五角大楼文件，想以此作为一种公民抗议行为，试图阻止越南战争。他还积极参与了长达几十年的旨在消除核武器的战斗。在我们短暂的交谈中，他不停地诉说一个我认为很惊人的想法。当被问及科技想要什么时，他希望未来能有不可滥用的技术。他说，我们必须制造出不会对我们产生不利影响的事物。它不能像核能或基因工程那样被滥用。我哑然了一阵。艾尔斯伯格认为自己是一个现实主义者，但这种对不可滥用的技术的呼吁是一个乌托邦式的梦想。这个世界绝不会有不可滥用的技术，就像没有不被腐蚀的自由意志一样。任何能够产生建设性思想的自由意志，必定能够产生破坏性的思想。

我想起了我在《科技想要什么》里的一段话。这是至少20年以来，我不断地向高科技信息的读者大声疾呼的：

> 技术因为其破坏的本性，使得带来的后果不断扩大。强大的技术带来的好处和坏处同样强大。任何强大的具有建设性的技术，在另一方面同时也是破坏性的。只是因为还没有找到好的方法，所以不能将极大的伤害转移。毕竟，人类最美丽的心灵仍然

能够产生杀人的想法。事实上，一个发明或想法只有能够被极大地滥用，才是真正伟大的。这应该是技术期望的第一定律：一项新技术的前景越好，其潜在的危害也就越大。这对人们喜爱的新技术也同样适用。比如互联网搜索引擎、超文本和网络。这些无比强大的发明，已经解放了自文艺复兴以来一直没有出现的创造力水平。但是当它们被滥用（这一定会发生的），它们跟踪和预测个体行为的能力将极为可怕。

为了避免滥用，任何试图限制自由意志的主体都容易有被控制和专制的危险。现在看来，有两种方式可以约束自由意志行动：

1）防止技术实体产生负面行动。也就是说，尝试给引擎编程，使它不能产生危害。

2）在允许它存在危害的可能性的条件下，去引导实体，使得它想要或者被奖励来做有益的事。

我们有法律来惩罚那些危害分子，但大多数观察家都同意，惩罚危害行为不像鼓励有益行为那样有效。我们的法律之所以能够做到这样的有效程度，是因为大多数人通常会做好事。如果做好事的吸引力没有了，制止危害行为的法律约束很快就会被打破。法律不能在没有扬善的情况下来惩恶，惩恶需要有扬善的环境支持。法律的惩罚，在民间扬善行为的缺席下，将迅速在恐惧中崩溃并衰微。

对技术来说也是这样。我们有两种管理技术道德取向的方式。

1）我们可以尝试设计不具有危害性的技术。

2）在允许它存在危害的可能性的条件下，我们可以设计偏向于做有益的事的技术。

我相信前者是不可能的，因为技术期望的第一定律表明：强大的发明能被有力地滥用。但究竟如何去践行第二条尚不清楚。我们如何把道德观念设计到技术系统里呢？

这是一个困难的问题，因为在过去的几千年里，我们的文化一直难以做到。但我认为我们有能证明它可以做到的证据：我们的孩子。我们一直在某种程度上成功地向我们的后代灌输道德价值观。这意味着，在理论上我们可以在我们的技术系统里向后代灌输道德观念。真正的问题是我们要灌输什么样的价值观。我们想要技术产生什么样的行为？

唯一不会成功的一件事是：创造出不会产生危害的技术。任何能被武器化的事物，迟早都会被武器化。

相反，我们必须努力培养技术的好品格，并找到培养的方法，来灌输和植入更偏向生活和思想的东西。

这是一种值得的追求。

2011年3月4日

---

① 丹尼尔·艾尔斯伯格（Daniel Ellsberg，1931年4月7日—）是前美国军方分析师，受雇于兰德公司，1971因年私自拷贝并向媒体提供五角大楼机密文件为世人所知，（来源：维基百科）

第二章

免费经济

Freeconomy

1,000 TRUE FANS
一千铁杆粉丝

长尾对于两类人来说是非常好的事：一些幸运的聚合商，如亚马逊和Netflix[①]，以及60亿消费者。我认为两者相比，消费者从无限的利基市场[②]所蕴藏的财富中获得了更多的回报。

但是对于创作者来说，长尾无疑令人喜忧参半。在这个公式中，独立艺术家、制作人、发明家和制造者，都被忽略了。长尾并没有大幅提高创作者作品的销量，反而加剧了竞争和无休止的降价压力。除非艺术家能够成为其他艺术家作品的大型聚合商，否则，长尾并不能让他们摆脱默默无闻、销量疲弱的困境。

除了创造出轰动的作品，艺术家还能靠什么逃离长尾呢?

一个办法是，找到1000名铁杆粉丝。有些艺术家虽然没这么说，但已经发现了这条出路，我认为值得试着正式把它提出来。简单来说，一千铁杆粉丝的要点便是：

创作者，如艺术家、音乐家、摄影师、工匠、演员、动画师、设计师、视频制作者，或者作家——换言之，也就是任何创作艺术作品的人——只需拥有1000名铁杆粉丝便能糊口。

这里，铁杆粉丝是指，无论你创造出什么作品，他（她）都愿意付费购买。

他们愿意驱车200英里来听你唱歌。即便手上已经有了你的低清版作品，他们仍愿意去购买重新发行的超豪华高清版套装。他们会在谷歌快讯里添加你的名字，时刻关注与你有关的信息。他们会收藏售卖你的绝版作品eBay页面。他们参加你的首场演出。他们购买你的作品，要你在上面签名。他们购买与你相关的T恤、马克杯和帽子。他们迫不及待要欣赏你的下一部作品。他们就是铁杆粉丝。

要想提高销量，脱离长尾的扁平线区域，你需要直接与铁杆粉丝建立联系。

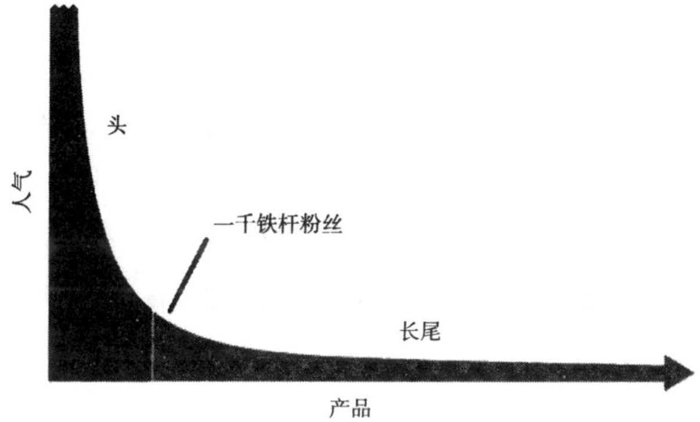

也就是说，你需要将1000名一般粉丝转变为1000名铁杆粉丝。

保守假设，铁杆粉丝每年会用一天的工资来支持你的工作。这里，“一天的工资”是一个平均值，因为最铁杆的粉丝肯定会远远比这花得更多。再假设每个铁杆粉丝每天在你身上消费100美元。如果你有1000名粉丝，那么每年就有10万美元的收益，减去一些适度的开支，对于大多数人来说，足够过活。

一千是一个可能实现的数目。如果每天增加一名粉丝，从零到一千，也只需三年。铁杆粉丝法是可行的。取悦铁杆粉丝令人心情愉快、精力充沛。它能通过物质回报，让艺术家保持真实，专注于自己工作的独特之处，即铁杆粉丝所欣赏的品质。

关键的难题在于，你必须与这1000名铁杆粉丝保持直接联系。他们会直接支持你。他们也许来参加你的居家音乐会[3]，或者在你的网站上购买DVD，又或者从Pictopia[4] 上购买你拍摄的照片。你要尽可能地保留粉丝对你的全部经济支持。你也能从这种直接反馈和喜爱中获益。

网络连接技术和小规模制造技术让这种圈子成为可能。博客和RSS让新闻、创作者活动预告或新作品逐渐传播开来。网站上展示着你的过往作品、你的履历档案和相关商品目录。Diskmakers、Blurb、快速成型机商店、MySpace、Facebook，以及整个数字世界一同袭来，使得人们能够快速、容易且低成本地进行小批量复制和传播。现在，你无需100万个粉丝才有理由创造新作品。1000就已足够。

这一小群死忠粉丝足以让你养活自己，在他们的外围是一般粉丝。一般粉丝不会购买你的一切作品，可能也不会寻求和你直接接触，但他们会购买你创作的大部分作品。在培养铁杆粉丝的过程中，你也能发展一般粉丝。拥有一批新的铁杆粉丝，也就意味着你又收获了更多的一般粉丝。如果继续下去，你可能真的能够拥有数百万粉丝，并且大获成功。在我看来，创作者都希望拥有百万粉丝。

不过，这个策略的要点在于，你无需大获成功也能生存下去。你无需跻身畅销创作者之列也能逃离长尾。这是一个中间状态，离尾巴不太远，但至少能够养活自己。这种中间状态就叫做“一千铁杆粉丝”。它是艺术家的备选目标。

出生在数字媒介时代的年轻艺术家，除了成为明星，还有另一条路可走；创造出长尾的科学技术，也同时使这样一条路成为可能。他们不用努力尝试去达到几乎不可能高度——白金销量、畅销大片和名人地位；相反，他们可以将目标定为与一千铁杆粉丝建立直接联系。这是更为理智的目标。你能够养活自己，而不是发财。围绕着你的并非一时的狂热迷恋，而是铁杆粉丝。而且这一目标更可能实现。

一些注意事项：1000个直接铁杆粉丝仅针对单个人，即单人表演艺术家。那么二人组合、四人组合或电影团队呢？显然，他们需要更多粉丝。不过，你所需的额外粉丝与创作团队规模的增长程度呈正比。也就是说，如果你的团队规模扩大了33%，那你就只需多加33%的粉丝。这种线性增长不同于数字世界中许多事物的指数级膨胀速度。如果铁杆粉丝网络遵循标准的网络效应法则，并以粉丝数量的平方数值保持增长，那我也不会感到惊讶。因为铁杆粉丝之间能够互相联系，他们将更乐意提高对偶像作品的平均消费。因此，虽然团队中艺术家的增加将导致需要更多铁杆粉丝，但是它并不呈爆炸式增长，而是成比例地缓慢上涨。

更重要的一条警示：并非所有艺术家生来就适合或愿意培养粉丝。许多音乐家只想做音乐，有些摄影师只想拍摄，一些画家一心只想画画，他们不想与粉丝打交道，尤其是铁杆粉丝。对于这些创作者来说，他们需要一位经纪人、经理人、管理者、代理人，或画商——也就是帮助他们管理粉丝的人。尽管如此，他们仍然能以一千铁杆粉丝为中间目标。只不过需要与人合作。

第三点提示：直接建立联系的粉丝是最好的。糊口所需的铁杆粉丝数量会间接地迅速壮大，但不会无限增长。以博客为例，粉丝通过点击页面上的广告来表达支持（偶尔出现的小费罐[5]除外），博客写手要靠博客为生，就需要更多粉丝。虽然这就使得我们的目标开始向长尾曲线的左端移动，但是仍然离大获成功十分遥远。书籍出版领域也是如此。如果你需要通过一些公司来出版自己的作品，且出版公司会获得大部分收入分成，那么你就需要更多倍的铁杆粉丝来支持自己。而如果作家和粉丝直接接触，那么养活自己所需要的铁杆粉丝数量就更少。

最后，根据媒介不同，实际数量也可能有所不同。画家也许只需500名铁杆粉丝，而视频制作者需要5000名铁杆粉丝。所需粉丝的数值也肯定会随国家地区不同而异。但事实上，实际数字并不重要，因为只有达到这个数值，你才能知道到底需要多少铁杆粉丝。一旦你拥有了足够的粉丝，实际数据也就显而易见了。这就是你所需要的铁杆粉丝数量。我的一千铁杆粉丝理论可能会出现一个数量级的偏差，但即便如此，养活自己所需的铁杆粉丝数量也远远不及100万。

我一直在搜寻与铁杆粉丝数量相关的文献。Suck.com的联合创始人卡尔·斯特德曼（Carl Steadman）提出了一个关于微名人的理论。在他看来，如果某人对1500人来说都很有名，那么这个人就是一个微名人。也就是说，有1500人会为你疯狂。正如丹尼·奥布莱恩[6]引用的一句话所述，如果英国每个镇子都有一个人喜欢你的网络漫画，那么就足以让你一年到头啤酒不断（或T恤销量不愁）。

有人称这种微名人支持为微赞助，或分部式赞助。

1999年，约翰·凯尔西（John Kelsey）和布鲁斯·施奈尔（Bruce Schneier），在网络杂志《第一周一》（*First Monday*）上为此发表了一种模式，他们称之为“街头艺人协议”。

按照街头艺人的模式，在书籍出版之前，甚至可能在书还未写之前，作者就直接与读者建立联系。作者绕过出版商，同时做出类似如此的公开声明：“我拿到10万美元的捐赠后，就会发布本系列的下一部小说。”

读者可以访问作者的网站，查看已经捐赠了多少钱，并且捐钱让他（她）发布小说。请注意，作者并不在乎是谁付钱让他发布下一章节；他（她）也不在乎有多少读自己书的人没有花钱。他（她）只关心10万美元的目标是否达到。达到了，他就发布下一本书。在这种情况下，“发布”仅表示“写出来”，而非“装订并通过书店销售”。这本书供所有人免费阅读，所有人也就意味着付钱了没付钱的都行。

2004年，劳伦斯·瓦特-埃文斯（Lawrence Watt-Evans）用这种模式发布了自己的最新小说。他要求铁杆粉丝每月共支付100美元。如果100美元到手，他就放出小说的下一章。整本书先是在网上向铁杆粉丝公开，然后纸质印刷，所有书迷都能购买。现在，他正采用这种方式写另一部小说。他靠大约200名铁杆粉丝就能养活自己，因为他也通过传统方式出书——有出版社的预付书款，拥有成千上万的一般粉丝。还有一些作者也利用粉丝直接支持自己的作品，包括黛安·杜安（Diane Duane）、莎伦·李（Sharon Lee）和史蒂夫·米勒（Steve Miller），以及唐·萨克斯（Don Sakers）。游戏设计师克雷格·斯特兹（Greg Stolze）也采用类似的铁杆粉丝模式，推出了两款预先筹资支付的游戏。斯特兹的50名铁杆粉丝为其开发成本提供了种子资金。

铁杆粉丝模式的本质在于，粉丝能够让艺术家脱离长尾的边缘，使其达到高于粉丝数量通常所能代表的销量。粉丝能通过三种方式做到这一点：每个人购买更多作品；直接从创作者那里购买作品，从而让创作者在每笔销售中获得更高分成；以及启用新的支持模式。

新的支持模式包括微赞助。另一种新模式则是为启动成本预先融资。数字技术使得这种粉丝支持模式以多种形式出现。Fundable是一家互联网企业，允许任何人为某个项目筹集固定数额的资金，同时向赞助人保证项目实施。在资金全数筹齐前，Fundable会冻结这笔钱。如果没有筹到最低金额，那么Fundable会退还这些钱。

下面是Fundable网站的一个例子：

阿米莉亚（Amelia）今年20岁，是一位古典女高音歌唱家，在进入录音棚

之前就开始预售自己的第一张CD。“如果预购达到400美元，我将能够负担剩余的（录音棚成本），”她向可能潜在的捐赠者表示。Fundable或全额或为零的筹资模式能够保障，如果阿米莉亚没有达成自己的目标，那么所有捐赠者都不会赔钱。最终，阿米莉亚的专辑销售额超出940美元。

1000美元并不足以满足饥饿的艺术家，但是，如果认真去做，那么一个全身心投入的艺术家能够在自己铁杆粉丝的帮助下做得更好。吉尔·莎贝尔（Jill Sobule）是一位音乐家，经过多年的巡演和唱片发行，她积累了相当多的粉丝，在铁杆粉丝的支持下做得相当不错。最近，她决定让粉丝帮忙，筹集下一张专辑所需的75000美元专业录音费用。目前，她已经筹到了近5万美元。粉丝们通过

赞助直接支持莎贝尔，和偶像建立了亲密关系。据美联社报道：

捐赠者有多种金额可以选择从10美元到10000美元捐赠者可选择各种等级的认捐金额：10美元是“璞玉”，专辑完成后，捐赠者可以免费进行数字下载；10000美元是“武器级钚”，莎贝尔承诺“捐赠者可以在我的专辑中录制歌曲。不会唱歌也没关系，我们这边可以搞定。”对于付出5000美元的捐赠者，莎贝尔表示，她会前往其家中举行演唱会。较低的捐赠等级更受欢迎，捐赠者得到一些微小回报，如预先拿到CD，名字出现在唱片内页，以及一件证明其CD“初级执行制作人”身份的T恤。

依靠铁杆粉丝过活的另一种可能则通常是生活贫困。1995年一项研究表明，成为艺术家的代价非常大。社会学家鲁斯·陶瑟（Ruth Towse）对英国的艺术家进行了调查，发现他们的平均收入通常低于贫困线。

我则想表示，一千铁杆粉丝模式是创作者介于贫困和成名之间的归途。它的位置低于最顶级的畅销之列，但又高于长尾的微贱无名之辈。我并不知道养活自己所需的实际铁杆粉丝数量，但我认为，一位专注的艺术家能够培养一千名铁杆粉丝，并且通过新技术获得粉丝的直接支持，从而过上安稳的生活。如果有人选择了这条道路，我很乐意听取你们的想法。

2008年3月4日

---

① Netflix是一家美国的在线流媒体租赁提供商，用户可以通过邮件订阅的方式租赁电影和电视节目。公司还提供数量庞大的DVD，并免费寄送。（来源：维基百科）

② 利基市场（niche market）：或称缝隙市场，指那些被市场中的统治者/有绝对优势的大企业忽视或有意放弃的某些细分市场，由于消费者需求尚未被满足，因此细分产品进入这个小型市场还有盈利空间。

③ 居家音乐会（house concert）：在粉丝或音乐家家中开设的音乐会。

④ Pictopia是第一家商业图片提供商，其合作者包括美联社、甘尼特集团等等。

⑤ 有的博客上会添加类似“捐赠”的按钮，读者可向博主捐款表示支持。

⑥ 丹尼·奥布莱恩（Danny O’ Brien）：英国科技记者和公民自由活动家。曾为《周日时报》（*Sunday Times*）和《爱尔兰时报》撰写每周专栏；此前还曾担任《卫报》（*The Guardian*）顾问，帮助其指定网络战略；他曾供职于《连线》英国版。

THE REALITY OF DEPENDING ON TRUE FANS
依靠铁杆粉丝的现实

我一直在研究适用于长尾末端艺术家的新商业模式。如何在微利基市场中谋生？在微利基市场中谋生是否可能，尤其在这个复制无成本的年代？在此前的文章中，我提出了一个想法，艺术家直接培养一千名铁杆粉丝就能维持生计。这一论点很不错，引起了许多博客写手的关注，但缺少事实数据。我从写信给我的读者那里征求到一些真实数据；有些人依靠粉丝获得了成功，我也请他们分享自己的经验。

其中一位取得联系的艺术家是罗伯特·里奇（Robert Rich），他是一位音乐家，我是他的粉丝，但并非铁杆粉丝。里奇是环境音乐[①]的先驱，也是上世纪80年代早期旧金山湾区新世纪音乐的推动力量。他很多产，在过去20年间，发行了约40张专辑，其中许多专辑是与其他环境音乐创作者共同制作。*Numena*是里奇最早的专辑之一，他因这张专辑而成名。《十一问》（*Eleven Questions*）是他最新的一张专辑，他与同事在自家的录音室里用七天时间一口气将其录制完成。

罗伯特·里奇是最早通过自己的网站和粉丝直接建立联系的专业音乐家之一，正因如此，我联系了他。他非常坦诚、深刻且透彻地回复了我的问题。他与我分享了亲身实践这一想法所获得的具有警示性的现实态度，缓和了我对一千铁杆粉丝模式的热情。他非常中肯而详细地总结了自己的经历，我认为应该全文贴在这里。征得他的同意后，我对他的来信略微进行了编辑，全文如下。

我强烈同意你“一千铁杆粉丝”的基本论点，即艺术家能够通过培养虔诚的粉丝，在长尾的末端谋生；但是，或许我可以用一些个人反思得来的现实主义态度，来调和一下你的乐观情绪。

大概30年前，我就开始实行类似一千铁杆粉丝的模式，那时候，还没有互联网能够使得这一想法变得更为可行。在70年代中期，我想要做那种极度宁静内省的音乐，第一次听到其他人演奏这种音乐时，我就被深深打动了。在迷幻文化② 流行的余波下，一些弥母从先锋派③ 渗透进入流行文化，旧模式下的出版商愿意将实验性艺术形式推向主流市场。因此，欧洲空间音乐、极简主义、巴洛克风格、世界音乐和工业/朋克不可思议地混搭风格，深深地融入了在硅谷郊区成长的青少年心里，且其中大部分元素从全球销售和营销中获益——尽管当时我们都认为它很“前卫”。

也就是说，在基于人口分布的营销分析削弱激进思想在不同亚文化之间的传播之前，我是旧体制的支持者。实验文化渗透到主流文化的这一事实，让我意识到自己想成为那种深深打动我的艺术家。我想要表达自己的内心，无论付出何种代价。我想要成为一位现代萨满，在接受现代世界的复杂性和讽刺性的同时，治愈世界和人类。

一旦走上这样一条路，你很快就会考虑到默默无闻所带来的经济现实。我记得15岁的时候，我对自己说，“如果我能深深打动一个人，那会比取悦成千上万人却没有留下任何有意义的东西要好。”这说的其实就是长尾。我想，你把这个想法扩展到一千，就得出了你的这个论点。

1981年，我开始自己发行音乐，奋力从狡猾的经销商那里获得收入，尝试追踪所有代销自己专辑的商店的动态。后来，几家小型唱片公司有意帮我，并让我使用他们的基础设施，这么多年来我才松了口气。我认为在《空间之心》④（*Hearts of Space*）和几个小点儿的欧洲电台节目中曝光，给我带来了巨大的好处。回想起来，独立销售正在崩溃，而我觉得自己就像偷偷藏身于那倒塌的框架之下。与此同时，小型公司却能够撒下中等大小的渔网，吸引听众的兴趣，如若不是这样，他们可能永远不会知道自己喜欢这种类型的音乐。

如果没有那些短暂的曝光窗口，我怀疑自己能否拥有“一千铁杆粉丝”，我可能会继续做日常工作。如果我没有掌握音频工程和母带后期处理的技能，肯定就得饿肚子了。如果没有互联网及新的分销和促销手段的发展，我可能早就放弃了。从这个意义上来说，我完全认同，新技术为我这样的艺术家打开了生存的大门。但是，这也是不断挣扎的过程。

能够在长尾生存下来的艺术家，通常不愿意去做其他事情，他们甘愿牺牲安稳舒适的生活，只是为了有机会传达有意义的东西，并希冀能够吸引到世界上那么一小撮同样寻求这种意义的人。这是一种有些孤独的存在，有点像灯塔看守人，向黑夜中投出一道光线，内心深信这样或许能帮助到一些看不见的人。

现在，我已45岁，仍然会每隔一两年抽出几个月的时间，驾车在全国各地举行小型演唱会，观众规模从30人到300人不等。我自己就是票务代理、经理人、合同律师、司机和巡回演出的帮工。我寄宿在别人家的沙发上，偶尔在“Motel 6”汽车旅馆奢侈一把。

你的文章中引用了“微名人”一词，对我来说，它听上去既讽刺又真实。我想我也有过一些类似经历。在一场表演之后，来看我巡演的600来号人跟我说，我的音乐对他们来说非常重要，拯救了他们的生活，他们无法想象我为什么不在豪华的3000人剧院演出，而选择艺术画廊、天文馆或图书馆。

现实中，“微名人”的生活更像是西绪福斯的命运，他不停地将一块巨石推上山顶，而每当到达山顶，巨石就会滚下山去。每次巡演结束后，我都感到精疲力竭，但是又充满力量，因为知道有一些人真的非常在乎这种音乐。然而几个月后，一切都再次平静下来，CD和下载销量又开始放缓。如果我抽出一年的时间，专心去做一张希望能够有所突破的专辑，那么这一年的沉寂就变成了一个大洞，听众的兴趣似乎也减退了。当我终于推出了自己的大胆尝试后，也只是成功卖给了同一批一千铁杆粉丝。巨石又回到了山脚，又要开始往上推。

因此，我们来看看经济状况。如果每次下载或直接出售CD，我能赚5美元到10美元，然后我卖出了1000份，那么这一年的努力所带来的最高收入是1万美元。这不足以维生。再比方说，我用三到四个月的时间做全职巡演，20场演唱会后，我获得了约1万美元的净收入。这不足以维生。

我还算幸运的。“微名人”的附加好处，包括样带许可和电影使用权的授权费，音效设计图书馆，以及录音室母带后期处理和工程费，让我的微薄收入有所增加。因此，我的收入与当地垃圾工差不多；而且，一天的工作下来，我也不像他们那样气味难闻。（需要注意的是，如果版权法消失，那么这些微小的附加收入来源也将干涸，因此你也许可以想象，为什么我对于自由信息的辩论百感交集。）

多亏了互联网，我现在通过它直接向一千铁杆粉丝销售作品，比参加《空间之心》节目那会儿卖出2万至5万张专辑时赚得更多。但是，若不是拜《空间之心》巨大的宣传能力所赐，可能我今天也不会作为一个全职艺术家而存在了。

我拥有约600名铁杆粉丝，2000名真诚的追随听众……边缘听众或许更多。我的数据库中有约3000人，但是其中大部分人只是每隔几年给我写封信。偶尔会有新的听众出现，买下我的所有作品。例如，我知道自己在俄罗斯至少有500人以上的热心粉丝，但他们从来没有在我这里花过钱，因为他们听的都是盗版。这些是四五个俄罗斯的“铁杆粉丝”告诉我的。许多“粉丝”觉得没必要花钱去支持打动自己的艺术，或者他们的经济能力无法承受，又或者买盗版反而更方便。

新“粉丝”的数量可能大致与减少的数量相当。我当然可以和每个人更直接地交流，但是这也就意味着，我用于创造新艺术的时间会更少（用半天时间来处理电子邮件也很常见。）数字发行似乎降低了感知价值和人们的期望值。获取事物的便利也减少了特别感和独特感。压缩的音频质量和实体艺术作品的减少，降低了作品的收藏价值。我努力采用高质量的音频，告知听众原版的重要性，努力去抵消这些影响……但是，人们通常不会去思考这些细节。

另一个重要的提醒：艺术家很容易陷入对这些铁杆粉丝的依赖，加之收入如此低微，如果艺术家在超越风格和预想上走得太远，就会冒着陷入贫困的危险。我想，自己就是这种离经叛道——或者出人意表——的艺术家之一，从这个角度来说，在忽视抑或迎合这些期望之间，我看到一些“第22条军规”（catch-22）般进退维谷的局面[⑤]。如果我们老是面对同样的1000人演奏，并且继续做同样的基本事情，最终粉丝会感到厌倦，不想去购买今年的作品，因为它几乎和去年的作品一样，换汤不换药而已。然而，当粉丝最爱的艺术家开始走出安乐窝——这也是铁杆粉丝的发源地，他们也同样可能将视线转移到让他们感到惬意的其他唱片上。你做也好，不做也罢，都死定了。

我不想成为日渐干涸的水坑中的蝌蚪。当受众非常之少时，专业化的一个结果就是消亡。对此，我会尽力加以解释。

进化生物学的物种多样性和近亲繁殖（见E.O.威尔逊[⑥]），便是对这种风格边界陷阱的隐喻。当某个物种的亚群被隔离，其特征就开始与大群体背离，最终形成一个新的物种。然而，在这种隔离条件下，遗传多样性会降低，专门适应新环境而产生的物种更容易受到环境变化的威胁。种群数量越大，近亲繁殖的风险便越小。如果一个种群与其物种的主要群体保持联系，那么过度特化[⑦]的可能性便最小，而在多种环境中生存的可能性最大。

这一隐喻可以折射到艺术家和铁杆粉丝这个问题上，因为我们的文化可能痴迷于风格和人口统计学分析。一位艺术家依赖小规模人群的这种热情投入，就像一只动物只依靠一棵树上的果实生存。这是灭绝之路。不同人群之间的区别，就像是分离种群的山脉。我更希望受众在定义自身及其所热爱的艺术时没有边界之分。我想要一个存在杂种狗和异花授粉的世界。如果有更广泛的人群对我的作品感兴趣，而不仅仅只是像对着唱诗班布道一样只有虔诚的粉丝，那我会感到更舒心。

事实上，互联网能够帮助艺术家扩大受众群，也能让受众个人扩展自己的趣味，发掘新风格，寻求让自己惊喜的作品——如果他们想要惊喜的话。互联网也能帮助我们更精准地锁定特定人群并巩固这些设想，防止受众接受新想法，把人们推向由算法决定的口味和风格。企业可以利用人口统计学模型并追踪人们的搜索模式，来迎合他们的初始口味并巩固加强，而不是去开阔他们的视野。这个问题并非源于互联网技术，而是来自资本主义和人类心理学的现实。

与大多数技术一样，互联网是道德中立的，我们能够更好地利用它的力量来帮助扩宽艺术表达，帮助少数派艺术家通过直接与受众交流获得更好的生活，创造一些工具帮助人们发现打破传统的惊人作品，而非只去巩固加强其现有的倾向。尽管在新工具的帮助下，艺术家可能会为自己建造一个小小的避风港，但挨饿的艺术家可能仍将继续挨饿；而且和过去一样，一些艺术家将会利用这些工具建造沙堡或创造伟大的艺术作品。

——罗伯特·里奇

我深深感谢罗伯特的慷慨分享，以及他对其真实经济状况的勇敢披露。很少有人愿意这样做。但是关于经济收入的事实是非常有力的。在未来的日子里，如果有其他艺术家乐意与我分享他们的经验，我将继续总结报道真实生活中的铁杆粉丝经济学。

2008年4月21日

---

① ambient music，又称“背景音乐”，是一种为办公室、休息室、超级市场、咖啡厅、饭店、甚至家庭生活等不同环境而使用的为改善心理生理环境或者增加工作效率创造某种收益性效果的辅助性音乐。

② 20世纪60年代出现的一种亚文化；其时迷幻艺术盛行，许多艺术家试图用光线、声音和物体等来模拟出幻觉体验；在迷幻文化的影响和启发下，还产生了迷幻音乐，试图重现或加强迷幻体验。

③ Avant-garde，原本是法语词，“先锋派”是其直译之意。人们经常用这词指涉新颖的或实验性的作品或人物，尤其是对于艺术、文化及政治的层面。

④ 美国一档每周播出的公共广播节目，播放具有冥想性质的音乐，主要包括环境音乐、新世纪音乐和电子风格音乐，也会播放古典音乐、实验音乐以及其他音乐类型；是全球同类型节目中运作时间最长的广播节目。

⑤《第22条军规》(*catch*-22)，约瑟夫·海勒1961年的同名小说，该书的主人公为了逃避危险的作战任务而装疯，可是逃避的愿望本身又证明了他的神志清醒。在当代美语中，catch-22已作为一个独立的单词，使用频率极高，用来形容任何自相矛盾、不合逻辑的规定或条件所造成的无法摆脱的困境、难以逾越的障碍，表示人们处于左右为难的境地，或者是一件事陷入了死循环，或者跌进逻辑陷阱，等等。

⑥ E. O.威尔逊(E. O. Wilson)：美国生物学家，研究员(社会生物学，生物多样性)，理论家(知识大融通，热爱生命的本性)，自然主义者(自然资源保护论者)，以及作家。他的生物专业领域是蚁学。

⑦ 特化(Overspecialization)是由一般到特殊的生物进化方式，指物种适应于某一独特的生活环境，形成局部器官过于发达的一种特异适应，是分化式进化的特殊情况。

THE CASE AGAINST 1000 TRUE FANS
一千铁杆粉丝的反例

我的文章“一千铁杆粉丝”在其他博客上引起了大量讨论。一位博主在其博客中附带提到，几年前布莱恩·奥斯汀·惠特尼（Brian Austin Whitney）就已经提出了类似的想法。我没有听说过惠特尼，也不知道他的主张，在研究的时候，也错过了他的文献；但是，我感到非常震动，我们的想法何其相似。惠特尼成立了老实人组织（Just Plain Folks），这是一个独立艺术家的社群组织。2004年的新年前夜，惠特尼写道：

> 我认为，我们现在处于一个转折点（或正经历一场动荡），艺术家专注于较小规模的粉丝群体并与他们进行高度直接的互动和交流，即使面对新技术的挑战和旧式音乐商业流程的转变，这也可能成为一种新的成功模式。我认为，成功的新定义将是，一位艺术家在世界各地拥有5000名狂热的粉丝，每位粉丝每年会为其创作成果消费20~30美元。

四个月后的纳税日[①]，博客音乐家斯科特·安德鲁（Scott Andrew）注意到了惠特尼的观点，并将其加以扩展，写下了“五千粉丝”。

> 布莱恩指出，如果一位艺术家拥有5000名死忠粉丝，且每位粉丝每年给他（她）20美元——CD也好，门票销售也罢，商品、捐款，随便什么都行——那么，每年就

是10万美元；这笔收入完全足够让他（她）辞掉日常工作，而仍能继续买医疗保险并开上一辆体面的车。

5000是个大数目，但也不是特别大。可能也就是1/8个普通棒球场的观众数量？而你也许根本不需要那么多粉丝。可以算一下：用你的税前薪酬除以20。如果你准备现在就辞职去做全职音乐家、诗人或作家，每个粉丝每年在你身上花20美元，那么需要多少粉丝来支持你的艺术。因此，如果你年薪3万美元，那么每年就需要1500名粉丝，才能与自己的工资收入持平。如果你愿意降低标准，那么所需要的粉丝数量就更少。在华盛顿，即我所在的州，要达到最低薪酬，只需约700名付费粉丝。

五千粉丝理论的吸引力在于，这一数值虽然较高，但非常容易达到。你实在无需拥有数百万粉丝才能成为一位职业艺术家，只要几千名真正在乎你的粉丝就足够。当然，你还要让你的粉丝更加努力。

与惠特尼和安德鲁一样，我认为，铁杆粉丝的模式，即寻求有限但可达到的狂热粉丝数量，比指望数百万刚刚听说过你大名的人让你成为畅销人士更容易也更有必要做的。问题在于，在为自己的论点进行数据调查时，我找不到足够多的例子来证明任何人只要有一千或五千名铁杆粉丝，就能养活自己。有七位不同艺术领域的创作者向我提供了完整的信息，他们都在用各自的方式养活自己，某种程度上，靠着铁杆粉丝为生。我也从其他20多位艺术家那里获得了部分信息，但这些不完整的资料难以按统一标准进行评估，因此，我并没有将它们列入下表中。结果如下表所示：

职业	铁杆粉丝	每位粉丝每年的贡献（美元）	铁杆粉丝提供的总收入（美元）	铁杆粉丝收入比例（%）	年数	销售作品
画家	1000	150	150000	100	10	印刷品
画家	200	300	60000	100	4	画作
音乐家	600	40	24000	30	30	CD
漫画家	100	150	15000	85	2	书/T恤
音乐家	500	20	10000	30	4	CD/演奏会

续表

职业	铁杆粉丝	每位粉丝每年的贡献（美元）	铁杆粉丝提供的总收入（美元）	铁杆粉丝收入比例（%）	年数	销售作品
乐队	150	45	6750	33	10	居家演唱会
作家	100	10	1000	10	2	书作

从左至右，表格中列出了艺术家类型、他们认为自己拥有的铁杆粉丝数量、每年每位铁杆粉丝在他们身上的花费、从铁杆粉丝身上获得的总收入、他们估计铁杆粉丝收入占总收入的比例、他们依靠铁杆粉丝为生的年数，以及他们卖给粉丝的东西。

我从研究中得知：只有极少数艺术家依靠直接卖作品给铁杆粉丝养活自己。这极少数艺术家出售的都是高价作品，比如画作，而非CD一类的低价品。但是，有很多艺术家部分依靠直接出售作品给铁杆粉丝养活自己。不过，大多数这类艺术家都向我明确表示：亲自寻找、培养、管理和服务铁杆粉丝，非常耗时。而许多艺术家并不具备这些能力，或不愿去做。极少创作者完全依靠铁杆粉丝养活自己，造成这一现象的原因可能在于，很少有人愿意长期做这种工作。

显然，铁杆粉丝模式也并非众多创作者的终身目标，这或许是极少人会采取这种模式的另一原因。有谁只想拥有1000名铁杆粉丝，而不是做出一张白金销量的专辑，或是写一本畅销书呢？没人，至少目前没人会如此。

但是作为一名乐观主义者，我很欣慰，有一些人这样去做了，艺术家可以部分依赖于铁杆粉丝养活自己。微赞助一直都只是一个选择，也确实是大多数艺术家生计的一部分。现在的变化之处在于，科技的影响和力量使得艺术家更容易找到属于自己的狂热微赞助者，与他们保持联系，向他们呈现自己的作品，从他们那里直接获得报酬，并培养他们的兴趣和忠诚。以往，这种模式的交易成本非常高，在实践操作中，不可能依靠铁杆粉丝养活自己。我的图表显示，现在这一切可以实现，尽管只有极少人会完全采用这种模式。我认为，随着榜样的出现，随着商业模式的转变，随着科技不断降低交易成本，更多的艺术家将走上这条道路。时间将证明一切。

现在，我来说说最后一个难题。这来自我的朋友杰伦·拉尼尔，他是一位音乐家，也是虚拟现实技术的发明者。杰伦也在研究和铁杆粉丝类似的东西，和我一样，他也在寻找“正在这么做”的实例。他没有找到很多自称在运用这种模式的人。事实上，杰伦的结论是：在新的直接向粉丝销售的环境中，大多数能够养活自己的音乐家，实际上都是先已成名于传统媒介之中——唱片、CD、合同、电视或商业赞助。杰伦的调查对象仅限于音乐家，而他是这样定义自己所寻找的这种新兴音乐家的：

这类音乐家的职业生涯并非旧体制的遗产［如电台司令乐队（Radiohead）］。这种音乐家不仅得到了许多曝光机会，而且收入足够维持生计。我认为，足以抚养一个孩子的可预见收入，便是足够维持生计的收入。最后，在对大规模且无管制的文件共享非常友好的“开放”世界中，音乐家的大部分收入来源仍然坚挺。这些收入来源包括现场表演、音乐家官网的付费广告、商品销售，以及付费下载（如iTunes），但不包括唱片合同、电影原声配乐，以及其他依赖老式、衰退媒介的收入来源。

杰伦称，他没有找到哪怕一个符合上述定义的音乐家。换言之，他声称，在新媒介环境中，还没有音乐家能成功生存下来。一个都没有。没有音乐家能完全依靠我在“战胜免费”中所阐述的原生性[②]（generative）获得成功。没有艺术家生来就属于数字时代，能在新媒介中养活自己。

我和杰伦打赌，或许这世界上有几位音乐家（或乐队）符合他的定义，但是我不知道他们是谁。

要证明杰伦的结论有误，各位只需在评论中提交一位候选人即可：一位与旧有媒介模式没有关系的音乐家，能够在开放的媒介环境中100%养活自己。

如果没有人被提名，那我只能向杰伦认输。

2008年4月27日

---

① Tax Day，每年的四月十五号。在美国每个人都要在这天之前递交报税表，所以这天叫做纳税日。

② 原生性（generative）是一种属性或特性，必须经过产生、发展及培养。具有原生性的事物无法被复制、克隆和伪造。

BETTER THAN FREE
战胜免费

互联网是一台复印机。在最根本的层面上，它将我们使用它时所提供的一切行为、一切特征、一切想法拷贝成为了复制品。为了将信息从互联网中的某个角落传输到另外一边，通信协议令信息在传输过程中经过了数次的复制。而IT公司们也在销售这些永不停息的复制设备上赚到了大钱。任何一台计算机所生产出来的数据，都可以只字不漏地传遍整个世界。数字经济便是这样运转在复制品的河流当中。不过和工业时代的大规模再生产不同，这些复制品不仅便宜，而且免费。

我们的数字通讯网络经过设计，尽量地减少了复制品流通的阻力。实际上，由于它们的流通是如此的自由，我们可以将互联网视作是一个具有超级分配能力的系统。进入这个系统的信息能够通过网络无休止地流通下去，就像超导电线中的电流一般。我们的现实生活中便有实例。任何可以复制的东西一旦接触网络，便会生成各种各样的复制品，永远不会在网络中消失。即便是一条狗都清楚：你无法清除流传在互联网上的东西。

这种超级分配系统已经成为了我们经济和财富的基础。信息、创意、和资讯的实时复制加强了我们经济中的主要部分，特别是同出口相关的部分。也就是说，从中受惠的都是美国具有竞争优势的行业。我们的财富建立在一台能够迅速、混杂地复制信息的巨大机器之上。

然而，在这种经济中，先前一轮的财富却是建立在销售珍贵复制品的基础上的。因此，免费复制品的自由流通便会趋向于破坏既定的秩序。如果我们最杰出的作品在复制出来后是免费的，我们怎么还会有继续下去的动力？或者简单来说，人们怎样才能通过贩卖免费的复制品中挣到钱呢？

我有一个答案，最简单的解答是：

- 当复制品大量存在时，它们便会变得没有价值。
- 当复制品大量存在时，无法复制的东西便会变得罕见而有价值。

当复制品免费时，你就要去销售那些无法复制的东西。

那么，什么是无法复制的呢？

无法复制的事物有很多。比方说"信任"。信任无法复制，也无法购买。信任必须通过时间积攒得到。我们无法下载信任，更无法伪造信任（至少无法长期伪造）。在所有情况大体相当的情况下，你永远会倾向于和自己信任的人打交道。因此，信任是一种无形资产，它在复制品泛滥的世界中具有的价值越来越高。

和信任一样无法复制的特性还有很多，而它们便成为了网络经济中价值的所在。我认为，发掘这些价值的最好办法，并不是从生产者、制造者和创造者的观点出发，而要用户的视角观察问题。我们可以从一个用户提出的简单问题开始：我们为什么要为能够免费得到的东西付费？那些购买本来可以免费得到的物品的人们，他们买的到底是什么？

在我对网络经济的研究中，我发现，当我们购买那些本就免费产品的时候，看中的差不多是八种无形的特性。而在实际上，这八种特性却好过免费，因为它们具有无法复制的价值。我管它们叫做"原生性"（generative）。原生价值是事物必然生成、发展和成形的特性。人们无法复制、克隆、再造具有原生性的事物，也无法对它们进行仿制和伪造。它的形成伴随着时间的发展，具有独特性。

在数字的竞技场中，原生性为免费的复制品增添了价值，从而使它们变成了可以出售的商品。

8种比免费更好的原生性。

即时性（Immediacy）——你迟早都会找到自己想要的免费东西，但是如果生产者能将产品在发布的第一时间，甚至是生产出来的第一时间发送到你的收件箱中，这可是一种原生性资产。许多人在首映式的时候前去电影院花大价钱看那些以后会通过下载和租赁方式变得免费，或者几乎免费的电影。精装本的图书的优势也并非在于硬皮封面，而在于领先平装本的即时性①。排在队伍的前头通常也意味着要为相同的产品付出额外的价钱。作为一种可以出售的特性，即时性也包含着不同的级别，包括使用Beta版本的权限。在这里，产品本身也将粉丝带入了生产的过程当中。Beta版的产品通常由于不完善，不具有价值。但它们也拥有可以出售的“原生性”。即时性是一种相对概念，这也是它为什么属于原生性的原因。这一特性必须同产品和受众契合。博客的即时性有别于电影和汽车，但即时性却在任何媒体中都有存在。

个性化（Personalization）——听普通的演唱会录音或许不用花钱，但如果你想买回一张经过特殊音效处理，听起来就像是在你家客厅中录制一般的唱片的话，那你就要花大价钱了。一本免费的图书也可以经过出版社的个性化定制，反映出你的阅读品味。你所购买的免费电影也许会按照你所希望的那样重新经过了剪辑，变得没有暴力和脏话。阿司匹林也是免费的，但是能适应你的DNA的阿司匹林却十分昂贵。像许多人注意到的那样，个性化所要求的，是创造者与消费者、艺术家与粉丝、生产者与用户之间的不断对话。个性化是一种典型的原生性，因为它可以迭代延续，是一种对时间的消费。你没法复制某种关系中体现出来的个性化需求。营销人员将这种情况称为“粘性”，因为在这种关系中，双方都对原生资产有所投入，同时也不愿意移情别恋，更不愿意从头再来。

解释性（Interpretation）——有个老笑话是这么说的：软件下载免费，用户手册1万美元。但这并不是玩笑。有一大群高姿态的公司，像红帽（Red

Hat）和Apache就是这么存活下来的。他们为免费的软件提供有偿的技术支持。软件代码的副本是免费的，但它们只有通过技术支持和技术指导才会对你变得有所价值。我猜想，许多基因信息都会遵循这种路线。你自己的DNA副本在今天十分昂贵，但不久之后就不再如此了。实际上，制药公司甚至会付钱购买你的基因序列。因此，你的基因副本将会变得免费，但要解释它们是什么意思，你能利用自己的基因做些什么，你就要一掷千金地买回一本解释基因序列的说明书了。

可靠性（Authenticity）——你或许能免费弄到一个重要的应用软件，但即便你聪明到了不看说明书也能无师自通的地步，你也得考虑这个软件有没有bug，是否可靠，是否拥有授权。这种情况下，你就要为可靠性付钱。美国乐队感恩而死（Red Hat）的唱片种类多到几乎无数，但从乐队自己那里买上一张可靠版本的唱片就能省去你不少麻烦。最起码这张唱片里面全是乐队自己的作品。音乐家在很久以前就解决了这种问题。无论是照片还是印刷品，视觉艺术的再生产也步了音乐业的后尘。艺术家可以通过在复制品上留下自己的印记，比方说签名，来提升复制品的价格。数字水印等签名技术并不能用作对副本的保护，因为前文说过，复制品是一种具有超导性的流体，但它们却可以用来创造原生性，向那些在乎的人提供可靠感。

易用性（Accessibility）——拥有某些东西总是那么烦人。你得让它们井井有条，与时俱进。如果你拥有的是数字产品的话，你就还要加上备份的活计。在这个移动的世界里，你又得每时每刻地带着它们。包括我在内，许多人都会愿意付钱给别人来照料我们的“财产”。我们付钱给Acme数字仓库（Acme Digital Warehouse）让它能够随时随地在我们想要的时候提供给我们世界上的任一首歌曲，任意一部电影，任意一张照片（我们自己或者是其它摄影师的照片），或者是书和博文。Acme把所有的东西备份了起来，付钱给创造者，然后再销售给我们满足欲望。我们可以在PDA、手机、笔记本电脑、大屏幕等等地方随时随地地观看。实际上，如果你花费了足够的精力去寻找，那么这些产品都是免费的。但你要搭上的，还有整理、备份、管理花去的时间。免费产品会因为附带的繁琐，随着时间慢慢地风光不再。

实体化（Embodiment）——从根本上看，数字复制品没有实体。比方说你可以搞到一个免费的电影，然后把它丢到显示器上播放。但如果你想在大屏幕上看高清格式的怎么办？或者说你想看3D版本的怎么办？PDF是不错。不过有时候，同样的字句也可以印刷在雪白的纸张上，再加以皮革质地的封皮。手中捧着这样一本书，难道不是一种奢侈，一种享受么？游戏也可以免费，但你就不想和三十几个朋友同坐一室，分享心爱吗？实体化的例子无穷无尽。的确，今天需要花钱到影院观看的高清电影明天或许就会进入你的客厅。但是，新的显示技术确实在不断诞生，消费者无法拥有激光投影仪，全息成像、裸眼3D之类的尖端技术。实体化最佳的例证便是音乐现场演出，而且演出者是真真切切的。音乐可以免费，但要看到真人为你表演就要掏钱。音乐家们挣钱的规律很快也被作家们采用。书可以免费，看要看作者在你面前天南海北的聊天侃地，还是要掏钱的。

可赞助（Patronage）——我个人相信，受众愿意为创作者买单。粉丝们喜欢奖赏，无论对方是艺术家、音乐家还是作家，而且这种喜欢还伴随着不吝言语的赞美。因为在粉丝的眼里，这是他们同对方建立联系的一种方式。不过粉丝们买单的前提也十分苛刻，首先方式要简单，价钱要合理，而且花出去的钱还必须能让创作者直接受益。电台司令乐队最近便高调地做了一个实验——他们开放了新专辑*In Rainbows*的免费下载，如果歌迷喜欢，则可以购买音质更好的版本。乐队的这次试验取得了成功，也成为了利用赞助的绝佳案例。艺术家和狂热乐迷之间那难以捉摸的联系必然有所价值。在电台司令的例子里，这种价值体现成了平均每次下载都能带来5美元的回报。而受众仅仅因为感觉不错便付费购买的例子还有很多。

可寻性（Findability）——在上述数字产品所具有的原生性中，可寻性具有最高地位，是一种资产。免费并不一定会带来吸引，有时它反而会将产品淹没下去。没人见到的产品不具有价值，无论价格如何。宏篇巨著若没人阅读也便失去了意义。世界上图书、歌曲、电影、和软件都数以百万计，而且其中大部分都是免费的。因此能够被人寻找到也是一种价值。

亚马逊和Netflix这类的网络聚合巨鳄便是将自己的生存建立在了帮助消费者寻找心爱之物上面。它们将长尾理论的优势发挥出来，让小众的人群找到了符合自己需求的小众产品。然而不幸的是，长尾理论仅仅是上述聚合巨鳄，以及其他具有聚合作用的大型企业的喜讯。对于创造者本身，长尾理论则是刚被蚊子叮过一口，不疼不痒的小疙瘩而已。不过，既然可寻性仅仅会出现在系统层面，创造者也会对聚合者产生需求。这也是为什么出版社、制片厂和唱片公司永远不会消失的原因。因为互联网，它们不需要考虑产品的发布，只需要考虑如何引起消费者对产品的关注。在无穷无尽的可能性中，出版社、制片厂和唱片公司寻找着能同受众产生联系的作品，并对其加以培养和改良。而其他中间层面，例如评论，也可以带来关注。受众利用这种多层级的可寻体系在无数的产品中寻找自己的所好。寻找的过程也有利润。多少年来，纸质的《电视指南》杂志比它“指南”的三家美国主要电视台盈利都多。这本杂志指出并告诉观众那一周电视上会有什么好东西。但如果这些值得关注的好东西，对于观众来说都是免费的话，那便毫无价值可言了。毫无疑问，在免费的世界里，除了聚合方面的巨鳄以外，还是会有出版社、制片厂和唱片公司能够通过销售可寻性，连同其他原生特性，得到利润。

满足以上八种特性需要新的技巧。从互联网这个天上的超级复印机的诞生之日起，传统的发行技巧便不再能够在免费的世界中取得成功。围绕着知识产权和版权的法律技能风光不再，屯积居奇的方式也无法满足这个时代。八种原生性所要求的，是对产品丰富背景下共享心态的产生，慷慨赠送作为商业模式，以及挖掘鼠标点击所无法带来的价值的思考。

简单来说，在这个网络经济的时代中，流通的复制品并不会产生金钱。产生金钱的，是用户对产品的关注。而关注也具有特有的规律。

细心的读者会发现，我对广告只字未提。大多数人认为，广告是一种应对免费冲击的解决方案，而且几乎是唯一的解决方案。我在上述提到的方案里，已经包括了部分广告的成分。我认为，广告不过是引起关注的办法之一。从长远来看，广告只是销售免费获取利润的路途中，短短的一段而已。

不过这就是另外一回事了。

在广告空洞的层面之下，八种原生性能够为无处不在的免费复制品带来价值，并使它们拥有值得去广告的地方。原生性适用于所有的数字复制品，但同时也适用于任何一种边际成本趋近于零的复制品。即便是实体行业，也在发现复制成本正在向零靠近。因此总有一天，所有行业都会向数字复制品的销售模式学习。地图刚刚跨过了这个门槛，基因产品则刚刚到达门槛的面前。电子产品和小家电（如手机）正在向销售原生性的方向狂奔。制药业早已经在原生性上赚取利润了，只不过它们不想让人知道而已。现在，制造药片不需要成本。我们购买的是药品的可靠性和即时性。总有一天，我们会为药品的个性化需求花钱的。

保持原生性比大量复制产品要难得多。我们还有很多未知要去探索。如果你有新的领悟，请分享给我。

2008年1月31日

---

① 同中国图书发行习惯不同，欧美国家的图书往往最先发布价格较高的精装版本，等到一段时间后，才会发行价格较便宜的平装版本。

BETTER THAN OWNING
比拥有更好

所有权不像以前那么重要了。

我使用道路，但我并不拥有它。我能直接使用世界上99%的道路和公路（除少数例外），因为它们是公众所有的地方。我们只要支付了地方税，就能够获得街道的使用权。我能想到的几乎任何目的都告诉我，世界上的道路，能够为我所用，就像我拥有了它们一样。甚至比拥有它们还要好，因为我不用承担维护它们的责任。大部分的公共基础设施，都能提供“比拥有更好”的好处。

网络也是一块社会共有利益之地。网络与公共道路不同，它不像前者是由公众所“拥有”，但在公共接入和使用方面，网络确实是某种类型的公众福利。良好的网络服务，能让我感到就像我拥有它一样。只要动动手指，我就可以随时地召唤它。图书馆有着部分这样的特质。书的内容并不是共有的领域，但把内容展示出来的工具——书本，能够让公众获取知识和信息。在某种程度上，这比拥有这些书更好。

在不久的将来，很可能我将不再“拥有”任何音乐、书籍、电影。相反，支付了订阅费或税款，我就能通过在线服务器获取所有的音乐、书籍、电影的直接使用权。我不会买（也就是说下决心去拥有）任何的音乐或书籍，因为只要我提出请求，就能观看、收听所有的作品了。我可以为它们付很多钱，但我不会拥有它们。这个请求能让你享受工作，从而摆脱了更复杂的选择——我是否想“拥有”它。我可以消费电影、音乐、书籍，而无需做出决定或拿到所有权。

对于许多人来说，这种类型的即时普及权限比拥有它更好。没有照料、备份、整理、分类、清洗、存储的责任。一旦这些东西变成公共使用之后，书籍、音乐和电影就将成为社会商品，尽管他们可能不以盈利为目的。但不难想象，大多数其他的无形商品，也将成为社会商品。游戏、教育、卫生信息也在朝这个方向迈进。

随着创作的数字化，他们往往成为了共享的、无主的商品。反过来说，在比特的世界里，创作本身变成了更社会化的努力。物品可能更多在于使用权和控制权，而不是所有权。一个想法不可能像金子一样被拥有，除非这个想法在一定程度上共享或使用，否则将毫无价值。但是，如果没有人拥有它，谁是价值的受益者呢？在新领域里，用户往往会承担许多拥有者应该做的事。所以，在某种程度上，使用权变成了所有权。

根据非物质化的原则，所有商品都将它们的实体数字化了，重量也减轻了。因而所有的物质商品，越来越表现得就好像他们是无形的服务一样。这意味着，木材、钢铁、化工、食品、汽车、飞机航班所有这些，也能遵循无形商品的原则。随着商品变得无形，充满着思维的火花，渗透着比特的力量，他们也将服从物品的新动力。很快一切生产物将有可能成为社会财产。

随着汽车成为更“电子化”或数字化，他们往往会被交换和共享，并以社会化的方法使用。我们越把信息和智慧融入服装中，这些物品越被视为共同财产。我们将分享它们的某一观念（也许这个观念是：它们是用什么做的，它们在哪里，它们引领了什么样的风潮）。这意味着，当分享它们时，我们会联想到自己。

我们的所有权意识是一件有趣的事。如果你购买了一本电子书，把这本书的PDF文件下载到电脑里，你可以说你拥有了它，并期望获得所有权。然而，如果你点开一个链接，一本书的PDF文档就在屏幕上免费自动打开，你也许就不觉得你拥有这本书了，即使它被复制到了磁盘。就使用权而言，拥有文件的副本并不比买下它重要。免费的东西不会让人产生拥有它的感觉，但礼物会。我们认为礼物是“免费的”，而我们的所有权意识与“重置成本”密切相关。这件东西在别的地方买要多少钱，这就是它们的市场价值。如果一个东西在市场上是零成本的，我们往往不觉得自己拥有它。因此，随着越来越多的经济活动是免费的（见本书“技术想要免费”一文），我们越不觉得拥有它们。随着越来越多的商品共享，它们也越不会像是财产。

共享与租用有相当大的不同。我们可以说，目前从社交媒体里涌现出来的共享经济，实际上是一种租赁经济。但是，逻辑上我们并不使用“租”这个字。当我们在付费电视频道上观看电影的时候，我们实际上就是在租，尽管我们不使用这个字。然而，事实上，我们使用电影（电影就是用来看的）却不拥有它，而我们付钱来取得使用权。这就叫租。之所以给人的感觉并不像租，是因为没有明显的物品交换。如果我们观看Netflix上的电影，它给人的感觉更像是租，因为它会邮寄给你一个小磁盘。但是，如果Netflix突然转向提供数字电影下载（他们正在做），我们将仍然可以租用无磁盘的电影。我们通常不对数码产品使用“租”的比喻，主要原因在于我们赞同租用的是具体的某样东西，而不是服务。我们租晚礼服，我们却不租互联网服务。但是，当我们租的时候，整个群体共同分担所有权成本。法律所有权可能与公司租赁联系在一起，但实际的所有权，即使用的所有权，是由商品或服务的群体租赁构成的。

在租赁关系里，承租人享有所有权带来很多好处，但不需要资金或维护费。当然，承租人同时也处于不利地位，因为他们可能无法获得传统所有权的所有好处，比如修改的权利、长期使用权限或价值收益。租赁紧随着财产概念的出现而产生。今天你几乎可以租所有的东西。在美国，女士手袋现在是价值90亿美元的零售行业。顶级名牌手袋可以卖到为500美元或以上。由于手袋往往与服装或季节性潮流相匹配，这些美包一下子都变得很昂贵。随着这些手袋的高昂价格涌现而来的，是一个相当大的手袋租赁行业。在大城市里，人们可以在时尚出租店里来租手袋。任何人都可以前往为数众多的在线手袋租赁网站，并租到一个几乎全新的名贵手袋供自己使用。租金每周30~60美元，根据对手袋的市场需求而异。租赁业务之所以如此兴旺，是因为对于许多使用者来说，这比拥有它更好。手袋可以根据不同的服装来更换，不想保存它了就还回去。对短期使用来说，共享所有权是行得通的。在新世纪，对于我们使用的许多东西，短期使用将会成为常态。

随着越来越多的物品被发明和制造出来，在每天享受它们的总时间仍然固定的情况下，我们对单个物品花费的时间就越来越少。换句话说，我们现代生活的长期趋势是：所有商品和服务将是短期使用。因此，所有商品和服务都有可能被出租、共享和社会共有。

一旦你有了一个时髦的包包，你可能还想要时髦的鞋子、首饰和围巾，所有这一切也都可以租。而且在今天，这已不只是女性的时尚。现在，奢侈品租赁就是一个日益增长的市场。昂贵的男士手表、游艇、精美的瓷器和艺术品，现在都可以被你暂时拥有。较便宜的东西租赁历史更长。仅在美国就有大约12000家租赁公司，提供家具、婴儿床、折叠椅、桌子、施工工具、聚会帐篷、DIY工具以及医疗保健设备的租用。

租赁、许可、订阅，这些都是共享所有权的种类。（一般情况下，我们是短

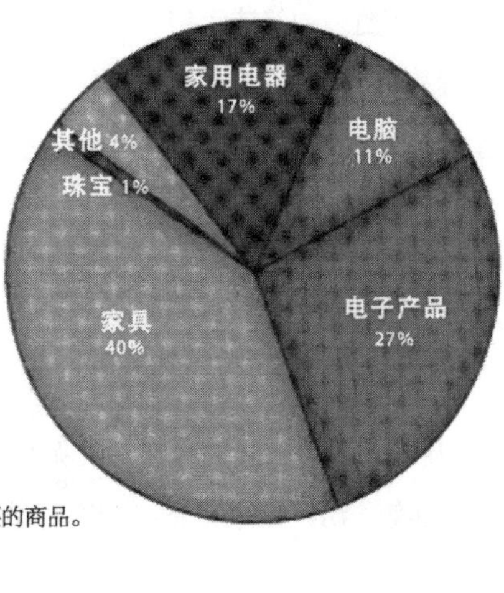

图注：人们先租后买的商品。

期租赁，但也可以建立长期租约；我们可以租一个星期的车，也可以提供两年的租约。）共享经济还有其他的变化类型，比如先租后买，即对商品进行分期付款，一直到钱付够了为止。没有良好信用的低收入家庭，往往就会（以掠夺性贷款利率）先租后买它们原本买不起的家具和电器。技术上来说，抵押贷款就是一种先租后买的协议。在这协议里，所有权在开始分期付款的时候就转让给"承租人"，但由于抵押人享有所有权，所以它并不遵循租赁的模式。

有形实物商品共享所有权的最新类别，叫做部分所有权。这就像分时共享一样，但拥有全部所有权的权力和责任。部分所有权如果安排的好，能让共同所有者坐私人飞机飞往他们选择的目的地并度过若干小时，或能每年驾驶超级汽车5000公里，或在度假别墅住一阵子。有了部分所有权，你也可以共同拥有一支球队、一匹赛马或一个葡萄园。一个推广奢侈品部分所有权的网站这样说："部分所有权和资产共享，能给你一个理想的方式，即通过购买股份或时间，充分利用资产中大部分投资。在数量有限的股东或成员中，所有其他方面也分摊，其中包括利益和成本。"

传统租赁业务的缺点是实物商品的"竞争"属性。竞争意味着这是一个零和游戏，只有一个竞争对手取胜。如果我租用你的船，那其他人就不能租了。如果我租了一个手袋给你，我就不能把相同的手袋租给别人。为了扩展租赁业务，你就必须买更多的船或手袋。但是当然，无形商品和服务并不如此。它们是"非竞争"物品，这意味着你可以和其他人同时租同一部电影。共享无形资产的业务日趋扩大。大规模共享而又不减少个别租户的满意度的能力，就是变革力。使用的总成本急剧下降（由数百万人共享，而不是一个人）。突然，所有权不是那么重要了。当你能从出租、租赁、授权许可和共享里，获得同样效用的时候，为什么还要拥有呢？

但更重要的是，何必要拥有它？如果你拥有即时的、持续的、持久的、完全的使用权，为什么还要为它负责呢？如果你住在世界上最大的出租店里，为什么还要拥有一切？如果你不必拥有就能借用任何需要的东西，你就能用较少的损失获得同样的好处。如果有一个神奇的出租店，其中大部分的工具被存放在“楼下”的虚拟地下室，物品和服务都招之即来。

互联网就是这个神奇的出租店。其虚拟地下室是无限的，它提供了一切所有物的全方位使用权。因此我们拥有乃至占有的理由都越来越少。通过全方位的使用权限，最普通的公民都可以像拥有它一样，随时能得到商品或服务。就商品品质而言，你使用的和拥有的品质是一样的。在某些情况下，它可能比你在自己的“地下室”找还要快。

使用权与所有权、占有权相比，是如此的优越。这将推动新兴的无形经济的发展。从所有权到全方位使用权的转换，其主要障碍是修改和控制的问题。在传统的财产制度里，只有所有者有权修改或控制财产的使用。在出租、租赁或许可协议里，修改权并没有转让。但它们被转移到了开源内容和工具上，这是这个新制度里修改权的巨大吸引力之一。改善、个性化、调适共享资源的能力与权力，将成为推动全方位使用权的一个关键因素。可是随着修改的能力在传统的所有权模式里的严格控制（想想那些愚蠢的单据），所有权已经退化了。

但这种趋势是明晰的：使用胜过拥有。使用比拥有更好。

2009年1月21日

TECHNOLOGY WANTS TO BE FREE
技术想要免费

在2007年2月TED大会的空隙，我和《连线》的现任主编克里斯·安德森[①]聊了会儿他的新书，叫做《免费》。差不多10年前，我在拙作《新经济的新规则》(*New Rules for the New Economy*)中写过一章关于免费和富足经济作用的文字。我给那一章起名叫做《跟随免费》。在我写过的所有文章里，没有任何一篇会比这短短的几段文字更容易让人误解。从那以后，这样的问题一直伴随着我："您说我们应当拥抱免费。但怎么可能让所有的东西都免费？"

实际上，免费的概念很好理解。因此我要为克里斯在整本书中，为解开免费谜团的句句妙言击节喝彩。关于免费我们有太多要谈，即便如此，我们也不过刚刚开始理解免费意味着什么。我本以为我在10年前就结束了这个课题。然而，在这10年中不断涌现的问题，连同持续的社会进化，以及新的社会动态和新的技术突破，还有其他更深入的研究结合在一起，使我产生了新的想法，特别是我对免费已经在技术当中根深蒂固的论断。在TED的大厅里，我和克里斯一道分享了这些不成熟的想法。在大会结束后我发现，技术和免费之间的联系比我想象的更为深远。现在，我的结论可以用一句话概括：技术想要免费。

让我说得更具体一些：随着时间的流逝，函数中特定技术消耗的成本将会下降。如果这个函数持续得足够长，那么技术所消耗的成本就无限趋近于零。在相当长的一段时间后，任何一种技术费用的函数都会以接近于免费的方式继续下去。

这一点似乎在我们创造的所有东西上都能适用——比方说食品和原材料这类必需品，或者更为复杂的机械，甚至服务这种无形的产品。上述这些产品的平均成本已经随着时间出现了下降，特别是在工业革命之后。根据2002年国际货币基金组织发布的一份报告（名为《商品价格的长期行为》（*The Long-Run Behavior of Commodity Prices*）），"在过去140年中，商品价格已经出现了每年下降1%的趋势。"在一个半世纪的时间里面，价格已经向零前进了。

我们仅仅来举一个例子：铜价的下跌。按时间划分来看，铜价的曲线图是

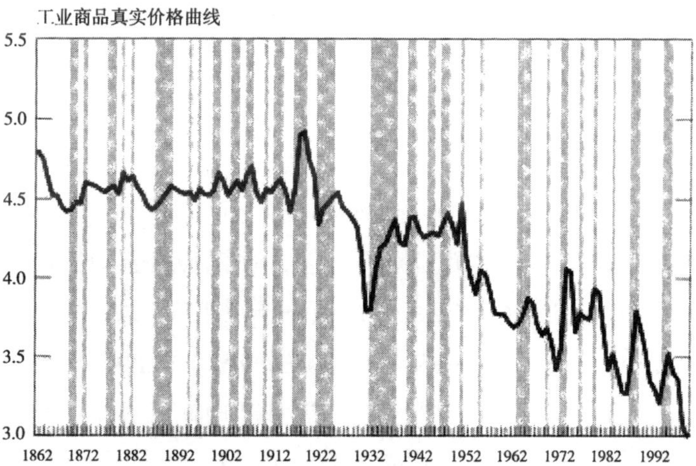

图注：1862—1999年工业商品的真实价格。（数据来源：Cashin and McDermott）

向免费靠近的（下图中浅色的曲线是铜价的真实价格）。虽然曲线本身遵循着一定的数学规律，但是还是在向零趋近。假设技术费用函数保持不变，其价格便永远不会接近到绝对免费的极限，而是逐渐地向极限无限接近。这种向极限接近，但并不与极限相交的图形叫做渐近线。在这里，价格并不为零，但实际效果等同于零。通俗地说，这种情况被称作"便宜到可忽略不计（too cheap to meter)”——即价格太过接近于零，无法计量。

有怀疑者就要问了：“如果所有东西的归宿是免费的话，为什么我还要花钱

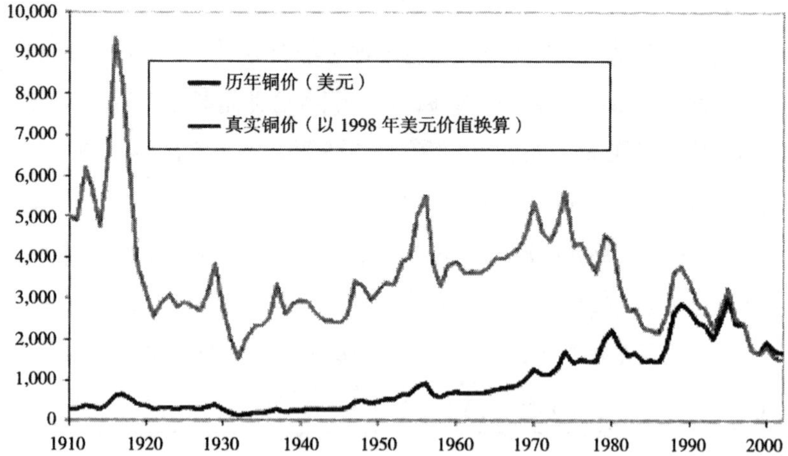

买电脑？”

所以我还要加上几点说明。首先要留意的一点，是价格在一段时间里，特别是大段时间里，要去除通货膨胀或通货紧缩的影响。在通货膨胀作用下，所有商品价格都以每年4%速度上涨的年份里，如果某种物品的价格以每年3%的速度向免费靠近，那么这种商品的价格便在一年中上涨了1%。这是没法从美元价格上看出来的。因此，我们每年都要调整美元数量，拨正通货膨胀及其他货币价值本身变化所带来的偏差。在经济中，这种调整的表现通常是计算相关年份中的通胀调整价格。这就好比是将旧的物价换算成外汇，然后再按当前汇率重新换算回美元。重新计算后的出的价格被称作定值美元。理论上讲，此时的价格能够反映出“真实价格”。当然，我们在日常生活里是和现值美元打交道，因此在许多情况中，价格向免费跌落速度会慢到无法察觉。

更重要的一点，是函数中的特定单位要保持不变。相对来说，考察一吨铜在一段时间中的真实价格比较容易，因为50年前的一吨铜和今天的一吨铜几乎没有什么变化。相同单位下铜金属的需求可能会有所增加，也可能有所减少。但考

察铜价的函数是不变的。铜的真实价格也便随着函数向免费趋近了。

但是，物品价格的函数在不同时间有所不同。即便是物价看上去更为稳定的商品，函数也会随时间出现改变。铜和其他金属的成色已经开始增加，食品的营养水平也开始升高。50年前的商品质量放在今天肯定无法令人接受。而消费品的进化更具革命性。今天我们使用的笔记本电脑看上去或许同几年前的别无二致，但其实不是。我们虽然把它们称作笔记本电脑，但今天这台已经完全演化成为了新的科技物种。由于商品在名称不变的前提下，性质发生了转变，我们也就无从考察它们在一段时间中的价格变化了。如果我们想要考察3年前的笔记本的真实价格，最好的办法可能是去eBay上寻找相同型号的二手机器价格。在考虑进二手产品的折旧率之后，我们便会很清楚地得出，如果今天购买那一代电脑的全新产品，需要准备多少金钱。同时，比较的结果也很明显——电脑价格在向免费的方向跌落，而且速度飞快。

加州大学伯克利分校的经济学家布拉德·德隆（Brad Delong）曾经研究过物品效用的长期转变。他写道：

> "今日城市中食品原材料的批发价格占消费支出的4%，在一个世纪之前占20%。"

所以猛一看，"食品"特定单位的真实价格一跌再跌。但是他补充了一句：

> "然而，食品消费在家庭支出中所占份额却萎缩了20%，而不是50%。"

这说明什么？老生常谈：即便是食品这样简单的东西也会拥有我们无法感知到的附加值。

> "不同的是，我们今天家务中的许多准备工作都是在外完成：混合，粉碎，预制，组合，冷冻和加工，这些都使做饭在今天比一个世纪以前省去了不少时间。我们今天的食品账单上的数字看来如此庞大，因为我们把饭菜的制作过程也算作一个很大比例的市场开支。一个世纪以前，这个过程大部分都是隐藏在家庭中，从未在市场里流通过。在很大的程度上，今天的美国人就像当年富裕的英国贵族那样食不厌精。只不过今天，上个世纪家庭厨师干的活计搬到了纳贝斯克（Nabisco）这样的公司里，而且用的还是专门的资本和密集的机器生产工序。"

换言之，任何一种容易定义的服务或产品就可以成其为一种商品，而且在价格上趋于免费。一种商品的定义，部分基于它和别的商品共有的基本属性，部分基于其使用价值。简单或复杂并不是用来定义商品的必要条件。如果它的效用函数只由使用价值来决定，它的价格将会是零。一个一分钟的语音电话是一种极为复杂、揉合了多种技术在内的商品，但它的使用价值是固定的（一分钟音质不错的通话），所以它很快会趋于免费。

不固定的，而且不免费的是什么？是电信服务。消费者和生产商希望提高语音质量，增添附加功能（呼叫转移），甚至实现那些从未设想过的电话功能。因此，即便作为商品的一分钟简单通话是免费的，你的电话费用还是会继续上涨。随着时间的推移，每一种成功的奢侈品都是自身的使用价值，以及搭载上的其他事物定义从而形成的。当这些定义完成之后，商品也便成为了商品。

就在几年前，GPS还是一种新的奢侈品，非常昂贵。当其技术标准延伸到将地图服务和手持设备领域之后，它就变成了一种必要的基础服务载体，成为免费的商品了。但在GPS趋于免费的同时，上百种基于定位功能的附加功能会被开发出来，从而使更多的人为定位服务支付比现在更高的费用。“我在哪里”这样的信息将会免费，而且无处不在，但新的服务在一开始都是昂贵的。

这种情形在许多人眼里都不激进，因为它没有超过基础经济学的范畴。但当你指出我们制造的一切东西，无论精神上的还是物质上的，无论飞机还是摩天大楼，都有可能迅速转变成为商品的时候，疑惑就来了。

大约在1998年，我那篇《新经济的新规则》文章发表在《连线》上不久，我被阿姆斯特丹的荷兰皇家航空公司（KLM）邀请去做一次演讲。我猜可能是KLM的某个中层管理人员看到了我的文章，认为他的同事们应该听听完整版。我不确定我该给一个老牌的欧洲航空公司说什么，但是阿姆斯特丹方面把演讲安排得很顺利，所以我接受了。我的发言是在晚饭后。我花了很多时间解释无形的经济中新的“免费”的因素。比方说从我自己书中引用的一段：

> 听起来也许有些疯狂，在未来（至少在很短的一段时间内），我们所制造的一切

几乎都将免费：冰箱、滑雪板、激光投影机、服装等。实现的前提，是这些东西融合在网络节点中，作为网络服务的载体。

随后，我习惯性地用一段预测结束了发言。我当时思考的，是一种对KLM探索免费，非常有效的模式。试想，当你把机票价格定成免费时会是什么样子？我当时说道。如果乘坐某次特定的航班是免费的，或者接近免费，或者“看起来”是免费的，消费者就会为那次航班上的飞行餐、行李架、电影、燃油税、甚至机票预订等等所有的东西掏钱。一个人，哪怕他不订票，不带行李，不吃饭，不打电话，也还是得为燃油税和机场建设费用掏钱。不过，每英里的运输费用还是会向免费下滑。我解释说。人们应该习惯这种观念。即便你觉得它太过荒谬，你也需要考虑考虑，因为你的竞争对手没准会觉得这是一步好棋。

在得到一些礼貌性的掌声之后，一位白发苍苍的先生走过来，把胳膊搭在我的肩上介绍自己。他是个挺有权势的人，在开口前，就散发出了迷人的魅力和说服力。他是KLM的CEO，也没准是主席或者大老板什么的。这个我记不太清了。我记得他以荷兰人特有的严肃方式冲我小声说道：“年轻人，那是我这辈子听到的最荒唐的话了。”我顿时无语。我可没有大放厥词，但没准我的想象力走得有点太远了。我的意思是，我的想法听上去确实有些极端，而且我也没有任何证据来证明这种想法是对的。没准是我住在加州太长时间了，得多往国外跑跑。我尽可能礼貌地对他的诚恳表示感谢，然后收拾收拾东西就离开了。

但是，这种遭遇并没有改变我探寻免费极限的习惯。不久后，我给一些汽车业的人士做了演讲。如今，汽车成本大部分集中在硅电子零件，电脑芯片，以及组装工作上，而不是实际制作车身所需要的钢和橡胶材料。这使得汽车基本上就是“带轮子的电脑”。汽车和飞机都同电子产品一样，趋向于免费。想象一下，我说道，假如你作出让步，免费送给顾客一辆没有装饰的简陋汽车，那顾客自然乐意从制造商那里购买燃料、保险、保养和维护服务，以及附件、升级、导航、卫星广播等等更高一层的服务来让汽车保持运转。这就有点像签了五年合同的免费手机。只不过你得到的是一辆签了五年合同的免费汽车而已。当然，汽车不可能都免费，但至少会有第一个吃螃蟹的，而这就会对所有汽车制造商的竞争格局重新洗牌。演讲过后，没有人对我说我的想法很可笑，但也没有人说我的预测是必然实现的。

就在几个星期前，一个硅谷企业家宣布，他已经获得了制造电动汽车的资金。凡是从他公司购买电力的顾客，都可以免费得到一辆。这下我们就能看看把免费运作起来会是什么效果了。不过我们都已经知道，免费在航空业中会发挥怎样的作用。在KLM演讲几年之后，瑞安航空就在欧洲掀起了一场风暴。公司用36美元的低票价策略，将欧洲内部航班价格降到了“几乎”免费的程度。旅客需要支付的，仅仅是机场税费。实际上，往返偏远机场的车费往往高于国际航班的机票价格，许多旅客对此抱怨有加。在KLM这种国有航空公司垄断航空市场的情况下，两位数价格的机票已经“等同于”免费。瑞安航空成立于1985年，但公司在90年代末才演变成为行业里的搅局者。受西南航空的启发，加上欧洲航空业监管的放松，瑞安航空将自己重新定义成了廉价的航空巴士。2000年，它将订票系统搬到了网上，让旅客跳过了从旅行社订票的手续，节省了时间，直接吸引了年轻旅客的市场，从而迎来了井喷似的发展（现在看来，必须通过旅行社才能买到飞机票是多么不可思议）。瑞安航空抓住了“免费”的办法。首先，它将顾客转变成了不用付钱的旅行社，然后在机票当中仅仅包含了最基本的座椅费用，进而对其他服务收费。免费的是旅客手中的机票，但并不是所有的东西都免费。其中一个例子，就是2006年，瑞安航空开始对行李托运收费。结果怎样？在过去十年中，瑞安的客流量、飞行里程和航班次数每年以25%的速度增长。而KLM呢？早被法国航空收购了。

我们也应当看到，就在瑞安航空以将近免费的机票蒸蒸日上的同时，价格昂贵的公务飞机出租业务也在飞速发展。在支付数倍商务舱机票价格的金钱之后（花费相当于每年10万美元），你就可以租到一架可以随时调配的小型喷气机飞去相同的目的地。私人飞机旅行是当前航空业中的热点。免费在扩张，高端也在紧步跟上。

这一点十分重要。一架航班、一部手机、一辆车，所能够提供的服务远不止一种。汽车和飞机的移动性不过是一件商品而已。汽车可以把你从甲地带去乙地，但它同时还是一个机动灵活的私人空间，也是一间移动的办公室，还是一个娱乐中心，它甚至能够彰显车主的品味，带来设计的乐趣。消费者自己可以在哪些特性需要花钱，哪些特性必须免费之间作出平衡。比方说，你可以免费得到一辆带着你到处跑的汽车，但没准要为车里的音响和导航系统花钱。或者说，你买的是汽车，而音响和导航系统是免费的。这跟机票免费，托运收费；或者机票收费，托运免费的情况又有什么区别呢？正是这些选择才令消费者成为了上帝，因为他们挑选的，是自己想要免费的那部分。

同样的免费选择应该也会在手机和其他电子产品中出现。你可以免费得到一台手机，然后为通话时间付钱。或者有一天，我们还可以花大价钱买一部奢侈品回来，而打电话则是全免费的。当然，手机和通话也可以免费，但手机上的社交功能和定位功能却会价格不菲。

几乎所有的产品和服务都可以拆分成为各种功能的组合。在这些组合中，一部分功能是免费的，而另外一部分功能则标以高价，这在在我们的生活当中屡见不鲜，例如剃须刀架和剃须刀片，打印机和墨盒，银行和支票户头等等。不过，网络经济的前景，是免费选择能在现在（或者不久后的将来）出现在食品、服装、医药、住房、运输以及媒体等等我们能够想象到的各种领域当中。即便是太空旅行、医疗保健和房地产这些“不可能免费”的领域，也都会采取免费选择的。我敢打赌，向太空轨道发射每公斤物品的花费最终也会变得和零差不多。我也确定，特定计量下药品的价格会向免费前进（不过你要为自己的DNA分析买单）。最后，即便是租房市场，也会运用其免费选择的。

但是，在我们憧憬免费选择能够应用到所有行业、所有产品和服务当中的同时，也要做好功能上附加的价格通常会十分昂贵的心理准备。假如有一天冰箱免费了，那么冰箱调温功能（或者购买食品、预付电费、显示储藏食品名单等功能）的价钱自然就不会为零。我觉得这是免费选择中的不确定原则。如果你将某方面定成了免费，那么其他几个方面就不会是免费的。换句话说，只能有一种功能免费。

进一步说，免费选择是普遍存在于商品中的，它是面向消费者的选择。并不是说免费选择现在到处都是，只是有些公司迟早会将免费选择应用到产品的各种功能上去的。

那么，谷歌呢？它们的免费产品一个又一个。免费邮箱、免费日历、免费文档、免费设计工具、免费地图、当然还有免费搜索。它打破了免费选择的不确定原理？其实，这些产品都具有灵活的免费选择。谷歌与所有的生产者一样，能在这些产品上抓住相同的机遇。他们提供免费的商品，但对高级服务收费。搜索是免费的，但针对企业的自定义搜索是收费的。或者，他们把自己用户的身份从使用者转变成为了广告客户。在谷歌眼中，搜索的主要用户是广告公司，他们正是谷歌收入的来源。另外，他们还开发出桌面搜索之类的附加功能和服务用于出售。总而言之，谷歌的服务和产品迟早也会成为商品。过了一段时间，最终也成为商品。

免费选择在过去比较罕见，但现在因为网络的驱动无处不在。在上个世纪，免费选择运用的环境并不常见，而且比较特殊，因此经常不会得到重视。免费选择使网络的能量在一夜之间爆发，让网络的价值呈指数级增长。这种增长在图表上看几乎是趋向无限的。大量人数的参与更加迅速、顺利地实现了商品化。事实上，趋于免费的曲线和无限增长的指数曲线基本上是上不同的坐标上的相同的线条。这种一致催生了网络经济繁荣期的一个笑话：“新经济中两个最重要的数字是零和无穷大”——免费、无极限的增长。这其中不乏真理。

如果技术想要免费，驱动力又来自哪里？我认为是附着在商品上，借助网络传播的技术元素。传统的经济学宣讲道，每一个生产者都试图实现价格的最大化，但却又要为了应对竞争环境，将“最大化最小化”。竞争越“完美”，降低价格的动力越强。过去20年中的重大发明极大地改善了通信条件和市场机制，进一步“完美”了市场。便捷的互换交易、普遍的小额买卖、可搜索的折扣信息、价格聚合、外包交换中心、实时报价、畅通的即时通信——所有这些创新，顺着生产线清理了系统中的冗杂，推动了价格的必然下降。在这个“平”的世界里没有原发的对“免费”的阻力。

此外，这个通信网络也使知识得到了飞速传播。一条如何提高效率的消息几乎用不了多长时间就能从创新理论转变成技术元素。在线专利、反向工程技术、以及工人中间的流动性，都有助于交流学习。而且，鼓励合作与协作的新技术也为快速创新和创新实践提供了更有利的条件。而对创新的快速实践，又为降低价格带来了更有竞争性的压力，从而使后者的影响更为深远，普及更为迅速。最后，那些灵活机动，能够迅速吸引成员加入的网络又会对成品市场产生推动。产品生产、消费得越多，提高效率、降低价格的学习周期就越短。**完善的市场竞争、价格的透明程度、创新的共享机制、协同创作体系和迅速扩张的市场正是推动技术不断向免费前进的五个因素。**

通往免费的道路上压力不断，可是，在技术的内部，有没有什么东西可以暗示出技术实际上是可以趋近免费的？

很多人都有一个心照不宣的假设：昂贵是任何被创造之事物的自然属性。他们深信，技术生来就是高贵的、昂贵的，只有经过无情的、繁重的劳动，才能使东西廉价。实际上，根据这个观点，除了天赋和汗水之外，万物都是昂贵的，并且应该一直这样。这种昂贵和稀少的自然水平，只有通过恒定的能量、良好的立法、对技术的警觉，才能够降下来；否则，商品的价格会回到自己那高昂的自然水平。上帝禁止天灾人祸对系统的破坏．会让价格恢复到他们实际上无法企及的水平。

拿我们的身体来做个类比，就可以更直观地理解了。没有源源不断的食物和合理的保养，我们的身体将变得孱弱不堪，饱受疾病打击，然后死去。我们的身体由各种组织构成，从积极的方面来看，死亡是我们身体的一种自然状态。和所有复杂事物一样，如果放任不管，身体将逐渐走向熵增，变得紊乱，然后消失。要想使得身体生龙活虎，就离不开源源不断的激发体力的能量、食物、护理、维修以及关照。

话虽如此，但别忘了，健康也是我们身体的一种自然状态。我们复杂的身体系统可以抵抗疾病，逃离死亡，保持持续的健康。我们身体的诸多复杂系统——淋巴系统、神经系统、肠胃系统、骨骼系统、心脏系统、脑部系统，齐心协力使我们处于自我维持状态，远离熵的无序状态。大部分的时候，这种自我维持健康的状态更接近自然，或者，至少和死亡的状态一样自然。实际上，这正是活体这样的“外熵”系统的一个标志，整个系统的设计可以令活体尽可能地处于这种自我维持状态。从最真实的层面上来看，我们的归宿是健康，而不是死亡。

技术亦然。被创造的事物，喜欢的不是高价的熵体制，而是免费的“外熵”王国。永远昂贵而匮乏，是违反自然、不可持续的。反之，免费而富足，是被创造之万物的理想归宿。技术元素合力引导产品走向免费，以发挥它们的最大优势。技术的归宿，是免费，而非高价。

技术走向这条道路，是因为免费身上所具有的自我加强、自我创造的特性。我的亲身经历就可以很好地解释这种力量。25年前，搜索是非常昂贵的。在线搜索被公司垄断，他们的费用可以高达上百美元。1981年，我报名参加了一个短期培训，学习如何在线搜索。搜索费用太贵了，你不得不在登录之前，把搜索计划巨细到每一分钟要搜什么。和绝大部分搜索者一样，后来我发现，在搜索时，时钟每过一分钟就流失几美元，非常折磨人的神经，会让人神经衰弱。因为费用太高，你没法把时间花无聊的问题上，比如搜索自己的名字，搜索自己的老同学。搜索很纠结，只限于图书馆似的查询。你无法搜索来做任何事，因为你每搜索一次都要扣掉你很多钞票。

和今天对比，如今的搜索成本可以说几乎为零。我们不仅可以利用搜寻引擎寻找一切，免费而多样的搜索功能还是发布基于内容的广告、标记的地图、寻找实用购物信息的工具，它是其他便于消费者服务的基础，更让无数企业收益，甚至成为了整个行业创新的动力。免费让搜索获得解放。由于成本更低，技术更先进，搜索的更多潜力被发掘出来。随着搜索趋于免费，它也呈现了更多的方式，这些方式是它在昂贵的时候无法应用的。如今免费了，它在技术生态学中变得更加不可或缺，也成为其他技术诞生的动因，并推动着其他技术趋于免费。这是一种良性循环，免费技术让更多的技术免费，是一个自我维持、自我创造的循环。

乔治·吉尔德（George Gilder）曾指出，在技术的简化中，有一个自我强化的正反馈回路。越小的芯片运行时温度越低，这使他们能够运行得更快，又使他们的运行温度更低，于是他们变得更小，如此循环。技术的免费化也有一个类似的自我强化正反馈回路。浪费和实验只发生在几乎免费的产品身上，产品才因此得以改进，进而增加利润并降低价格，这又产生更多新的改进机会，带来进一步创新，如此循环。这些循环相互作用，让技术和产品相互影响，让整个技术生态学迸发出不可阻挡的势头，趋向免费、趋向新的创造力可能性。

免费技术有一点比较奇怪：价格部分上的免费实际上是一种干扰。正如我在其他地方论述过的一样，（见我2002年发表在《纽约时报杂志》上关于未来音乐的文章），不花钱只是“免费音乐”具有极大吸引力的一部分。它和其他免费（free）的东西真正重要意义在于free这个英文单词的第二层含义：自由。免费音乐，或者自由音乐，优于盗版的地方在于，免费而又自由地下载电子音乐赋予了音乐爱好者自由，让它们可以去完成夙愿，做一些与音乐相关的事情。这些事情在音乐变得如此自由之前，他们是无法做到的。数字音乐变得自由，意味着人们可以从专辑里将音乐拆分出来，再用他们制作小样、创建自定义播放列表、嵌入博客，人们也可以将音乐分享给好友、配上封面，甚至通过扭曲、拆分、移动、压缩、改写等等方法重新创作。"自由化"使音乐变得以传播，可以与其它的媒体进行互动。在这种自由的背景下，对其免费的合法性质疑是次要的。音乐已经得到了自由，几乎成为一个新的媒体，这才是最重要的。

技术想要免费（这里指的是价格上的免费）因为它在变得免费的时候，还可以提升自由度。技术所蕴含的天才、能力、好处，只有在近乎免费的时候，方能得到释放。对免费的追求，可以去除施加在技术元素各个门类身上的枷锁；使其极尽所能地与其他技术门类相互作用；杂交出新的工具，加强工具的生态特征；给使用者更多的选择和自由。 当一种技术越来越充裕，越来越廉价，它很容易找到自己的小众市场（利基）以存在下去，并以商品的形式对其他技术进行支持。技术走向免费的同时，也会释放自身存有的最后两样东西：选择与可能性。

2008年11月14日

---

① 克里斯·安德森（Chris Anderson）：自2001年起担任美国《连线》（Wired）杂志总编辑，著有《长尾理论》、《免费：商业的未来》等作品。

THE SATISFACTION PARADOX
满意悖论

如果周围的一切全是你想要的东西，而且有很多很多，它们100%全都是你所喜欢的东西，你会怎么做选择？

如果所有优秀的电影、书籍、歌曲都能轻易“免费”获取，过滤器和朋友为你清除了各种垃圾以及任何可能让你厌烦的东西。你唯一的选择就是在好东西里面挑出最好的——最好的朋友会推荐给你的东西。那你接下来会看什么电影，读什么书，听什么音乐呢？

如果你生活在一个奇妙的世界，你看过的作品，包括那些随机碰上的，都是自己绝对喜爱的。换言之，你只会接触到完全符合自己要求的事物。但问题是，在这样一个世界，里面的东西你几辈子也看不完，你会如何选择？或者你是否会做出选择？

从理论上来说，你不会去选择，因为选不选都一样，并不重要。就把它留给缘分吧，因为每一个选项都很好。如果你的过滤或推荐系统真的有用，那么你从中获得的任何东西都应该令自己满意。

这其中的矛盾在于，如果没有选择，可能就不会满足！

我们可能需要做出选择才能感到满足，即便自己的选择所带来的体验并不令人满意。但是，选择的满意度当然低于最佳满意度。因此，这就可能造成一种心理困境或矛盾，即终极满意的世界最终可能令人不满足。

这是面对富足而非稀缺时所产生的心理问题。这和选择悖论并不完全相同。选择悖论是指太多选择会让人无所适从；比如在超市里有57种不同的芥末酱可供选择，但结果往往是哪一种都不买。

满意悖论则是说，如果用以增加选择满意度的工具——过滤器和推荐系统——减少了我们选择的力量和意义，那就可能让人感到不满足。换句话说：没有哪一种系统能让人绝对满意。

目前这只是理论上的猜测，因为即便是现有的最好的过滤器和推荐引擎，也远远不能向用户提供完全符合需求的内容。我仍然会碰到大量很烂的内容，许多一般般的东西，以及非常多还算过得去的内容。但是技术在进步。

然而，这一悖论的主要动因并非我们用以过滤噪音的工具，而是优质内容的指数增长。新的工具使得创作一本书、谱写一首歌、制作一段视频和设计一款游戏变得越来越容易。这些作品总数的增长速度比人类注意力的增长快得多，即便在极端的帕雷托法则[①]下，优秀作品比例虽小，但数量仍然太多。

举例来说，如果经由过滤器筛选以后，我发现100万份艺术作品或发明中，仅有一个能够令我满意（这个比例已经非常苛刻了），而60亿成年人每人每年都会创造出一份新的作品，这也就是说，每天会产生18个令我疯狂喜爱的作品或发明。优秀的东西太多，我无法消化。而且实际上，在某些形式的创作和发明中，满意作品的比例可能更高。

假设从古至今共有2000部影院电影、500部纪录片、200个电视节目、100000首歌曲和10000本书会十分符合我的喜好。即使我什么都不干，专门看听读，也没有足够多的时间来消化它们。但是，如果筛选和推荐工具能够只把这些作品呈现给我们，让我们选择，那么怎样从这些已经筛选过的作品中再做选择呢？

虽然我们现在离全球所有成年人能进行艺术作品分享和创新这种情景或许

还很遥远，但我们已经可以看到，丰富的优秀作品在堆积。在去其糟粕之后，Netflix上一键就能看的好电影还是多到我有生之年都无法穷尽。那我要看什么呢？ Spotify 和其他在线音乐服务商推荐了大量能令我飘飘欲仙的美妙音乐，即便我无时无刻、随时随地都在听，这辈子也听不完。那么我接下来听什么呢？谷歌只要1/8秒就能搜出所有已出版的书，协同过滤、朋友推荐以及更好的亚马逊引擎，将会筛选出对我来说最好的10000本书。那我该读哪一本呢？

我认为，这个问题的答案便是亚马逊这类公司今后的卖点。用户只需付订阅费，就能订阅亚马逊上的内容，并以指定的价格阅读世界上所有的书；你想读的书基本就等同于免费了，因为你不用再额外付费购买。电影销售（Netflix），或音乐服务提供商（iTunes，Spotify或Rhapsody）也是一样。你不必购买单个作品。

相反，你需要为亚马逊、Netflix、Spotify或谷歌的推荐服务付费，它们会建议你接下来应该关注什么作品。亚马逊不再卖书，书已经接近免费；它将开始卖推荐——你该读什么。你得付费才能进入它们的推荐系统，阅读、观看或收听“免费”的作品，这些作品在其他地方也能找到。假设这些服务商的推荐系统，通过更多协作和分享而不断改进升级，那么它们的推荐将比单本书更有价值。你不用付费买电影，而是购买便宜的使用权和个性化推荐服务。

新的稀缺品不是创意产品，而是满足感。且由于满意悖论，很少人会感到满足。

2011年3月30日

---

① 帕雷托法则（Pareto’s Law），又称80/20法则，即在众多现象中，80%的结果取决于20%的原因；由意大利经济学家维弗雷多·帕雷托（Vilfredo Federico Damaso Pareto）提出。

WHAT BOOKS WILL BECOME
书籍的未来

一本书承载着一个独立的故事、论述或知识，读完一本书需要的时间超过一小时。一本书是完整的，因为它有自己的开头、发展和结尾。

过去，只要是有封面封底的东西，都被定义为书。电话号码簿（telephone-book）被称作书，即使它根本没有逻辑的开头、发展和结尾。一堆白纸装订成的素描簿（sketchbook），里面空空如也，但它确实有封面和封底，因此也被叫作书。

现在，书本的纸页正在消失。而书的概念结构仍在，即由同一个主题贯穿一堆文本所形成的体验，这种体验需要时间来消化完成。

由于书籍的传统外壳正在消失，因此，想知道书籍的组织结构是否过时，这也很合理。书的无形结构框架是否比现存的许多其他文本形式更具优势呢？

现在，人们可以花几个小时在网上阅读写得很好的故事和报道并进行思考，而不会碰上任何书本气的东西。读者获得的都是文字的碎片、脉络和片段。这就是网络的巨大吸引力：各种各样的东西松散地结合在一起。

网上也有书，有很多书。1994年，我在网上发布了一本书的全本，这是最早录入网络的已出版书籍之一。但由于这些文字和章节之间并无边界，阅读的时候，书本内容往往会消失在文字的一团乱麻之中，毫无区别。不加控制的话，读者往往会开小差，游移在中心叙事或论述之外。注意力转移的速度产生出一种将读者拖离书本的离心力。

独立的阅读设备似乎能解决这个问题。目前，我们已经有了平板电脑和手持设备。手持设备最出人意料。一直以来，专家们都认为，没有人愿意在几英寸宽的小小发光屏幕上读书，但是他们错了，错得非常离谱。许多人很喜欢在自己的智能手机上读书。事实上，我们尚未了解人们到底能接受多小的读书屏幕。有一种阅读实验类型，叫做快速序列视觉呈现，实验所使用的屏幕只有一个字（或单词）那么宽。参加实验者的眼睛保持静止，盯住屏幕上显示的那个字，其他都不变，唯有这个字不停地被新出现的字替换。这样，参加实验者的眼睛阅读的实际是很多字组成的序列，而不是一长段句子。从这种实验看来，屏幕无需特别大。

另一些新的屏幕也逐渐成为书的载体。反光电子墨水正推翻旧的出版界。通俗来说，采用电子墨水技术的屏幕就像一张白纸，反射周围的环境光，而纸上显示着可以更换的深色文本。对于普通人眼来说，电子墨水“纸”（实际上是一块塑料板）上的文本，与实际纸张上传统墨水的文本一样清晰可读。第一代黑白电子墨水技术，让Kindle一下子非常畅销。

在Kindle的例子中，“书”是一个平板，只有一页。“翻页”则依靠平板上的按钮来完成，一页褪去，另一页浮现。采用电子纸的电子书有一个主要特点，即读者可以自行调整文本字体。想让字体更大些？只需稍稍设置，整本书就变成了你想要的样子。

电子墨水书页可以和纸质书一般大小，也可以更大一些；Kindle已经推出了两种不同尺寸的阅读器。随着使用习惯慢慢固定下来，电子书上可能会附加建议：“本书最好在3号大小的平板上阅读。”而你可能拥有不止一个3号尺寸的阅读器。你最喜欢的阅读器可能套着用旧了的皮套，贴合你的手掌。像《连线》这样具有艺术质感的杂志，或许需要很大的阅读器。可能只会安装在茶几上。

不过，电子书阅读器没必要必须做成平板。电子墨水纸终将批量生产，价格便宜，且能够弯曲。一百页左右这样的电子墨水纸能够装订成册，加上书脊，用漂亮的封面和封底包装起来。这样，电子书看起来就跟纸质书差不多了。读者能够真正的翻页，立体地阅读这本书，想要寻找某个信息的时候，可以猜测它在那一页然后翻过去。想要换书的时候，只需轻按书脊，同样的书页就显示出另一本书作。立体书能给人带来感官上的享受，因此，购买一本非常好的立体电子书——拥有最光滑最薄的书页，或许是件非常值得的事。

就个人而言，我喜欢更大的书页。我希望电子书阅读器能够像纸一样折叠，展开后和现在的报纸一样大，或许也和报纸一样有很多版。我不介意读完以后花上几分钟把它折叠成口袋大小。我喜欢在同一张报纸上扫视多个长专栏，在不同新闻之间来回切换。麻省理工学院媒体实验室和其他研究实验室正在实验一种电子书的样机，用一个口袋设备发出激光，在附近一个平面上投映出一本书；这

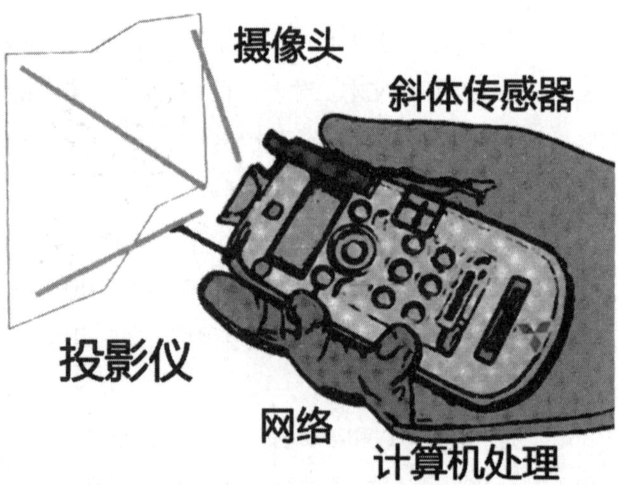

样，身边任何平面都能成为屏幕或书页。

与此同时，我们所阅读的屏幕也能反过来“阅读”我们。平板内置的“眼睛”，也就是摄像头，能够清晰识别你的脸，并解读你的表情。人脸追踪软件样机已经能够分辨人的心情，能够识别你是否有在注意，更重要的是辨别你的注意

力集中于屏幕的哪个地方。它能够识别出一段文字是让你感到困惑、高兴还是无聊。这意味着，文本能够根据读者的感知情况进行调整。它或许会扩展出更多细节，或在快速阅读中收缩，在你感到费解时变换所使用的词汇，或者以一百种可能的方式来作出反应。很多实验都在研究自适应文本——根据你阅读的情况，呈现出不同的人物和情节摘要。

这种灵活的自适应文本让人想起了交叉故事的梦想——一本书能有多重结局或不同的故事情节，人们对此盼望已久，却仍未实现。以前人们曾尝试超文学①的形式，但这在读者市场遭到了令人沮丧的失败。读者似乎没有兴趣来决定情节怎么发展；他们想要作者来决定。但近年来，这种让一个复杂的故事有多种发展方向和结局的做法，在电子游戏领域非常成功。而且许多游戏中都有大量阅读需要。游戏行业让玩家推动故事发展并能控制故事的复杂性，其中一些开拓性技巧也可以移植到书籍行业。

尤其是带有移动图像的书籍，这类书目前还没有名称。包含许多静止图片的书被叫做图画书、咖啡桌读物② 或艺术类书籍。但是，电子书中的图片没有理由也必须是静态的，会动的图片也不一定就必须是电影。在屏幕上，我们能将文本和动态图像相结合，互为体现。文本可以出现在动态图像里面，动态图像也可以穿插在文字中间。《纽约时报》和《华盛顿邮报》的一些互动图表，最接近于上面所想象的图文结合方式。

图像和文字的这种混合需要一整套我们现在所没有的新工具。目前，动态图像难以浏览，电影难以从语法上进行解析，评注电影中的一帧画面也很难。理想状况下，我们想要像操纵文本那样方便、容易和有力地操纵动态图像——对其进行索引、查阅、剪切和粘贴、总结、引用、链接，以及内容改写。随着这些工具和技能的获取与习得，我们就能做出一系列高度可视化的书，非常适合培训和教育使用，我们可以学习，重放，再学习。它们将成为能观看的书，或能阅读的电视。

当桌子也能兼做阅读器、看书就像看电视一样的时候，我们又不得不回到那个问题——书到底由什么构成？一旦完全数字化，书会发生什么变化？

书籍完全数字化的直接结果就是，它们能够随时呈现在任何屏幕上，招之即来。人们无需在阅读前去购买和存放书籍。书更像是进入你视野的文字和图像信息流，而非人工制品实物。

现有的电子书管理机构——亚马逊、谷歌和出版发行商——一致赞同削弱电子书的流动性，并为此增加读者剪切和粘贴文本的难度，阻止其复制大段内容或用其他方法篡改文本内容。但最终，电子书的文本将自由流通，书籍的本性将得到发展。我们会发现，书从来都不想成为电话簿、商品目录或庞大的名册。这是网络更擅长的工作——更新和搜索，而纸张并不适合这些工作。一直以来，书籍需要的是注释、标记、划线、折角、摘要、互相参照、超链接、共享，以及对话。数字化可以实现这一切，并且能做的更多。

在最新一代Kindle身上，我们能够看到书籍自由新生的第一道曙光。用Kindle读书的时候，如果我想把一段话记下来，只要轻松地高亮一下即可。我还能把这些高亮内容都摘取出来，再次阅读我所挑选出来的最重要或最难忘的部分。更重要的是，只要我愿意，就与其他读者分享我的高亮内容，我也能阅读他们分享的东西。我们甚至能够过滤筛选出在所有读者中最受欢迎的高亮内容，从而以一种新的方式来读书。我也能阅读某个朋友、学者或评论家的高亮内容。这样，就可以让更多用户看到其他作者在研读一本书时所作的珍贵批注（当然是在对方同意分享的前提下），而在以前，只有珍本书籍收藏者能够看到这些标注和笔记。

阅读将具有更多的社交性质。我们不仅能够分享所读的书目，也能分享阅读时对书的看法和批注。现在，我们能高亮一段文字。以后，我们将能够链接各个段落。我们能把一本书的段落与另一本书的相应段落进行链接；把某段文字中的一个词链接到一本晦涩的词典，将书中的一个场景链接到电影中的一个类似场景。这些功能的实现都需要能够找到相关段落的搜索工具。我们或许还能订阅自己所尊敬的人的批注推送，这样，我们不仅能了解他们的阅读书目，也能读到他们的阅读批注——高亮、笔记、问题和思考。

诸如GoodReads上的那种读书讨论，或许会跟着书籍本身发展，通过超链接更加紧密地嵌入书本内容。这样，如果有人引用了某段文字，就会形成一个双向链接，将评论和这段文字联系起来。即使是一本二流书籍，也可能积累起一套与实际文本紧密结合的维基式评论。

事实上，书籍之间密集的超链接能够让每本书都成为一个联网项目。眼下，一本书最多只能链接另一本书的书名。如果一本书出现在某书的段落或参考书目中，那么就会有超链接直接导向这本书的电子版。如果能够链接到某本书的特定段落，那就更好，不过这种功能目前在技术上仍行不通。但是，等到我们能够将链接细化到句子，且链接是双向的，那么我们就能连成一个书籍网络，每本书都是联网书籍。这是泰德·纳尔逊[③] 对于文献宇宙的最初设想，他还设想出在整个文学经济基础上，建立一个小额支付和信用体系。

你可以通过访问维基百科来大致了解这会是怎样一种情景。假想维基百科是一本非常大的书，当然是一本百科全书。这本2700万页的书中，大多数页面上都有一些标有下划线的蓝色词语，这表示这些词和维基百科的其他页面相链接。维基百科是第一本联网书籍。最终，所有的书都将完全数字化，由于每个典故都被联结在维基百科和其他书籍的网络之中，每本书都会出现标有下划线的蓝色段落。这种丰富深入的超链接将会把所有网络书籍编织成一部巨大的元书[④]，即寰宇图书馆。下一个世纪，学者和书迷将在电脑算法的帮助下，共同把全世界的书编成一部单独的联网作品。读者能够围绕某个观点生成社交图谱，或者形成关于某个概念的时间线，或寰宇图书馆内任何一个观念的影响力网络地图。那时我们将明白，没有哪个作品、哪种观点是独立存在的；所有优秀、真实和美妙的事物，都是由各个零散部分、相关实体和类似作品交织而成的网络和生态系统。

维基百科这本书不仅以社交化的方式来阅读，也以社交化的方式来撰写，而且干得还不错。以后将有多少集体编写的书籍呢，这仍是个未知数。但很明显，许多科学和技术作品将通过分散的合作来完成，因为科学具有深刻的协作本质。

不过，大多数书籍的核心可能仍将是一位单独的作者。但是，围绕一本书所展开的附属网络——引用、讨论、批评、参考书目以及超链接——将是协作完成。没有这种网络的书籍会感到自己一丝不挂。

完整的寰宇图书馆将很快能够在任何屏幕上访问，它包括各种语言的书籍。以后，获取一本书的方式将有很多种，但大多数时候，对大部分人来说，任何一本书都将基本免费。你需要为“阅读任何书”支付月费。获取一本书很容易，但是找到一本书，或让它得到关注，将会很难；因此书籍网络的重要性将会增大，因为正是网络带来了读者。

联网书籍的一个奇特之处在于，它们从来没有完成时，或者更确切地说，它们成为词句的溪流，而不再是文本的纪念物。维基百科则处于编辑溪流中，不断被编辑改写，任何曾试为之添加引用超链接的人都知道这一点。而随着网络写作、早期版本出版、更正修订、添加更新、修订版获批这些流程的出现，书籍也逐渐成为文字的溪流。一本书在时间和空间上都是书籍网络的一部分。

但又何必非要称之为书呢？一本联网书籍，顾名思义，是没有中心的，处处是边缘。寰宇图书馆的单位或许会是单个句子、段落或章节，而不是单本书？可能吧。但书这种长的文字形式也有其力量。独立的故事、统一的叙事和自圆其说的论述，对我们有种莫名的吸引力。人们自然而然会去围绕它建立一个网络。我们将把书籍分解成一字一句，然后把它们都编织到书籍网络中；但是书更高层次的结构将成为注意力的焦点，而注意力是经济中仅剩的稀缺品。一本书就是一个注意单位。事实或许有趣，观点可能重要，但只有故事、好的论述、精心设计的叙事才令人惊叹，永生难忘。就如穆丽尔·鲁凯瑟[5]所说的：“宇宙由故事而非原子组成。”

目前，我们正争相寻找数字图书的合适容器。从纸质外壳中解放后，书籍似乎需要得更多，而不只是网络的浩瀚与开放。它们喜欢PDF文件病毒般的简单轻巧，但讨厌其僵化的外观。iPad让人感觉很好且给人以亲切感（就像书的内容一样），但是现在拿在手上有些重。Kindle拥有集中注意力的优势，这是书籍所需要的。iPad和Kindle为其本身的便利和界面收费，收入与作者分成。书籍可以在任何屏幕上显示，在任何可以读书的地方阅读；但是，我认为它们会朝着优化阅读体验的方向进化。

长远看来（未来10~20年），我们买单本书与买单首歌或单部电影一样，无需再花钱。它们都将包含在付费订阅服务中；你只需“借用”任何自己想要的东西。这就平息了目前为了能拥有书而为电子书制造容器所产生的焦虑。人们不再拥有电子书，而是直接访问电子书。未来真正的难题在于发明出一种显示设备，它能够集中阅读所需要的注意力，促使你继续读下去，而不会因其他干扰而分心。我想，这种显示设备将集软件提示、高度发展的读者界面及针对阅读优化的硬件于一身。书籍的撰写也将以这些设备为基础。

2011年4月15日

---

① 一种超文本的文学形式，多个故事平行发展，而不是一条故事线从头走到尾。

② 国外把精美有余、深度不足的大众读物称为“咖啡桌读物”（coffee table books）。

③ 泰德·纳尔逊（Ted Nelson）：美国社会学家，哲学家，以及信息技术的先驱。1963年，他创造了“超文本”（hypertext）和“超媒体”（hypermedia）等概念，并于1965年出版公布。

④ 元书（meta-book）：关于所有书的书。

⑤ 穆丽尔·鲁凯瑟（Muriel Rukeyser）：美国诗人，政治活动家。

POST-ARTIFACT BOOKING
后实体的出书

关于屏幕出版，克莱格·默德（Craig Mod）这篇全面细致的文章是我看到过最好的分析之一。默德是一个设计师、思想者，同时也制作书籍。他为书籍和出版描绘了一个“系统观”，他精确地给出了“书”的定义，这也是我最近看到过最好的定义：

> 事实上，我们应该认为书只是由各种关系组成：想法与接收者之间的关系，作者和读者之间的关系，读者和其他读者之间的关系。这都无需赘述。

默德采用了网络化书籍的想法，他引用了詹姆士·布莱德欧（James Bridle）的话，布莱德欧正在推动“开放书签”（Open Bookmarks）的项目：

> 想象一下这样一个未来，你不是把书借给别人，而把你的书签借给别人。你的笔记、注解和参考资料可以在不同的平台和应用程序之间同步。你的书签属于你自己，不管你在哪里或者曾如何读过一本书，这个记录都会被保存下来并且安全地存储起来。

阅读书本与其说是一个实体，不如说是一个过程。默德为这个即将到来的出书的过程绘制了一个图表，图注在图表下方。

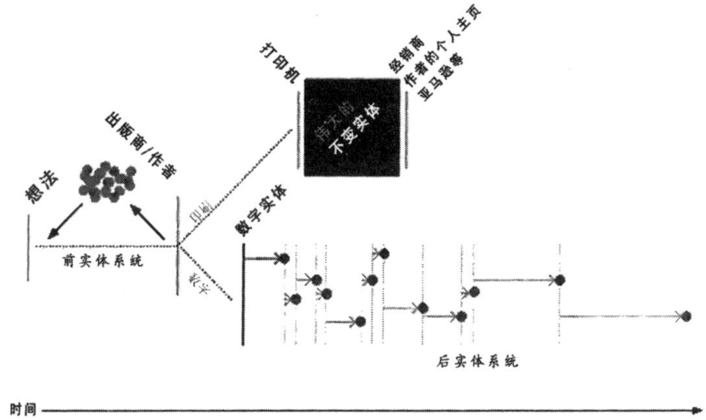

从左向右来解读这个变化：

与读者交往（社区和对话的建立）在前实体系统当中立刻开始。

以前想法和读者之间往往有两年时差，这个时差今后可以最小化到几个小时、几天、几个星期。

出版商和作者之间的界线变得模糊了。

如果你想要打印出来，伟大的不变实体现在只是“不变实体”。

数字实体的制作周期（从原稿完成到读者的手中）比实体书籍明显缩短。

在数字时代，达成分销的传统权威大大弱化了。数字化的分销渠道，像亚马逊的Kindle商店和苹果的iBooks商店向所有人开放。只要制作好所需要的ePub文件，所有人都可以使用这些全球性的重要数字销售渠道。

一个真正互联的后实体系统，可以引入更多的对话，让引文注解能够关联分享，这样的系统只可能以数字形式存在。

其中最主要的转变是把书看做一个过程而非物品。我们的文化正在从“书本的文化”变成“出书的文化”。我们的关注点不再是作为名词形式的书，而是动词形式的书——这是一个连续不断的过程：思考、写作、编辑、写作、分享、编辑、观看、书写、观看、分享、思考、写作——这个过程中我们偶尔会抛弃书本。书，甚至是电子书，只是出书这个过程的副产品。

过去制作书籍步骤，不管是写书、编书、设计、印刷、售卖、营销等等，现在都可以渐渐被融合到一个叫作“出书”的无差别过程中。阿曼达·霍克因（Amanda Hocking）是现在电子书界炙手可热的代表人物，过去几年这个女孩在“出书”这个领域获得了成功。她写作、编辑、出版、推销并且推出了一系列畅销书。她是出书者，她出书。

亚马逊借助Kindle让出书变成如此简单，以至于一些图书垃圾也进入了这个领域并且污染了这个新世界。图书垃圾指的是推出成千上万粗制滥造毫无价值的书，这些书的内容大多“借鉴”自维基百科以及别的地方。这些没有价值的文件汹涌而来，让我们找到好的东西变得更难（于是也更有价值）。但是这也让很多跃跃欲试的人也开始写书，他们的东西也许有朝一日会变成真正的经典。

出书会变成像写博客、视频日志和播客那样常见的东西。重新回到默德所说的话，出书的结果并非得是实体的书。出书产出的是关系。出书是把读者、作者、人物、想法和故事连接成一张复杂网络的过程。有无数种方法可以编织这样的关系，其中最为传统的方法，在树木制成的纸张上自说自话不被打挠地讲述一个线性推进的故事。但这只是编织网络的其中一种方式。还有其它别的出书的方式，会更加侧重于读者的能力，还有其它的方式希望促成分享，还有更多的关系需要很长时间才能建立起来。我们还需要探索出书的其它可能的路径，任重道远。

出书和观看屏幕的关系也在模糊。用屏幕观看是现在观众们的生活常态，他们在屏幕上不只看书，但现在用屏幕观看也成为了出书的一部分。对于创意作品，我们有多种新的方法来观看，这也延伸了出书的过程。出书的过程被屏幕和观看的新方式放大、改进、扩展、加速、影响并且重新定义。

书本也许会终结，但是出书才刚刚开始。

2011年6月19日

FOREST-FIRE MARKETING
森林火灾营销

《快公司》(*Fast Company*)杂志登了一篇克利夫·汤普逊(Clive Thompson)的文章“引爆点是祝酒词吗？”(*Is the Tipping Point Toast*？)，报道了邓肯·瓦茨(Duncan Watts)关于病毒式传播的研究。这篇文章本身也得到了很多关注，就像一个病毒营销创意那样在媒体圈激起了涟漪。我强烈推荐各位去读一下这篇文章，它信息量很大，还有一些生动的实验。最好再去读一下沃特的书，他最新的一本叫做《六度分隔》(*Six Degrees*)。

《快公司》的这篇文章一开始就提醒我们现在对于“病毒式营销”和“潮流形成”有一个主流的观点，大概可以总结为：“大嘴巴是有用的。”马尔科姆·格拉德威尔(Malcom Gladwell)的常年畅销书《引爆点》(*Tipping Point: How Little Things Can Make a Big Difference*)推动了这个观念成形。正如汤普逊解释的那样：

> “我们真正想说的，”(格拉德威尔)写道，“是在一个特定的过程和系统里，有一些人比另一些人更加重要。”一小撮相互联系的精英可以触发潮流，这个观念在现代营销中是极具诱惑力的。这正是病毒和口碑营销的前提：只要接触到少数的厉害家伙，你就可以通过他们触及每一个人，而且基本上免费的。我们通常笼统地用“影

响者理论”（influentials theory）来称呼这个观念。虽然50年以来它一直是营销的点金石，拜众多营销研究和一堆畅销书所赐，它最近又重新回到主流想象之中。除了《引爆点》之外，还有营销专家艾德·凯勒（Ed Keller）和琼·巴利（Jon Berry）的《影响者：十人美国人中有一个人告诉其它九个人怎么投票、在哪里吃饭以及买什么东西》，以及公关公司们所传布的福音，例如博雅公关宣称“数字影响者”会“成就或者毁掉一个品牌”。

不过麻烦的是，瓦茨开始为留言和电子邮件传播方式建模时，他发现无法复制影响者的力量。克利夫报道说：

为什么影响者没有拥有更强大的力量？他们拥有40倍于普通人的社会联系，为什么他们不能每次都激发起潮流？瓦茨认为这是因为，潮流会否成功并不依赖于启动它的人，而是取决于这个社会总体上是否容易被潮流左右——并不依赖于早期使用者有多大的说服力，而是取决于其它人是不是容易被说服。“如果社会乐于接受新的潮流，几乎任何人都可以启动新的潮流——如果这个社会不愿意接受，那么几乎没有人有这个能力。”瓦茨总结道。

也许病毒式营销的问题就在于，这个疾病的比喻带有误导性。瓦茨认为潮流更像一场森林火灾：每年都有几千起，但是只有很少几起会变成“咆哮的怪兽”。因为在这些罕见的情况下，万事具备：天干物燥，火警部门装备不利。如果这种情况存在，就连一根旧火柴都能酿成大火。瓦茨揶揄道：“没有人会回过头讨论点燃这场燎原大火的火种有什么特别之处。”

这种“万事俱备，只欠火种”的景象，和我自己的经验再一致不过了。也许我们可以把它看作“森林火灾营销”。营销者需要侦察的是放火的最佳时机和最佳地点。和通常的看法不同，如果森林本身没有准备好，那点燃它将是困难的。放火也讲求技巧。当然在一个六个月没有下雨、室外温度37摄氏度 、刮着每小时60英里的大风的森林里放火，并没有什么技巧可言。

我发现的确有一些人要比另外一些人更加有影响力，但是他们不可能有把关的功能，也不可能有激发的功能。如果他们真有这样的功能，一定会被精心地控制起来，他们也会掌握极大的力量。如果有人能够挑得出来什么乐队、什么鞋子、什么电影、什么书、什么颜色、什么包、什么歌曲将会获得成功，只要存在统计可靠性，他们一定会成为亿万富翁。但事实上影响者并不总是正确的。就像沃特说的：

> 潮流并不只是难以预测和设计规划——他们其实是随机出现的。

真正的影响者是随机的火花，点燃潜藏的火焰。瓦茨做了一些聪明的实验，在此之上构建了自己的理论。最近他正试图发明一些控制“随机的放火者”（而不是影响者）的辅助手段，并试图看看你是不是能让准备好了的森林燃烧起来。其实一个想法是创造一个让人们看到自己营销成果的方式。

通常，人们会忽略“与你的朋友分享”这个按扭。但是，瓦茨和佩瑞提（Peretti）加入了一种叫作“转发追踪”的技术，一旦你转发了它，就会显示出这个广告移动的路线。这把广告转发变成了一种社交地图学。人们会把广告特别地转发给那些会让它一直移动下去的朋友。这变成一种Facebook式的比赛，看看谁能获取最多朋友。

它是不是有效还有待检验。Boing Boing① 的考瑞·道克特欧（Cory Doctorow）认为瓦茨的研究并不是在解释那些明星案例，而是在解释普通的成功如何发生。

盖伊·川崎（Guy Kawasaki）是一位主张“传道式营销”的大师，他曾经花了很多时间说服人们转向使用苹果的麦金塔电脑。他说：

> 瓦茨的想法和“传道式营销”有什么差别？我认为它们并没有冲突，因为是“把好消息带来”给所有人，并且给“得到它”的人们提供支持。传道式营销不是只对那些知名的和自以为是的人阿谀奉承。麦金塔的成功可以说明这一点，麦金塔的成功几乎没有得到过财富500强的首席信息官们的帮助。不知名的艺术家、设计师、爱好者和用户组成员，是这些人让麦金塔电脑获得了成功，但我们并不能预先就知道谁会起作用。

如果瓦茨是正确的，那这将如何改变营销呢？盖伊有一些建议：

- *减少在行业活动和其它针对性的公关和营销中花费的时间和精力，如果*

这些活动主要是为了迎合记者、分析家和专家的话。花更多时间和精力面对面接触真正的顾客。通常，在丽思卡尔顿这样的顶级酒店见再多顾客也不为过。

- 利用大众营销，因为你不会知道谁会正巧成为你的“偶发影响者”。或者就像俗话所说的“广泛撒网”来确保有人会“理解”你的产品。不得不承认，这里的挑战在于找到更经济的方式进行大众营销。
- 忘记顶级的博客。他们的差评不会毁了你的产品，他们的好评也不会让你的产品成功。关注大多数——一个在Technorati排名100万的博客也可以成为触及人们的渠道。如果有很多人喜欢你的产品，那些顶级的博客会不得不写到你。

塞斯·高汀（Seth Godin）回应了汤普逊关于瓦茨的文章，他自己曾经写过一本关于病毒式营销的《喷嚏营销》(*Unleashing the Ideavirus*)，他表示，影响者和普罗大众的粉丝，两者都是市场所需。你需要口耳相传，而影响者有着更大的嘴巴。

> 我们仍然需要非常清楚，有很多受众的人，肯定也只能算作你身边那么多人其中一个而已。如果坐在办公桌另一边头同事买了一个Mac Air，这会有作用。如果盖伊买了Mac Air，这会有一样的作用（也许多一点点）。如果学校里个孩子在听“Ini”乐队[②]，这会有作用。如果你在一个广受欢迎的电台里听到了HotStepper，也会有一样的作用。受众多的人有更多“朋友”并且有更多人“在大厅在另一头（听他说话）”，因此他们有更大的影响力。并不是因为他们的作用更大，仅仅是因为他们“认识”更多人。

这是一个合理的建议。通常新经济里任何问题的答案都是“以上皆是”。大多数情况下，你将会需要某种形式的大众营销以及病毒式营销。你也需要接触到“随机放火者”和“大嘴巴”们。

还是请读一下克利夫的文章吧。它真的不错。

2008年1月30日

① “Boing Boing”是一个知名的技术博客网站。
② “Ini”乐队是一支美国嘻哈乐队。

YOUR ATTENTION IS CHEAP: $2.50/PER HOUR
你的关注很廉价：2.5 美元 / 小时

关注是我们唯一无需训练就能自行生产的珍贵资源。关注供应不足，所有人都想要一些关注。由于关注的生产受限严重，而其他所有事物却变得越来越充裕，因此关注的稀缺性成为新经济的基石。然而，即便关注如此宝贵，我们的关注仍然相对廉价。导致关注廉价的部分原因是，我们必须每天都给出一些关注。我们不能保存或囤积关注。在实际时间中，我们必须逐秒交出关注。

运用来自“美国数据摘要”的数据，我计算了如今美国人每年花在主要媒体平台上的时间。有线和卫星电视捕获了美国人的大部分关注，紧随其后的是收音机、广播电视。这三者占据了美国人绝大多数关注，而书、报纸、杂志、音乐、家用录像、游戏和互联网等其他媒体只获得了一小部分关注。

但并非所有关注都一样。当我计算出这其中每个行业的年度总营收（在有数据提供的情况下），以及每小时关注能产生多少收入时，答案令我惊讶。

首先，收入数字很低。在媒体行业中，消费者每小时关注所赚取的美元比率并不很值钱。美国人一年在电视上投入5000亿小时，但每小时关注平均只产生20美分的收入！如果别人以这样的工资水平雇你看电视，你每小时的收入就相当于第三世界的小时工资，与受雇把石头砸成碎石的苦力相当。报纸只占据美国

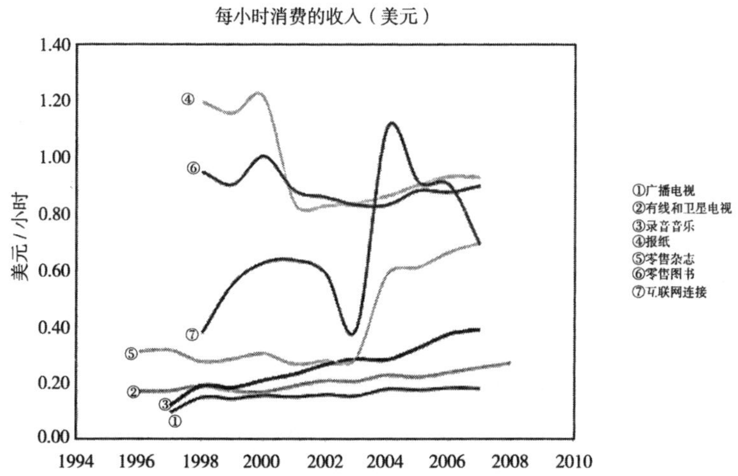

国民一小部分关注，但花在它们身上的关注能产生更多收入——大约是每小时93美分。而令人印象深刻的是，互联网的关注质量每年都会增长，其每小时关注所产生的收入也越来越多。

在广告行业，关注质量的差异通常由名为CPM（Cost Per Thousand，千人成本）的指标反映。这个指标指一千次观看或一千个读者。CPM源自印刷行业，是杂志或期刊向希望从读者那获得更大关注的材料收取溢价的一种方式。一份高端刊物可能会把CPM定价为10美元，而本地免费报纸的CPM可能只是1美元。其他媒体也采用了这一方法，只是粗略地把对纸媒的最初“印象”换成展示观众数和网站点击数。由于这一交叉对比有点牵强，因此不同媒体平台的预估平均CPM也相差很大。下图显示了相差很大的CPM平均价格（编排自三个来源），从廉价的户外广告牌到谷歌等搜索引擎上最昂贵的类AdWords广告。

报纸会为读者的关注收取溢价，而有线电视和广播的价值要少很多，也许是因为它们通常是以背景模式运行，与其他一些东西分享（用户）关注。互联网搜索引擎在获利速率上一直处于领先地位，这也是金钱逐步流向互联网的主要原因之一。这表明，人们相信互联网上的关注质量要比我们在高速路上驾驶时的关注

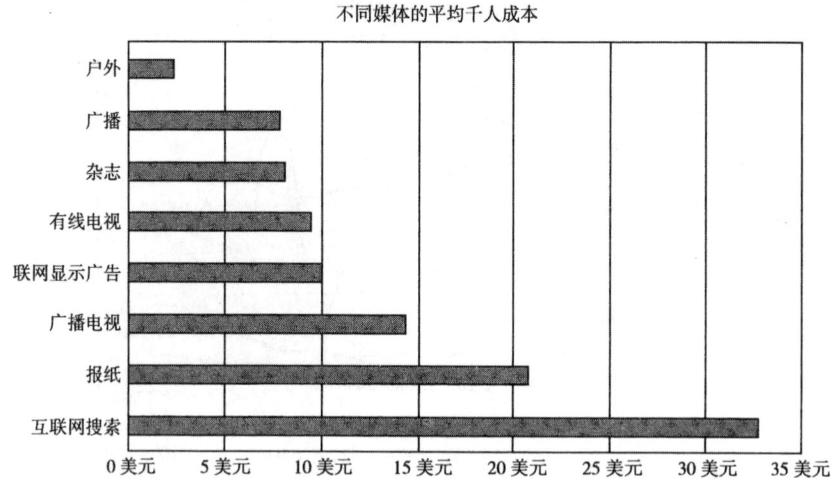

质量高得多（尽管互联网上让人分心的东西很多）。

但标准媒体CPM费率并未考虑也未表明的是，消费者在每次留意、访问、观看或听取上投入的全部认知花费。如果我们将每次点击或观看与花在其上的时间相乘，我们就能开始一种获得关注能力的感觉。在谷歌首席经济学家哈尔·瓦里安（Hal Varian）在一份幻灯片演示中计算了广播电视上一段时长30秒的商业广告的关注成本，即一美元总共能购买多少分钟的关注。电视的平均CPM为10美元，亦即每次广告印象（一段30秒长的商业广告）价值1美分。观看电视1小时，你至少会看10分钟商业广告，也就是20段30秒长的广告。因此关注广告的观众每小时的观看带给电视广播商的收入为20美分。这和我在电视上发现的极低的每小时关注收入一样。可见，用电视提高关注是个苦力活。

电视每小时关注的收入只有糟糕的20美分，一份高档报纸每小时关注的收入也才1美元，这点很令人惊讶，因为当我们研究消费者每小时使用的成本（我们必须为内容支付多少）时，消费者付出的费率要高得多。以书为例，阅读一本精装书平均用时9小时，购买需36美元。因此，消费者花在这一阅读体验上的平均成本为4美元/小时。也可以这样算出一张音乐CD（可播放多次）每小时的成本；或是花10.5美元在电影院观看一次2小时长的电影，每小时成本是5美元。这些费率可以被视为作为观众的我们有多么珍视自己的关注。

15年前，我计算过包括音乐、书、报纸、电影以及数字骑乘（digital ride，一种虚拟现实体验）在内的多种媒体平台的每小时平均成本。这些媒体之间有差异，但价格却以相同梯度按顺序排列。令人印象深刻的是，它们似乎都倾向于相对统一地向2美元/小时汇聚。也就是说，1995年，为使用任何媒体，我们每小时平均支付2美元。

最近，我用同样的方法重新计算了今年的数据，看看我们对类似配置媒体关注的价值。（计算得出）媒体成本在50美分/小时到5美元/小时之间。所有媒体平均下来，我们基本上为媒体体验花费2.5美元/小时。在我为1995年的数值加入通胀因素并重新调整后，其平均数值接近于2010年的2.4美元/小时。这意味着我们关注的价值相当稳定，在15年间只上升了一丁点。不管我们消费的是书、报纸、电影、音乐还是游戏，我们都倾向于将关注定价在2.5美元/小时。

似乎我们在媒体经验“应该”值多少上有某种直觉，而且我们不会偏离太远。

我不知道为什么每小时的关注成本是2.5美元。这一费率只有联邦最低薪水的三分之一左右。也许将我们从工作中赚取的三分之一花在玩乐上感觉很好。如果媒体成本是2.5美元/媒体小时，那么你就能工作八小时，扣除房租和食物开支，你还能有足够的钱支付所有工作外清醒时间的媒体消费。多么快乐的日子！就我所知，这种“工作-睡眠-媒体”循环是许多人的（生活）模式。但我不知道这是否真的是我们凭直觉将关注定价为2.5美元/小时的原因。

更令人困惑的是，为什么我们为媒体支付的每小时平均价格要比媒体每小时平均收入高那么多。我们为观看、阅读或聆听支付2.5美元/小时，但媒体从我们的时间中所赚的不过1美元/小时，有时甚至还要少得多。每小时相差了1.5美元，这可是一大笔钱。其余的钱去哪了？显然，我的分析里缺少了一些东西。金钱伴随关注而来，这是显而易见的，但并非所有金钱都去了人们预测其该去的地方。

但正如你所见，媒体有别。我们向一些媒体——比如电影、杂志和图书——支付的多于其他媒体。顺便说一句，这也是对所有作者担心电子书价格会非常低的一个回应。我最近在想，什么可能会阻止电子书平均成本降到99美分？我想到了一个理由：如果我们继续认为书的价值比音乐等其他许多媒体高，当我们把阅读一本书的平均耗时（9小时）和2.5美元/小时的平均成本相乘，我们能得到22.5美元的价格。这已经高出一般的Kindle电子书价格很多了。因此，这里肯定有问题。如果在文化意义上，对图书的关注不断减少，而且其阅读体验的关注价值降至音乐或报纸的层面呢？那么我们就要将其9小时耗时与25美分或75美分相乘，得到位于2.25美元到6.75美元之间的价格。这就是相当于当前音乐价格的电子书的价格。（音乐本身的价值在未来会有升有降。）

不同媒体的每小时成本

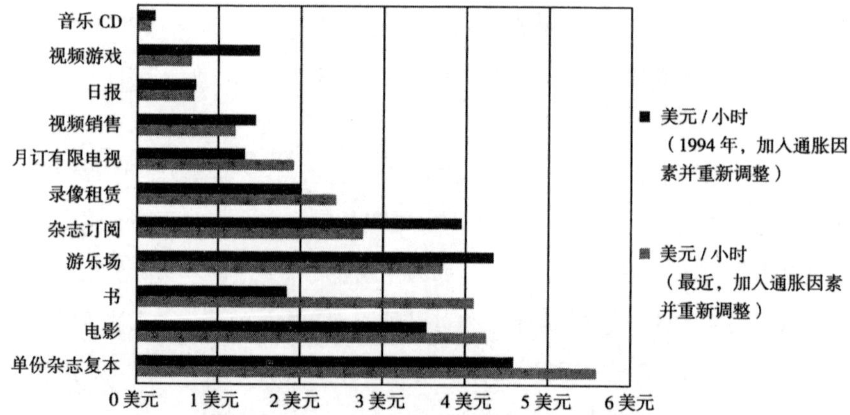

我们（所有愣头愣脑的人）这些希望出售媒体内容的人能从中学到很多。当内容定价低于1美元/小时，你必须转移大量内容才能真正赚钱。幸运的是，还有数十亿小时未开发且价值被低估的关注存在。想想现代单机游戏中的场景，这些场景需要人们高度关注，加起来能达到20小时至30小时，但现在单机游戏却被人们所抛弃。想想全世界在YouTube视频上花费的时间数，虽然现在还没赚钱。还有人们一年花费在Twitter上的庞大分钟数。这只是现在尚未体现价值的关注仓库的几个例子，它们将在未来显现价值。

是否我们所有的关注都必须变现？当然不是。但不管你是否选择出售它，关注都将有一个价格。不过并不会像人们想象得那么高。

虽然相差无几，但一些关注的价值要高于其他关注。最有价值的关注将是元变种：向关注支付关注。人们的全部关注被挖掘、收集、释放和分化得越多，引导人们通过这一超级丰裕情况所需的额外关注也越多。捕捉关注的创造性方法没有尽头，尽管关注价格很低，那些那些随关注而来的财富也没有尽头，因为关注是我们真正所有的东西。

2011年3月14日

WHERE ATTENTION FLOWS, MONEY FOLLOWS
目光聚集的地方，金钱必将追随

新经济的新规则可以被总结为：

目光聚集的地方，金钱必将随之而来。

除了“关注”之外，其它的任何东西都可以作为商品生产出来。奢侈品也只是短时间的奢侈，他们会迅速地被仿制进而流入市场。优质品牌保持高价，只是因为它们储存了过剩的关注。

保持源源不断地受关注，金钱就会随之而来。

这就是你所需要知道的全部东西。所幸，现在有数不胜数的方法来聚集和维持关注。

你需要不停地让人感觉惊喜：你可以是耀眼的新奇、无条件地给予帮助，可以是诱人的诡异，可以是意想不到的可靠，可以是显而易见的真实，等等。

但是把关注度转换成金钱？这不是不知羞耻自吹自擂的人才会做的事情吗？这不是社会名流才会做的事情吗？是的。不过这也是谷歌正在做的事情，基因泰克公司和3M这样的老牌制造商也在这样做。他们提供了有用的产品和服务，不过他们的竞争对手也是这样，我们也都是这样。

全球范围内，技术元素的建立使产品和服务喷涌而出，这一速度越来越快。发明新的东西并且做成成品已经变得越来越简单了，甚至只需要一次点击。巨型购物中心遍地开花，里面充满了各种看上去有用的小玩意。互联网上也充斥着类似的网站。这个实用性的大潮中，产品和服务正变成一种背景嘈音，他们就像风一样无处不在不停地挤压我们，使我们无法逃离这个“有用”的气压。想象一下这样一个世界，充满了无数个各类小机器仆人，都渴望来帮助我们。这个世界离我们已经不远了。

可是在这样一个世界里，我们并不可能享用所有的好东西。总有很多好歌我们未曾听过；就算看电影是我们的全职工作，我们还有一辈子都看不完的好电影；总有很多有用的工具我们没有时间来掌握；总有很多酷的网站我们无暇顾及。如果和你个人并不相干，请忘掉那些多余的东西、那些大众热点和那些受到好评的佳作。你应该花时间关注那些与你密切相关东西，不过即使这样也已经应接不暇了！事实上，有许多伟大的乐队、书籍和产品适合你，甚至为你独特的品味定制，但他们的数量也远超过你可以接受的限度。

如果一个新的东西没有用或者不好用，那么它马上会在这个系统里被淘汰。事实是，就算这个新东西“有用”或者“好用”，它也不一定就能获得成功。“好用”和“有用”现在成为了一种最低标准，甚至可以这么说，“优秀的东西”也只是成功最起码的标准。现在想要持续成功，还必须能够持续吸引我们的眼球。

一旦赢得了我们的关注，金钱就会随之而来。金钱是我们认可自己眼光的一种度量。我们“想要”——这是一种强烈的关注形式——然后我们用钱来满足欲望。而使用这种产品或者服务是关注的延续。向别人推荐是关注的进一步延续。

好吧，现在有人注意到我了，钱在哪里?

有时候钱来得很直接，不过现在更多的情况是间接而来。广告主支付的费用，便是金钱随着关注而来的一条常见的间接路径。

免费是一个吸引眼球的好方法。克里斯·安德森总结了四种免费方式，无论是一种产品还是服务，在免费提供的同时，是用我们的关注交换的。如果这种关注没有返回到提供者这里，那么免费就没有意义。提供者并不是在树林里随便派发免费的东西，他们这样做是因为顾客的关注是有价值的。

有很多方法能把免费得来的关注转化成金钱，这并没有什么新鲜之处。除了常规的现金购买之外，还有订阅、俱乐部、免费加收费、按量收费、折扣以及各种的商业技巧。就像我在“战胜免费”一文里提到的，把免费得来的关注折现还有很多方法。

关注和金钱之间的紧密联系是相互依赖并且有利可图的，意识到这件事情非常重要。谷歌赚了几十亿美元，因为它不仅提供了人们想要的服务（这是最低的标准），它知道眼球聚集的地方，金钱迟早会跟随而来。于是谷歌不断小幅提升性能，大幅提升设计，这使它持续吸引着眼球。一开始他们并不知道金钱会如何流入，但是他们知道，总有一天钱会来的。Facebook、Myspace、Netflix、亚马逊、iTunes以及其它成千上万的创业者都抱着这样信念。现在，读者的眼球从报纸和杂志转向博客。我们能肯定地说，金钱会随着眼球的移动而移动。财富已经开始从印刷转移到屏幕，媒体世界也会随着眼球的移动继续向这个方向倾斜。

得到一时的关注也许还比较简单，可是我们周围的环境当中，有数不清的又好又有用的东西，真正的挑战在于如何在这样的环境中持续地吸引关注。对于一个乐队来说，问题不在于如何“被发现”，而是如何保持吸引力。对于网站来说，也不在于获得昙花一现的巨大流量，而是让人们一次又一次回访。对于发明家来说，并不只是让人买你的东西（这只是钱而已），重要的是让人每天都使用它。感受到它的存在，认真思考它，爱上它，并且为它赋予意义。

还在默默耕耘努力实现新想法的先驱们，这句话送给你们：坚守信念！**目光聚集的地方，金钱必将随之而来。**

2008年9月25日

CHINA'S DNA
中国的DNA

《新闻周刊》(*Newsweek*)上有一篇新闻报道"高质量的DNA"讲中国人在基因测序上表现出的空前积极性，是怎样预示了一些重大全球趋势的。下面是全文的第一句话：

> 世界上最大的基因组测序设备位于中国的一个让人意想不到的角落。

第一课：哪里的阻力最小，科学就会安家在哪里。科学无国界，它常常追寻更少的束缚和更多的投入。科研会绕开法律和限止，也会对冷淡避而远之。科学随心所欲，想去哪里就去哪里。

> Illumina生产的HiSeq 2000是顶级的基因组测序仪器，价格高达50万美元。这里就有128台HiSeq 2000，它们被放置在几排类似的高科技设备旁边，为华大基因（BGI, Beijing Genomic Institute）炮制出比美国所有学术机构加起来还多的高质量DNA序列数据。

第二课：相比自主创新，中国更乐于照搬现成的想法，复制文化在这里仍然占据主导地位。而美国在建国最初的100年内也是如此。英国的作家和发明家们就曾认为，美国是一块充斥着知识盗版的大陆。而事实的确如此。但是，就像美国迅速将自己的复制文化培养成为了创造文化一样，中国也会如此。中国没有能力创造出世界级革新的观点是错误的。

> 研究人员的平均年龄是26岁……24岁的李英瑞（音译）是生物信息部门的主任，领导着部门中的1500名计算机科学家。由于觉得学校“对智力没什么挑战”，他从大学退了学，他坚信，较大程度的自由和责任心能够激励年轻员工。“他们在任务中成长，而且发展得很快，”他说。18岁的赵博文（音译）是李英瑞下属的研究人员之一。还在高中读书的时候，赵博文就因为一个暑期项目加入了生物信息团队，他解决问题的能力让所有人刮目相看。在征得父母的同意之后，他便作为一名研究人员开始了全职工作，并且在业余时间完成了学业。现在，他正管理着一个高智商基因基础的项目。

第三课：我们感受到的东方转变才刚刚开始。虽然中国正在进入老龄化社会，生育率也低于人口维持水平，但是中国的工程师年轻有为，还将有数十年的时间发光发热。他们将会改变科学进程。我们应当搞清楚他们在思考什么问题。

> 到目前为止，至少有8万名接受过西方教育的博士回到了中国，其中大部分是在过去5年中回国。

第四课：人才流动的方向正在扭转。而且这还不仅仅是从美国返乡的海外华人。许多有能力的非华人研究人员也在中国供职。我觉得，这对他们、对中国、对世界都是好事。对于人才来说，这种竞争是健康的，而且也会促使各地都提供更有吸引力的科研条件，特别是竞争已经很少见了的美国。

中国已经加快了获取专利的脚步，用不了几十年，来自中国的专利总数将会超过一度“独孤求败”的美国。同样，这对世界是好事，而且会间接有利于美国。因为这会迫使美国提高研发投入，改善美国教育，使其对外国人才更具吸引力；同时也能更容易地保障最聪明的外国学生，并且将创新面对的限止保持在最低程度。

2011年5月1日

HOW TO THRIVE AMONG PIRATES
如何靠盗版兴盛

香格里拉，原名中甸镇，是中国青藏高原上边缘山区河谷的一个小城镇。当地商人为刺激旅游业，经国家政府批准，正式更名为香格里拉。谁不希望来香格里拉呢？我去过两次，但很遗憾地说，这里并不是“香格里拉[1]”。我最近一次来的时候正值四月天，这个一如往常的、灰蒙蒙的、破旧的老城区，覆盖着6英寸厚的皑皑积雪。在这些干净的雪层的装点下，它看上去倒也如诗如画。

千百年来，旅客们要沿着盘山公路，从农业发达的云南高原到达干燥多风的西藏，这个边境小镇则一直是他们过夜停车的地方。而如今香格里拉大街上的店铺里，售卖着各种进口家居用品，来买的人是源源不断的藏民和从农村跋涉来的少数农民。单调的主干道上有近百个只有一间屋子的商店，这些商店里提供结实的皮靴、色彩鲜艳的机织地毯、农用五金件、耐用的毯子、热水瓶、太阳能电池充电器、廉价的铁制工具、花式条纹面料和彩带。混杂在这些传统用具商店周围的，是数十家售卖数以千计的电影DVD光盘的专卖店。有些店中影片的选择范围甚至比Blockbuster[2] 还大。这里有好莱坞卖座大片，有香港功夫片，还有韩剧，但大多数是中国的国产片。几乎所有的光盘都是便宜的盗版碟（不到3美元）。在新的数字化的“自由经济”里，拷贝的流动不需要付费。这不仅是国际大都会的一个特质；信息想要免费，即使在全球最偏远的地区也是如此。

我去过中国，部分是为了解答这个简单的疑问：中国的电影业如何继续在这个处处盗版的土地制造电影？如果没有人为电影制作者付费，他们如何（为什么）继续制作电影呢？但我疑问的范围并不仅限于中国。世界三大电影产业分别地处印度、尼日利亚和中国。尼日利亚每年生产约2000部电影（诺莱坞），印度每年生产约1000部（宝莱坞），中国近500部。加在一起，每年生产的电影是好莱坞电影的4倍。然而，这些国家是猖獗盗版的避难所，甚至是盗版产业的代名词。后版权经济如何运作？在没有版权保护的情况下，它们如何制作出比好莱坞更多的电影呢？

这个疑问是中肯的，因为印度、中国和尼日利亚盗版猖獗的电影文化，似乎在预示着未来的好莱坞。在西方，人们似乎涌向了YouTube，因为这里所有的电影都是免费的。换句话说，我们正在加快迈向今天的中国、印度和尼日利亚为代表的版权自由贸易区。如果是这样，那些置身在被价格低廉、无处不在的拷贝所席卷的国家中的电影业，在如何生存的问题上，能够教给好莱坞什么经验教训呢？

经过研究发现，这个问题的答案让我吃惊。第一个让我吃惊的发现是，在这些著名盗版国里，盗版不是真的猖獗——至少不是通常被版权局描述的那种方式。进口（即好莱坞）电影的盗版猖獗，但本地制作的电影被盗版的程度较轻。原因是复杂而微妙的。

首先考虑的是质量。尼日利亚电影是肥皂剧和宝莱坞音乐剧的独特融合，先是说一大段对白，然后跳一大段舞。说尼日利亚电影是低成本影片，这还是对低成本影片的侮辱。成千上万的尼日利亚电影，更像是无成本电影。但是，即使是宝莱坞的高成本电影，与好莱坞影片相比，也算是成本低廉的。因此，维持制片所需的总收入也比好莱坞大片少得多。自然，成本越小，需要回笼的资金就越少。对于一些电影来说，甚至只要有一点点收入可能就够了。

但更重要的是，低质量不仅是非法物的特点。在尼日利亚，特别是在贫穷的北部，有一个网络庞大的低劣生产中心，为数以百万计的观众生产影片拷贝。最初，拷贝中心的地下网络复制VHS录像带，而现在他们拷贝光盘。在以前拷贝VHS录像带的时期，官方版本有更好的印刷封面。这些可读的、鲜艳的封面是他们的主要卖点，印刷的封面是电影业施加监管的瓶颈。但是，现在的尼日利亚，与其他发展中国家一样，电影磁盘通常是VCD，而不是DVD光盘。虽然VCD分辨率低，但更容易拷贝，更便宜，在低劣的电视屏幕上的播放效果已经“足够好”了。这些VCD在尘土飞扬的小窝棚里几毛钱就能租到。但往往这些被低价租用的光碟是“合法”的——它们是与制片人协议后制作的电影拷贝。电影制作者和电影拷贝者巧妙地降低了正版光盘的价格，使之与盗版光盘的价格接近。事实上，同一运营商通常会拷贝合法的和盗版的这两种光盘。因为合法的光盘并没有非法的那么昂贵，所以经销商就不太愿意理会那些低质量的盗版盘。

此外，在尼日利亚，电影融资与地下经济紧密结合。投资一部电影被认为是一个洗钱的聪明办法。那里会计制度薄弱、透明度低，如果你是一个用大量的现金“投资”的暴徒，你需要做的，就是围绕电影明星来投资电影。总之，黑市的光盘和用黑市资金投资的官方正版光盘之间的区别是微乎其微的。

尼日利亚的电影制作者有两个其他赚小钱的来源：电影院和电视。尼日利亚的电影院用低廉的票价提供了一种非常珍贵的商品：享用几个小时空调。电影越长，这个交易对观众越划算。与在旧电视上观看VCD碟相比，电影院提供非凡的视觉体验。你能真正的听原音看字幕，还能享受电影院的非凡音效。在影院观影的全面体验，根本就不是那种廉价的光盘能够拷贝的。所以，票房收入仍然是支持一部电影的主要收入。随着尼日利亚新兴的电视产业的发展，对内容的追求，意味着电视电影将从航空公司或有线系统中获取额外的收入。

宝莱坞的影院同样也提供空调。少数印度人自己家里有空调，更小部分人有空调车。夏天的午后，你除了在凉爽的电影院待上几个小时，真的哪儿也不想去——这就是为什么宝莱坞电影可以持续兴盛下去的原因。即便有人能在一个街区之外那热浪袭人、尘土飞扬的大街上找到同部电影的DVD，院线仍旧能够依靠空调系统售出很多电影票。

与尼日利亚一样，印度也有一个类似的电影业，在那里盗版与正版也是混杂在一起的。宝莱坞与黑手党的钱交织在一起，这已经是广为人知的。在洗钱、逃税、秘密资金流动方面，整个电影业就是一个灰色市场。幕后的非法拷贝电影的人也制作正版的拷贝。正版的和盗版的价格势均力敌。

那么，为什么还要制作盗版呢？因为印度对正规的制片厂电影，有着非常严厉的审查制度。其著名的“不许接吻”的规则，就是其中的一个例子。这种审查把本来有利可图的电影市场，推向了为盗版网络服务的地下市场。如果你想看独立的、不雅的、与众不同的、反主流的东西，你只能被迫光顾盗版市场。审查制度不仅影响制片人，同时也波及观众。如果你制作了一部前卫电影，其他人怎么看得到呢？在大街上的低廉拷贝就是电影制作者让他的艺术传播的方法之一，这进一步模糊了合法和非法的界限。在尼日利亚，这种融合意味着购买正版VCD的价格未必比盗版贵，二者几乎都是3美元。实际上，印度电影制作者常把价格低廉的光盘当做广告，来引诱人们去凉爽的影院观赏大银幕电影最终版本。电影院的高感受因素是通过支付获得的报酬，盗版是为了获得关注而付出的税收或花费。

中国也有审查的问题。大预算的电影由政府补贴，以在影院上映为主。事实上，安排院线上映被严重政治化了。独立电影不能进入有限影院的排片周期，所以它们只能以光盘的形式与观众见面。如果观众想看非国家资助的制片厂的电影，他们只能在街上找。与印度和尼日利亚一样，盗版与正版的价格很接近，所以对消费者而言，两者之间区别不大。不管正版还是盗版，你只要花费约25美分，就可以租看一晚。

在这片没有版权法的土地上，支持本土电影业的第三个支柱是电视。特别是有线电视。电视这个庞然大物每时每刻都需要收视率来支撑。我曾与印度、中国和尼日利亚的业内人士聊过，他们都把电视看作一个独立艺术家的合法地。在有线电视上播放的作品赚不了多少钱，但它们意义重大。因为电视依靠收视率，依赖广告收入，所以就把盗版的问题回避掉了。大街上盗版光碟节目的制片人培养了他们的观众，而这些观众的呼声可能会使它们能在电视上播放自己的作品，或者使他们能够被邀请去做一些新节目。

每个地区的制片人都认为，盗版之痛不在自己的国家，而在非常活跃的出口市场。尼日利亚电影被非洲人和尼日利亚侨民观看；而印度电影的早期观众集中在南亚和中东，还包括西方印度社区的观众；中国电影的市场在中东地区。绝大多数电影市场是靠盗版光碟发展的，这使制片人丧失了潜在的国际收入。这些民族电影产业在此意义上与好莱坞面临同样的困境。但上述国家的本地院线才是一部电影成功的主要舞台。盗版，那个好莱坞眼中的恐怖幽灵，对他们而言是完全不同的产物。

回到香格里拉沙尘飞扬的大街上，我去寻找那个乌托邦式的梦想：用一美元来看刚首映的电影DVD。这个梦想是过于乐观了，甚至对香格里拉来说。但我确实找到了价格3美元的最新版《哈利波特》（中文字幕）的拷贝，并在仔细检查后，我确定这看起来是正版。干净的设计、中国风格、包装盒上的清晰印刷、没有错别字、官方的全息密封。它也很可能是非法的，但谁知道呢？这需要大量的研究，来确定其真正的来源。但由于城中每家DVD厂商中都有正版和盗版两种库存，而且它们之间价格相差不大，所以对于像我这样的大多数消费者而言，这还是个悬而未决的问题。

这些灰色地带教给我们什么呢？我认为，这种新兴的模式是明确的。如果你是一个电影制作者，在将来你会：

1）让正版的价格接近盗版拷贝。也许99美分，比如iTunes的做法。即使是像样的盗版也不是免费的，它需要有一定的成本来保持其完整性、真实性和易操作性。

2）汲取影院里不可复制的有价值经验，用无处不在的廉价拷贝作为广告。在西方，空调不足以把人们带到电影院里来。好莱坞将转向逼真的3D特效、全国最先进的音响效果和其他让人身临其境的感觉，以吸引人们买票。电影院变成了为要求众多的家庭提供终极视觉体验的、力求最先进的高科技展示台，并且推动着厂商制造出这种视觉体验的影片来。

3）电影，即使是艺术电影，也将转移到广告宣传和商业广告的发行渠道上。就像有线电视承诺的无限渠道那样，互联网已经提供了广告支持的免费电影拷贝。

在版权自由的环境里生产电影，在理论上是不可能的。这在经济学上讲不通。但在数字时代，有许多事情是在理论上不可能，但可能在实践中行得通——如维基百科、Flickr和PatientsLikeMe[3]。加到这个名单上的还有：为看盗版碟的观众生产电影。与期望和悲叹的相反，盗版的盛行不能扼杀商业电影。已有的证明：这个地球上最大的电影业。今天他们所做的，正是明天我们要做的。那些遥远的、忽略了版权法的土地，正在预演着我们的未来。

2010年4月6日

---

① 此处指“世外桃源、人间乐土”。

② Blockbuster（又名“百视达公司”）是美国的家庭录像和视频游戏租赁服务提供商，最初提供录像出租服务，后来增加了DVD邮寄、流媒体视频点播的服务。总部设在德克萨斯州麦金尼，由于来自Netflix等其他视频租赁公司的竞争，已经出现了显著的亏损。2010年9月23日已提交破产申请，并于2011年4月26日被收购。（来源：维基百科）

③ PatientsLikeMe是一个数据支持的有关健康的社交网站，允许其成员共享个人健康状况、症状信息以及接受的治疗，以便随时监察他们的健康情况。大家能够在网站上找到与他们类似的患者，获取社交支持，还能了解处理和管理自己健康状况的第一手信息。（来源：维基百科）

WHY PEOPLE PIRATE STUFF
盗版为何？

在免费的世界中，被盗版是家常便饭。确实，现在许多产品和服务都特意将价格定为零元；但是，相当大一部分消费者会被非免费产品和服务的非法免费版所吸引。高价数字产品的免费版在地下文件交易网站不难找到；而在正规聚合网站如YouTube上，也能找到一星半点。大多数高价商品，如昂贵的商业软件，可以不花一分钱就获得。但是，非常便宜的东西也难逃被盗版的厄运。

便宜的数字商品为什么也会被盗版呢？糖果这么便宜为什么也有人偷呢？这是游戏开发人员克里夫·哈里斯（Cliff Harris）向网络世界提出的疑问。他的游戏定价20美元，他认为这个价格非常合理。尽管如此，哈里斯的游戏还是不断遭到盗版。为什么？他真的很想知道自己是不是应该转变经营手法，因此他向大众发问，“人们为什么要盗版我的游戏？”他不打算做任何评判，只想知道答案。他的问题在博客圈流传深广，登上了Slashdot、Digg和Arstechnica等网站。他得到了成百上千的回复，每条回复都在100字以上。哈里斯说：“这情形就好像许多人等了很久，才有机会告诉一个游戏开发人员这个问题的答案。”

在回复中，他惊讶地发现了一些规律。最常见的答案是，他的游戏（以及一般的游戏）相对购买者所获得的体验定价过高——就连20美元也高了。其次，复制保护、数字版权管理（DRM）和两步式网上购物流程，会给购买和开始玩游戏带来困难；任何挡在玩游戏的冲动和真正在玩游戏之间的东西，都被视为寻找免费版的合理信号。哈里斯还指出，意识形态和思想上的原因也是占少数的决定因素，比如有些人反对资本主义，反对知识产权，反对开发游戏的这个人，有些人喜欢反叛的感觉。

值得赞扬的是，面对这些真诚的回复，哈里斯改变了自己的想法——他决定转变商业模式。他将游戏的价格降低一半至10美元，他去除了数字版权管理的数字保护，他承诺要把自己的网店变得更易于使用，甚至可能采用一键下单的方式；他决定延长免费版的使用期限，最重要的，他明白自己需要提高游戏的质量——即使它们最终只会卖20美元。他写道：

> 我的游戏还不够好。讽刺的是，一想到游戏一推出就会有成千上万忘恩负义的饭桶去玩免费版，就会减少自己想要加倍努力做游戏的热情。这种事非常令人泄气。但是，在同盗版和使用盗版的人交流之后，我发现有很大一群人很欣赏真正优秀的游戏。一些人对我的游戏的批评正中要害。我认为，如果我能把Kudo 2做得比以前不止好很多，而是好得超级无敌多，精心打磨、设计并让游戏具有平衡性[①]，那么许多想买盗版的人最终会购买正版。我以前曾因游戏被人盗版而低落，但现在真正受到了他们的启发，我现在正比以往更努力地让自己的游戏变得有趣和精致。
>
> 最后需要说明的是，我正尝试让用户能够更方便地购买我的游戏。我正麻烦支付服务提供商在我的网站上也支持亚马逊的一键支付功能。我认为这会比Steam[②] 更方便。我一直都在尽力改进购买流程，让它尽可能的方便快捷。

哈里斯的“对话盗版者”（Talking to Pirates）一文不长，只有一页，值得一读。看看他的改进工作是否能推动销量，应该非常有意思。我希望他将这一伟大行动坚持到底并继续跟进，明年发表文章谈谈后续情况如何。

感谢瑞贝卡·布拉德（Rebecca Blood）。

2008年8月19日

① 在游戏设计中，平衡性是调整游戏不同系统之间关系的概念和措施。不平衡的游戏系统至少会出现开发资源浪费的情况，而最坏的情况下，可能通过让重要角色或任务无法执行而损害整个游戏。平衡性常见的一个例子：在第一人称射击游戏中主要武器的平衡，即如果正确使用，每种武器的有效性通常相等。

② Steam：电子游戏整合平台，用于游戏出版、网上对战、玩家互动、游戏内容的组织和更新，是目前最流行的现代电子游戏平台之一，共计超过2000款游戏可供购买和下载。

THE RISE AND FALL OF THE COPY
复制兴衰史

当留声机录音设备于20世纪初抵达印度尼西亚群岛时，约翰·B·斯穆特（John B. Smoot）等音乐学家录音的加麦兰管弦乐团感到很困惑。本地流行音乐在村庄间流转的半衰期只有几周。为什么要复制一次表演？在新鲜音乐能轻易获得的情况下，谁会想听已经过时的陈旧的演奏？想要理解他们的困惑，只要想象一下外地人来到你的家乡。他们打开一个漆制木箱，在你享受丰盛大餐的时候摇动曲柄。第二天箱子又被摇动的时候，你就能重温昨日大餐那稍纵即逝的味道。和让你享受新的大餐不同的是，他们建议你一次又一次地重温旧餐。

如果加麦兰演奏者当初感到困惑的话，现在他们应该会更加惊讶。我们可以用数字盒子在任何时间任何地点（在跑步时，在电梯里，在睡觉时）重播我们的经验。而且我们能分享复制品，让邻居和朋友们重播它们。《复制文化》（***The Culture of the Copy***）一书作者希列尔·史瓦兹（Hillel Schwartz）言简意赅地说道："我们对独一无二的东西感到崇敬，然后我们会复制它。"

录制音乐的行动改变了音乐。随着留声机于100年前风靡全世界，它们让民歌向音乐转变，音乐在重播时效果很好。录制的音乐变得更短、更有旋律且更精确。出现于19世纪90年代的第一个商业录音机能录制的音乐时长不到2分钟，几十年后，录音设备能录制的音乐仍然不超过四分半钟。音乐家们缩短旧歌，并创作足够短的新音乐以适应留声机的这一特性。由于首份录音是由录制音乐本身未经放大的震动得来，因此录音会弱化歌手的巨大声响，强化乐器的细微声音。音乐学家蒂莫西·戴（Timothy Day）提到，一旦钢琴家们开始录音，他们就会开始做些之前从未做过的事情，他们会尝试“在整首作品中仔细分清乐谱中每个八分音符和十六分音符。”

技术缩短了耳朵和音乐之间的距离。在录音时代之前，一名深度音乐爱好者（如刚出道的作曲家）能在一生中听到喜爱的交响乐团演奏一次以上就已经很幸运了。除非他所在的城市拥有一支恰好以该作曲为特色的交响乐团，这位作曲家才能听到自己喜欢的音乐。隔很长一段时间才能听到自己喜欢乐曲的事情简直太普遍了。

我们现在生活在一个绝大多数音乐都是录制音乐的时代，而且我们将越来越多地能在任何地点任何时间听到任何想听的音乐。如今没有音乐不受录音和复制特性的影响。当弗雷德里克·盖斯伯格（Frederick Gaisberg）于1902年抵达印度加尔各答，他发现印度音乐家们已经在学习模仿录制音乐，并抱怨“没有传统音乐可录了”，这时距留声机发明还不到十年。

改变音乐的不仅仅是录音，还有重播复制品的技术。随着聆听和回播设备的发展，听音乐的活动由出现在庙宇、教堂、家庭聚会或礼堂的集体经验转变为在车中、卧室里或戴耳机的个人经验。个人化技术让音乐更有个人感觉。随着机械扬声器接近人耳，拥有感膨胀起来。环绕立体声的随身听让你最喜爱的音乐看起来只为你所有。在不远的未来，小巧的耳塞、通过骨头传递的音乐、或者某天在你耳中植入只有你能听到的所有前途光明的音乐终将出现，那是“专属于你的音乐”。

美国最精通技术的历史学家丹尼尔·博斯丁（Daniel Boorstin）提到，我们称之为生活的含糊经验已被复制的技术所划分，这类技术从相机、留声机和电话开始，演变为一系列精巧的消费部件。“生活中每个时刻都独一无二且不可复原的感觉，让步于录制和重播它们的想法。”我们正带着电子邮件沿这条道路前进。现在的一些孩子在70岁左右时能将他们的整个人生——所有以图片、思想、通信、电话交谈形式进行的事务——都保存在一个服务器上，并能提供给孙辈复制。

复制来临的第一阶段很完美。音乐很快适应了录音的限制。复制品与原件一模一样，拷贝复合增长，创造了自己的现实。随着上世纪复制技术的繁荣，消费主义也随之繁荣。消费者们消费的都是一模一样的复制品。

复制品的总数目极其惊人。在一年时间内，美国售出了25亿本书。纸质复制品为15万亿页（是的，万亿！），制造CD和磁带35亿张（1909年这一数字是270万）。在物质世界中，共成型了约1020亿个一模一样的铝罐。更不用提麦当劳服务的数十亿人。复制品很便宜。

但复制和传输音乐复制品不再廉价。它免费了，感谢完美的在线复制和无限的在线传输。在线复制肆无忌惮，且规模庞大。尽管人们为阻止它付出了努力，但文件分享仍在继续。在2002年1月的一周时间里，苹果电脑音乐粉丝就复制了100万份文件分享软件LimeWire。在这个新的在线世界里，任何能被复制的东西都会被免费复制。

但当一些东西变得免费且无处不在时，它就会翻盘。当夜间电灯刚出现时，穷人们在点普通的蜡烛。当电力变得无处不在，接近免费时，电灯变得廉价，晚餐的蜡烛则成为奢侈的标志。

在这个无限复制的过度饱和的数字在线宇宙里，价值轴心也翻盘了。在工业时代，复制品通常要比原件更有价值（谁会想要在厨房里放一个“原始”型冰箱？）

如今，在充裕、免费复制品的勇敢新世界里，复制品价值下降，最终一文不值。唯一有价值的东西就是那些无法被复制的东西。在本世纪剩下的几十年里，人们将着力搜索所有不能被复制的东西，所有除复制品之外的不一样的东西。复制已死，非复制万岁！

2006年3月1日

WOULD YOU PAY FOR SEARCH?
搜索付费，你愿意吗？

如果搜索收费，你愿意付多少钱？来假设一下存在另一个没有免费搜索的世界——我们的未来可能也会如此。使用谷歌、Bing或者其他任何搜索引擎都要付费，如果这样，你愿意付多少钱呢？

我愿意每年最多支付500美元，搜索引擎对我来说就是如此宝贵。你呢？

去年，密歇根大学的三位研究人员进行了一个小实验，想看看是否能确定有多少普通人愿意为搜索付费。他们的试验方法是，在一个藏书丰富的图书馆里请学生回答在谷歌搜索上提出的问题，而学生们只能通过图书馆资料来作答。他们计算了学生利用图书馆资料回答问题所花的时间，平均为22分钟。而用谷歌搜索回答同样的问题，平均耗费时间为7分钟，比前者少15分钟。假使全美平均收入为每小时22美元，那么每次搜索就能节省1.37美元。

几个月前，谷歌首席经济学家哈尔·瓦里安加入了一个关键事实，让这一计算更为精确。在关于Web2.0的一次谈话中，他提到谷歌的普通用户（通过返回的cookies等进行判断），平均每天每人只进行一次搜索。显然，我并非如此。但是也有人好几周才使用一次谷歌，例如我母亲，我频繁的谷歌使用次数就被他们抵消了。由于现在问问题成本低，所以我们问的问题更多；对于这一事实，瓦里安又进一步进行计算以加以校正。因此，把这一因素也纳入考量后，瓦里安就算出，搜索平均每天为普通用户节省了3.75分钟。因此，免费搜索的价值约为每年500美元左右。我们甚至可以将其四舍五入为每天1美元。

如果必须付费，那么大多数人愿意每天为搜索支付1美元吗？可能吧。他们或许也会选择另一种支付方式，每次搜索1美元。

对于其他免费服务，我们也可以提出同样的问题。如果维基百科不免费，你愿意为之花多少钱？由于维基百科的条目常常出现在谷歌搜索返回结果的顶部，因此这个问题很难和搜索引擎付费的问题分开来看。但理论上，我至少愿意以订阅《纽约时报》或《经济学人》的费用来订阅维基百科，也就是每年几百美元，或每月15美元。我们可以通过估算没有维基百科回答问题所需要的时间，来确定其价格。

谷歌地图或Yelp也是如此。通过其他途径要花多少时间才能获得相同的服务？它们每天大概帮我节省几个小时。差别太大了，如果要用别的方式来做相同的事，那我根本就做不到。

这是免费网络的一大好处。它使一些商品的获取成本变得如此低廉——如答案、百科知识、方向指示、天气预报和建议——于是我们用他们做更多的事情，乃至创造出全新的活动领域。量变产生质变。比起这种问答模式出现之前，我们现在问出的问题多得多。你有没有想过，在搜索引擎出现之前，这些问题都在哪儿呢？我们以前甚至都懒得去问这些问题。

现在呢，我们每时每刻都在问问题。通过乘法算出1.3亿谷歌用户总共所节省的时间，瓦里安得出了这项新活动的重置成本——即如果没有谷歌，做同样的事情所需要的成本——每年650亿美元。他称这650亿美元为谷歌带来的价值。

但是，如果谷歌以后想要部分或全部捕获这部分价值，如果谷歌、微软、雅虎、Yelp和其他互联网企业也开始让它们的服务收费。那么整个用户群就需要支付大约650亿美元的费用。我们得为每天享用的1美元好处付费。

我认为，零价格产品和服务不会消失。它们始终会存在，且可能会依靠干扰我们注意力的广告或其他类似策略作为收入来源。但我想，付费版搜索引擎或许比免费版要好得多，它在未来将会成为一种选择。而据我猜测，付费搜索、付费维基百科、付费地图以及付费推荐的价格，将会接近其重置价格——约每天1美元。

而最近，经济学家迈克尔·考克斯（Michael Cox）调查自己的学生后报告称，他们不会为了100万美元而放弃互联网。

2011年4月26日

CITIES ARE IMMORTAL: COMPANIES DIE
城市不朽，公司终殆

所有公司都难逃一死；所有城市都近乎不朽。

同为网络系统，城市和公司的命运各不相同。网络系统的基本形式有两种：有机体或生态系统。公司似有机体，而城市似生态系统。

所有有机体（和公司）都遵循多种通用成长法则。生物以相同的方式变老，无论它们是小动物、大动物、海星、细菌或细胞。它们都有着类似的代谢速率和类似的能量分配规律。所有生态系统（和城市）也都遵循通用法则。它们以相似的方式进化并使自身规模化——不管它们是森林、牧场、珊瑚礁、草地还是村庄。

圣菲研究所（Santa Fe Institute）的杰夫·韦斯特（Geoff West）用大量数据证明这些通用、预测性的生命法则存在。比如，有机体规模增长遵循3/4法则。它们的体积每增大一倍，在其他方面的增长幅度都会不足一倍，即0.75倍。有机体越大，其增长速度越慢。大象和老鼠在各自生命周期中的心跳数相同，但大象心跳得更慢。

相反，生态系统和城市的扩张速度要大于一倍，往往为1.15倍。城市的财富、犯罪、交通、专利、污染、疾病、基础设施的人均值都会以每年15%的速率增长。城市越大，其增长越快。

指数增长小于1倍会不可避免地导致终将走向停滞的S型曲线。所有有机体和公司最终都将停滞并死亡。指数增长大于1倍则会带来看似无限增长的曲棍球杆曲线。所有城市都会不断壮大。正如韦斯特所说的：即便在一个城市里投下一颗原子弹，30年后它还会重新欣欣向荣起来。

杰夫·韦斯特在“恒今对话”中无法回答的问题是：

互联网更像一家公司还是一座城市?

我敢肯定它更像一座城市。

在我看来，有机体和生态系统、公司和城市之间发展的区别在于，生态系统和城市都是进化而非成长。成长总是自我限制，而进化则没有限制。进化是无限的游戏；它会不断从内重造自身，因此其增长不可能被追赶上或陷入停滞。

另一个现在也无法作答的问题是：怎样让公司变得更像城市?

韦斯特对此的答案是：引入疯子！疯子遍布于城市中。你不能甩掉他们，但他们是让进化继续下去的人。公司会甩掉疯子，这从长期上阻止了公司自身的进化。但我并不赞成这种疯子论。我认为公司的既定边界阻止了其进化——边界太过封闭，太过有限。城市则正相反，城市边界模糊、联系不紧密、可渗透且没有中心，因此能在不改变其本质的情况下持续转变。

这也是我认为边界模糊、无中心的互联网会进化并永生的原因。或者可以这么说，互联网至少能像城市一样长久存在。

2011年7月26日

EVERYTHING, TOO CHEAPLY METERED
当一切便宜到可忽略不计

克里斯·安德森在研究经济富裕的后果时，再次谈到了在1954年，原子能委员会[①]（Atomic Energy Commission）主席刘易斯·斯特劳斯（Lewis Strauss）经常抱怨的："总有一天，核能将会变得便宜到可以忽略不计。"

和大多数流行的名言一样，它背后还有个不为人知的故事。当克里斯·安德森调查"便宜到可以忽略不计"这句话的背景和历史时，他被提醒说，"便宜到可以忽略不计"并不意味着电力应该是免费的。只是说计量的费用将超过电力的成本。但是，如果刘易斯·斯特劳斯是正确的呢？至少对电力而言。如果它是免费的会发生什么呢？

我朋友在屋顶安装了大量的太阳能板，这在某种情况下就是"便宜到可以忽略不计"。在阳光充足的日子里，他们的电力过剩，往往超出了需求。所以这个发电冗余的装置，让它们的电表往回走。在这种情况下，你来测测看！正如安德森所指出的，我们使用的带宽和数据存储往往是向廉价的电力看齐的。它仅仅是一种我们不重视的廉价工具。也许有一天，我们甚至可以创建和上传更多的比特，比我们下载的还要多。但大多数时候，我们并不知道每比特数据需要支付多少钱，因为它是一个小数目。而每比特的费用持续下降会鼓励着我们更多的使用它。

但我从“便宜到可忽略不计”中得到了不同的教训。

终究，计量（测量）电力在某种程度来说甚至比免费电力更便宜。所有的太阳能电池板监测和计算着它们的免费电力。因为监测信息是如此便宜，以至于它变得越来越便宜，直到没有理由不去计量一切事物。先说清楚：以前使用“计量”一词意味着监测和收费。电力公司监测使用情况，这样他们就可以从中收取费用。但在富裕的新经济里，在不收费的前提下来监测使用情况，也完全可以从中提取出新的价值来。

在知道主机正在监测（计量）我的使用记录的前提下，我可以得到免费邮箱、免费存储空间、免费的照片处理工具、免费家谱共享、免费电话服务、免费用Twitter发送服务、免费……几乎任何免费的东西。

监测一切——所有物质流动、所有能量流动、所有人员流动、所有注意力流动——所创建的数据流。这些数据十分庞大，即便没有海洋般浩大，也有河流般巨大。产生这种元数据洪流的部分动因在于，带宽和计算机周期的成本本身就是“便宜到可不去计量”。但事实上，如果我们的意思是只管去计量和监测，元数据应该是“便宜到不能不去计量”。随着比特成本的下降，测量任何比特元数据的价值似乎都会增加。

乍看之下，有一个担心：所有可用的传感器传来的数据接踵而至，如果让其全天候运行只会把我们淹没在数据的海洋中。保存每一封电子邮件、每一个浏览过的网页、每一个按键，这有什么样的价值呢？我们已经从疯狂的自我追踪者和生命日志记录者中学到的一件事是：当无处不在的监测的价值在刚开始似乎为零时，这些琐碎行为的数据流，往往后来成为最有价值的数据流。你每天晚上都要睡觉的模式现在看起来毫无价值。但在未来，如果一些新的疾病来困扰你的睡眠，它们就可能会形成一个非常有价值的基准线。同样，在商业行为里，对普通客户行为的大量记录现在看起来似乎是一个麻烦，但在未来的产品和服务上，很有可能会成为推动创新和辨别失败的基础。

想象这是一个任何一组历史数据都可以提供给你的世界。每个人都有自己最想从历史里得到的数据流。这样一座宝库，将改变我们的生活。出于这个原因，监控一切将成为家常便饭。便宜的计量数据，事实上，是自由经济的助推器。计量是一种注意力。人们用使用产品和服务的元数据换取免费的产品和服务。关于免费东西的数据，现在比免费的东西本身更有价值。

谷歌和Web 2.0公司认识到了这一点。他们计量能计量的一切，因为事物的数据比事物本身更有价值。他们买卖的是人们对事物的注意力（一种元数据类型）。你可以下结论说，从计量中衍生出来的价值是自由经济存在的根源所在。因为有那么多事物可便宜地被计量了，我们就有了数不尽的自由。

从长远来看，没有什么是不能通过计量而更有价值的。（在这个递归的世界里，甚至连测量都不是“便宜到可忽略不计”的。因此，测量计量仪表是一个不错的战略。）我们正在迅速创造新的传感器，让它变得更廉价、更准确、更具连续性，来计量所有层面的所有事情：地理位置、速度、消费、健康、健身、可修复性、连接、性能、休息、充电和其他上百万种事物。在这种新环境中，解析和提炼这个有意义模式的技能将极为重要并受到热切追捧。谁能控制这种测量信息的闸口，谁就是胜者。

货品和服务的流动，为第一维的全球经济奠定了基础。数据流是第二维。我们正在走向一个建立在数据的数据或元数据上的经济。在这之后，我们的经济还会建立在对注意力的注意力上。

在这种经济环境中，剧烈的变革也会便宜的计量。毕竟，一比特仅仅是一个等待被测量的差异。

2008年9月15日

---

① 此处指美国原子能委员会，这是美国国会在二战以后立法设立的政府机构，目的是提倡、管理原子能在科学及科技上的和平用途。杜鲁门总统在1946年8月1日签署了将军方对核能的掌控权转移到上述文官机构的1946年原子能法案，这个法案在1947年元旦生效。（来源：维基百科）

FEATURE, PRODUCT, COMPANY
特点、产品、公司

当创业者有了一个想法，想从风险投资家那里获得投资的时候，风投会问自己几个问题。其中有一个便是：这个想法是一个特点、一个产品还是一家公司？

作为一个消费者，我发现自己也会问同样的问题，但是我希望得到的回答却与创业者恰恰相反。

风投和创业者想要知道这个创新将会处在“特点-产品-公司”这个阶梯上的哪一层。这个创新也许新奇、有用、人人渴望并且能够在市场上获得一席之地。但是这个创新会有多大？是否能够自行运转？它是不是大到可以当成一个产品销售，并且能够自给自足？这个产品是不是大到可以维持一家公司的运转并且负担得起这个组织需要的固定支出？也许这个发明只是一个简单的小想法，在现有的产品上增加一个特点。或者，即使这个发明能够自行成为一个产品，它也许并不能够支撑一家独立的公司，而更应该成为一家现有公司的一部分。

大多数创业者，特别是那些刚刚起步的创业家，都想围绕他们成功的创意创立一家公司。大多数风投则希望投资一家公司，而不仅仅是一个特点。特点总是容易被现有的竞争对手模仿。

这就是Twitter刚出现的时候投资者问的问题：这是一个特点、产品还是一家公司？虽然它现在已经获得了成功，但是这个问题的答案仍不甚明朗。地理位置定位技术是一个特点、一个产品还是一家公司？在计算技术的历史上，有数不尽的例子，我们把特点当作产品和公司，但到最后我们发现这些仅仅都是特点而已。小公司卖的Photoshop插件最后成为软件出厂时自带的功能；早期生产的导航设备最后成为汽车的内置功能；而广告监测的服务内建到了搜索引擎当中。

对于发明者来说，这些并不是最坏的结果，但却激励着大多数创造者把自己的想法上升到“特点-产品-公司”阶梯中公司的位置。

问题是，消费者要的东西却正好相反。作为一个用户，我不希望和另外一家公司或者另一个产品打交道。理想状态中，酷的新玩意儿会作为一个新的功能，添加到我已经在使用的东西上面。我不想去另外一个网站，重新注册，记住新密码，学习新的操作，安装另外一个设备，随身携带更多的东西，另外一个求助热线号码，下载另外一个应用，安装另外一个引擎，记得访问另一个网站。理论上说，正在使用的旧服务可以更简单、也许更好地带领我进入新的服务和产品。

我完全明白膨胀的代价，我也知道抄袭创新要受到惩罚，但是姑且不论这些负面因素，我要的是特点而已，并不是产品和公司。

说实话，就连特点也太大了。我想要完全不意识到特点的存在，让它们从我的感觉中消失。我要的只是功能性的利益点。我不想要更多的公司。

这中间的张力将会一直存在：创造者希望他们的特点可以成长为产品或者更多，但是消费者希望产品缩减成特点或者更少。这就是技术元素的现实！

2011年3月16日

FREECONOMY
免费经济

在新经济中，免费是个热门话题。但是关于免费经济，还有另外一个方面。那就是经济中被称为“免费经济”的部分。免费经济主要运行在实体世界中。在免费经济中，所有的事物均是免费。货币，特别是利润，是被明令禁止的。

长久以来，远离货币经济一直被视为离经叛道，一代又一代人为之探索。在几个世纪以前的英格兰，自称“真正的平等派”（True Levellers）的掘土派（Digger）便劝诫过人们，经济要平均分配。而在美国的历史画卷里，亨利·戴维·梭罗[①]（Henry David Thoreau）在1850年代中独自将免费经济付诸实践。1960年代，嬉皮士们成群结队地成为免费经济的成员。大约从10年前开始，火人节（Burning Man）成为了数字一代大规模施行无货币生存的先锋。火人节的中心黑岩城奉行礼品经济，基本上把货币排除在外——不过，那笔可观的入场费还是要交的。

最近还出现了其他三种礼品经济。

其一便是非常活跃的“免费循环”社区。在“免费循环”运营的网站上，用户可以为某样免费的东西或者服务打免费广告。他们也会使用Craigslist[②]的“免费”版块。无论是贪婪的吝啬鬼，还是在哲学上的共产主义者，无论是主张不用工作的激进派，还是自由的信仰者，任何人都可以从那里免费得到东西。通过这种方式，人们可以找到能用的好东西，也可以把这些能用的好东西送出去（而不是扔掉）。这种感觉着实不错。

另外一种被称作"纯免费主义者"。和纯素食主义者有点类似，纯免费主义者追求的，是一种简单生活在地球上的单纯生活方式。纯免费主义者当然对环境有利，但他们还在生活的方方面面，尝试仅使用免费的东西。和只放弃购买商品不同，他们还鼓励三种行为。而对于我来说，这三种行为在我年轻时就已经耳熟能详了：即自愿失业（吃闲饭）、免费乘车（搭便车）、和废物回收（用废品）。为了推行这种理念，他们的网站上写着：

> 利益的驱使蒙蔽了对道德的思考；庞大复杂的生产体系使得我们购买的所有产品都能对我们产生不良影响，而其中大部分，我们永远无从得知——纯免费主义便是对这样一种经济体系的全面抵抗。为此，我们不会为了避免购买某家不良公司的产品而转去支持它的同党，我们尽最大可能避免购买任何物品。
>
> 纯免费主义者相信，住房是一项权利，而不是特权。和纯免费主义者们认为"朱门酒肉臭"的同时尚有人忍受饥饿是暴行一样，我们同样为"路有冻死骨"的同时尚有房屋被封存和闲置——仅仅因为那些地主和城市管理者们无法令其作为住房盈利——而出离愤怒。

不幸的是，纯免费主义者却和另外一种十分暴利的免费行为联系了起来——拾荒。从我的个人经历来看，垃圾桶里确实有各式各样的好东西，但它们绝不会为你在平常的社交圈子里赢得任何地位。

最近，"免费世界"里面兴起了另外一个新团体。它便是"免费经济"。免费经济的成员们提倡少用货币甚至淘汰货币。他们针对的不仅仅是资本主义，还有"货币主义"。

我曾一度认为，"没有货币的世界"是我这辈子听说过的最最荒唐、最最天真的想法。但是，我却一直在慢慢思索十年前，我在经营《连线》时，迈克尔·戈尔博哈勃（Michael Golbhaber）发表的一篇文章。他假设出了一种抛开货币，运行于注意力之上的经济。粗看起来，这种经济似乎是一种乌托邦式的幻想。但我却越来越将其看作是一种可行的未来图景。

对于某些人来说，没有货币的经济还是很遥远的事情。但我觉得，他们还没有为注意力经济所带来的古怪和不公做好准备。英国的马克·博伊尔（Mark Boyle）曾经在互联网业工作，他计划从英国的布里斯托尔（Bristol）步行前去印度，去甘地的出生地。在路上，他不会使用，甚至不会携带任何钱财。博伊尔打算通过乞讨来穿越几个大洲，但他还给自己设下了一项额外的挑战——一个子儿都不要。他需要的只是食物、住所和交通。

根据Treehugger网站的报道，博伊尔说："五六年前，我还在学习经济学的时候，就（对这事情）感兴趣了。我们积攒的财富越多，我们社会就距离崩溃越近。"

博伊尔从2008年1月开始了自己的行程。他希望能够利用自己和平、平等、公正的信息来说服他人，特别是那些并不拥有很多的人，来换取到支持。不带钱行走，博伊尔并不是头一个。"和平朝圣者"（Peace Pilgrim）为了传播和平理念，没用任何金钱，依靠陌生人的赠与，用了28年徒步遍游了美国7次。

在印度这样的地方，乞讨随处可见。在尝试将礼品经济引入那里时，博伊尔遇到的最大挑战，是让人们相信，他是一个免费经济学家，而不是吃白饭的。

在思考免费的经济时，我认为最重要的，是理解免费不是治疗资本主义疾病的灵丹妙药——无论它是礼品经济、还是开源运动、抑或是免费复制品的数字流。尽管关于免费，有许多美好的事情，但免费并不完美，它有太多的缺点需要通过其他的方式抵消。

有一位不知名的作者，来自旧金山的当代掘土派公社，是礼品经济在1960年代末和1970年代于加州兴盛时的参与者。他在1978年的一份免费的前卫报纸上，敏锐地洞察到了免费经济的本质。

> 免费并不是整个宇宙的终点，它只是一种拙劣而又顺手的手段，好在免费中赤裸裸地捎带进去某些东西。在萨里和旧金山之外，免费从来没有流行过。而且据我所

知，免费可能需要在一种高度特殊的环境下才能产生效果。因为解决这个世界上各种各样病症的方案还有很多，每种方案都具有同样的潜力，而且每种方案都有自己的优点和缺点。免费得用对时机。在不能理解免费，或者免费没有作用的地方，一根筋地要免费下去，那就是大错特错。这就和对免费实践有偏见而不尝试免费也是错误一样。打个比方，在摩洛哥的丹吉尔开家免费的粥铺，可能会招致当地所有开粥铺的不满，最后落得个人人喊打的下场。但开一家薄利多销的粥铺，反而有可能大发一笔。地利不可缺，相反，你还要对其充分了解。你必须知道你能通过什么方式成功，同时也要知道哪种策略最有效果，对症下药才有疗效。

免费拥有的社会公义方面，是免费运动的一部分，但也仅仅是一部分。更重要的是，在任何经济中，免费都永远只是一个备选方案。免费是一样工具——好钢要用在刀刃上，任何工具都是如此。数字世界里的免费永远都只是一条路径，要运用好它，必须连同环境中的其他的选项一起考虑。

2008年2月7日

---

① 亨利 · 戴维 · 梭罗（Henry David Thoreau）：美国超验主义作家，著有《瓦尔登湖》。

② 大型免费分类广告网站，网站地址：http ：//www.craigslist.org

THE BOTTOM IS NOT ENOUGH
只从底部出发还不够

我在《失控》一书中，为自底向上系统的巨大力量而欢呼。书中讲到了聪明的群氓[①]、蜂群思维、网络力量、业余达人[②]、去中心化网络、网络效应以及协同工作。20年前《失控》列出了广泛而翔实的实例，证明去中心化的失控系统在生物学、技术和文化领域所能取得的非凡成就。20年后，我仍然醉心于新兴的自底向上系统尚未开发的潜力。

然而在我衷心支持的过程中，我一直试图收敛自己对底部的赞美之词，因为我相信，就我们真正想要的而言，**只从底部出发还不够**。要得到最好的结果，我们也需要一些自顶向下的智能。我一直主张这个略有差别的观点。既然时下众包[③]和社交网络十分流行，还是值得重提一下：只从底部出发还不够。你也需要一点自顶向下。

每一个自底向上的众包蜂群思维都需要一些自顶向下的控制，究其原因是由于时间。底部运行在与我们的即时性文化不同的时间尺度上。

下面谈谈我是如何得出这一结论的。我首先称自己为编辑，其次才是作家。我认为编辑的自顶向下的职能——选取、修改、指导、征求、塑造和引导大众反馈——对于追求卓越至关重要。在互联网最早出现的时候，当时《连线》杂志开创了最早的一家商业内容网站，一个悬而未决的关键问题是：编辑究竟该有多大的影响力？在二十世纪九十年代初，灵活型组织[4]的铁杆拥护者如我的朋友霍华德·莱茵戈德[5]（Howard Rheingold）（我们聘请他监管《连线》杂志的在线内容网站Hotwire）支持"去编辑化的众包"。我则站在编辑的一边。

霍华德站在当时最激进信仰的最前沿，即内容能够完全从业余爱好者和受众的集体行动中组织出来。通过这种方式能组织出很多好东西，这点我毫不怀疑。但在我看来，众包内容不过是开始。我当时并且现在仍相信，编辑的角色——或者说中间人、PSL（出版商、电影制片公司、唱片公司）——并不会消失。我认为，通过在底层工作之上增加一个温和、聪明的编辑选择，结果将会好得多。霍华德认为只需依靠具有强大的影响力、大量激情和写作意愿的人们，我们能更快地实现这一目标。现在我们称这些人为博客写手。

我的观点是出版商的角色将发生彻底变化，但是对某种自顶向下的选择和引导的需求只会增值。随着内容量的扩充，对其加以一定明智引导和选择，会让某些人觉得非常值得。大多数未经编辑的业余作品对我来说没什么意思，也不够可靠。

十年后，维基百科反驳了这种观念，并且展示了在全无编辑的情况下，底层能运转得有多好。看到这，没人比我更震惊了。霍华德是对的。不管怎样，如今的维基百科代表了自底向上的力量、分散化无编辑知识的顶点、失控的善果，以及声名不佳的蜂群思维。维基百科并不是唯一的蜂群思维。大网络本身以及其他集合体如粉丝群、参与投票的受众、链接聚合者、舆论过滤器、开源社区等，都沐浴在方兴未艾的松散相连的社区行为大潮中。

但是如果我们实事求是地用心观察的话，用不了多久就能发现，这些创新没有一个是纯粹的蜂群思维，而所谓的灵活组织机构的典范——维基百科——本身也远非严格意义的自底向上。事实上，对维基百科的过程仔细观察就会发现，其核心有一个精英层（大多数人可能还是头一次听说这件事），原来有一个远比其最初表象深思熟虑得多的自顶向下的设计管理在发挥作用。这就是为什么维基百科能在如此短时间内大获成功的原因。

时间是灵活性组织所需而我们又少得可怜的东西。纯粹地道的达尔文主义的主要缺陷是，它发生在生物学时间里，这需要亿万年。在互联网时间里，谁有亿万年时间可以等？没人。这就是吉米·威尔斯（Jimmy Wales）发挥作用的地方。

维基百科的老大吉米·威尔斯与新兴的志愿者编辑联盟一道，开创了让维基百科在短短几年就变得比完全傻瓜式的自底向上进化更加聪明的事业。与其绞尽脑汁地设计滴水不漏、自底向上的条条框框来防止不断骚扰的破坏分子搞乱文章，超级管理员威尔斯宁愿采用其精英编辑的建议单方面屏蔽他们。这些“网络小白”⑥（troll）到底是麻烦还是无害，人类编辑对此的辨别力比任何规则都强得多。这省掉了浪费在调整和优化新的反“小白”系统上的好几年时间。

记住底部本质上有多愚蠢很重要。生物自然选择中的首席设计师是死亡。死亡驱动了进化选择。死亡是一个二进制字节。要么关闭要么打开。有什么比这更笨？因此，进化的蜂群思维是由单字节智能所驱动。这就是为什么它花了几百万年才做了这么多事的原因。

我们对一个纯蜂群思维的出现有点过于迫不及待了。我们最好的技术系统上留下了这样一个事实印记：我们已将智能设计引入其中。这是我们插入其中的自顶向下控制，目的是加快和引导系统向我们的目标前进。包括维基百科在内的每一个成功的技术系统都在其中融入了智能设计。

唯一新鲜的地方是：我们在以前从未能制造出像互联网一样内含如此多“蜂群”的系统。以前，技术基本上全是控制或全是设计。如今它能同时包含设计和非设计（或者说蜂群思维）。事实上，Web2.0商业首先是探索将设计和蜂群思维以无数种排列组合在一起的所有方法的第一步。我们正在以几百种组合拨动着这个转盘：

1）笨作者，聪明的过滤器，没有编辑。

2）聪明的作者，笨过滤器，没有编辑。

3）**聪明的编辑，聪明的过滤器，没有作者。**

……无穷无尽。

如今令人兴奋的前沿领域是我们能把失控性创造和各种层次的自顶向下控制融合在一起的无数种方法。我们正在冲进一个此前从未得入、膨胀中的可能性空间。这是"没有谁比谁更聪明"的第五维度。简言之，一个一再浮现但依旧值得探讨的洞见是：如果我们里外对调，让受众/消费者掌权，会发生什么事？就像克莱·舍基⑦（Clay Shirky）所写的：大家都来了！但纯粹的傻瓜群体是在整个可能性浩瀚星海中最容易的、也许是最没意思的新空间。更有影响力和更不为人知的，是所有人和某些人的其他许多组合。

这颇费了些时间，但我们应该已经明白了尽管需要自顶向下，但并不需要太多。编辑工作和专业性就像维他命。你并不需要太多，即便是个大个子也只需微量，太多了反而有毒，或者只是随小便排出去了。然而智能控制的正确剂量将赋予呆傻的蜂群思维以活力。

不过，如果蜂群思维如此愚蠢，又何必在意它呢？

因为尽管它很愚蠢，它又足够聪明。

更重要的是，蜂群思维的蠢笨创造了智能设计能大显身手的原料。如果我们只听蜂群思维的，那一定很傻。但如果我们完全忽略蜂群思维，这样甚至会更傻。

然而，由于蜂群思维在一个不同的时间尺度下以一种更慢的节奏运转，便出现了一个底部的底部。我希望我们能意识到，规模再大的自底向上努力也只能让我们取得部分成功——至少在人类时间是这样。在百科全书领域，我们想要的是完全可靠的文章，它们得是世上最具权威性、最便于理解的和最新的文章。我们想要相关联、低信噪比⑧的新闻。我们想要公正全面且始终如一的研究报告。我们要的是专业性。

在根本没有专家的情况下，我们不大可能达到我们想要的那种专业性水平。

这也是为什么所有人都不应感到惊讶，从长远来看，越来越多的设计、控制和结构将被叠加到维基百科中。（公民百科[9] 是它未来的一种可能走向）我猜在50年后，相当一部分维基百科的文章都将拥有受控的编辑工作、同行评审、验证锁、验证证书等。这对我们读者来说都是好事。

我知道这有点另类，但是维基百科模式可能并不太适合用来写宇宙百科。其它用于创建教科书、物种条目和一个搜索引擎的维基项目都还没有取得成功。也许文章的长度碰巧是适合聪明群体的长度，也许一本书正是错误的长度。我们终究会明白的。

然而，即使2006年维基百科的流程被证明不是设计教科书、或创办所有物种的百科全书或分发新闻的最佳办法，2056年维基百科的流程也许就是了，那时维基百科的设计会比现在多得多。现在就说改进的编辑辅助性蜂群思维将写出数量大大超出当今任何人想象的教科书、数据库和报纸，这一观点可能同样有些离经叛道。

我是这样总结的：自底向上的蜂群思维将让我们永远向似乎不可能的目标前进，甚至更为激进。从这方面来说，它会不断地震惊我们。只要有足够时间，愚笨的东西也能变得比我们想象的聪明。

与此同时，自底向上的蜂群思维绝不会让我们实现最终目标。我们太没有耐心。因此我们加上了设计和自顶向下的控制以奔向我们想要去到的地方。

我们所保有的系统将是杂交造物。它们会有一个点对点世代的强大根源，嫁接在高度精致的控制功能品系之下。用户制造内容和众包创新结实稳固的基础将会激发出少许领导敏捷性。百分之百全由聪明群氓出演或聪明精英出演的戏剧将非常罕见。

在网络经济中，真正的商业和组织艺术不在于控制包括“每个人”的群体（这个简单！），而是在最佳时间为每一个利基市场找到底层和顶层的最佳组合。控制-非控制的组合将随系统长大和成熟而发生改变。

从我们开始的地方来评判，驾驭蜂群思维的愚笨力量将永远带领我们到达比我们梦想所能达到的更远的地方。从我们希望终结的地方来评判，蜂群思维还不够，我们需要另外的自顶向下的推动。

既然我们只是在开始的开始，眼下就只有蜂群思维了。

2008年2月12日

---

① “群氓”一词来自法国心理学家古斯塔夫·勒庞（Gustave Le Bon，1841—1931）的著名作品《乌合之众——大众心理研究》，就是聚集起来的表现为同质均一心理意识的人类群体。

② 《业余时刻》（*The Original Hour*）是1948年由电台节目改编而来的业余爱好者才艺表演电视节目，它是后来《明日之星》、《美国偶像》、《美国达人》、《英国达人》等电视真人秀节目的先祖。

③ 众包（crowdsourcing）是互联网带来的一种新的分布式问题解决和生产模式。《连线》杂志记者Jeff Howe在其2006年6月刊首次推出这一概念，用来描述一种新的商业模式，即企业利用互联网来将工作分配出去、发现创意或解决技术问题。

④ 灵活组织机构（Adhocracy）是由领导学专家沃伦·本尼斯于20世纪60年代提出的，并由未来学家埃尔文·托夫勒使其普及。灵活组织机构一词本身其实就是官僚主义的反义词。所谓灵活组织机构就是提倡组织机构中摒弃工作人员各司其职的传统管理模式，而代之以人尽其用的更为自由灵活的新型组织结构的学说。（资料来源：互动百科）

⑤ 霍华德·莱茵戈德（Howard Rheingold，1947—）：作家、编辑、评论家、“虚拟社区”概念提出者。著有《虚拟社区》（*The Virtual Community ,1993*）与《虚拟现实》（*Virtual Reality,1991*）。《全球评论》（*The Whole Earth Review*）与《千年全球目录》（*Millennium WholeEarth Catalog*）的编辑，以及《明天》杂志的专栏作家。

⑥ Troll是北欧神话里一种长相丑陋、爱做恶作剧的巨怪，这里指在维基百科上骚扰捣乱的网络小白。

⑦ 克莱·舍基（Clay Shirky）（1964—）：研究互联网技术的社会和经济影响的美国作家、顾问和老师，其著作《未来是湿的》和《认知盈余》已引入中国。

⑧ 信噪比（Signal/Noise），原是电声学领域中的一个概念，指声音源产生最大不失真声音信号强度与同时发出噪音强度之间的比率。这里用于表示相关内容与非相关内容的数量对比。

⑨ 公民百科（Citizendium），又译为大众百科等，是由维基百科共同创办人拉里·桑格（Larry Sanger）创办的以Wiki技术为基础的在线百科全书，它要求用户的真实姓名和身份，并要求内容通过专家评审。

THE STEALTHY ANONYMART
隐秘的匿名市场

有什么会比在“野外”遭遇到一个技术的新“物种”更令人兴奋呢？“Threat Level”①和“Gawker”博客最近就报道了一种全新技术的出现：匿名市场。

顾名思义，匿名市场就是你在互联网上，使用不可追踪的货币，匿名购买或出售任何东西的地方。目前，在这个隐蔽的市场中交易的，大部分是大麻和迷幻药之类的软性毒品。世界上的每个城市里，或多或少都会有黑市存在，但不管它们有多地下，有多隐蔽，为了交易，你最终还是要亲自出马。尽管在互联网的法外之地，不用你亲自现身的黑市也兴旺了不是一天两天，但付钱的时候想要神不知鬼不觉，终归还是个难题。

现在，这个被称为“丝绸之路”的新型网络匿名市场，用两种现有技术解决了以上难题。“丝绸之路”利用公认的匿名化网络——洋葱网络来完成匿名交易。同时，它还采用了比特币（Bitcoin）这种点对点的加密支付系统，从而使得支付行为不可追踪。而从理论上讲，比特币又可以兑换成美元，以及其他国家的货币。

想要登录“丝绸之路”，你必须使用洋葱网络。登陆网站后，你可以看到，从大麻，到摇头丸、LSD、鸦片、MDMA等等，都在可供购买的毒品种类里。

只有想不到的，没有找不到的，而且保证交货！而且用户还可以给上面的买家打分回馈。

“丝绸之路”是这么介绍自己的：

> “丝绸之路”是一个无需现身即可购买、出售物品的匿名市场。从访问本站，到购买物品，再到接收货物，我们能在流程中的每一步，保护你的身份。
>
> 访问网站
>
> “丝绸之路”采用洋葱网络，以实现网站上所有流量的匿名性。因此，不会有人通过你的互联网流量，顺藤摸瓜知晓你我的身份。通过洋葱网络遍布全球的节点，所有流量均被加密，而且每一个节点也不知道流量的来源和去向。关于洋葱网络，如需了解更多，请访问：torproject.org。
>
> 购买物品
>
> “丝绸之路”使用比特币作为购买物品的货币。比特币采用加密技术和点对点双重检查系统，是一种完全数字化的货币。比特币不会同你的个人信息产生任何关联，因此是理想的匿名交易选择。此外，“丝绸之路”还将虚拟交易入账的比特币混合起来，然后再予以发放。如需了解比特币的获得方法，请点击这里，或访问Bitcoin.org了解更多。
>
> 递送
>
> 这里绝对不会要求你填写个人信息。然而，实体货品在递送时，仍然需要详细地址。即便如此，地址信息也会加密保存，并在交易结束之后尽快删除，不会留下任何记录。而且，由于“丝绸之路”是一项“洋葱网络隐匿服务”因此地址信息在洋葱网络内传送时，也是经过加密的。
>
> 如需了解更多关于改进匿名性及购买的信息，请阅读我们的购买者指南。

“丝绸之路”开张仅有四个星期，因此其是否隐蔽尚不得知。但是从理论上看，还是可行的。不过，由于洋葱网络和比特币都是开源，因此高手还是能够看到他们背后名堂的。任何私有货币，任何加密方案都有其固有的挑战。这些系统只要一旦接触到了合法的世界（而且在合法世界中确实有用），破解、欺骗、入侵、甚至破坏，就有可能出现。

特别是比特币，它有着极端的复杂性。它是一种私有货币，而且任何私有货币都有可能成为一场骗局。至于匿名的点对点私有货币，则更有可能。因为这个货币系统中没有传统定义中的中央性的执法机构。比特币技术令人惊讶，复杂到了几乎超越大部分外行用户的理解范围。我推荐大家在决定使用比特币之前，至少阅读一下某个怀疑论者写下的这篇发人深省的批评。他的观点，是比特币的设计方式使得比特币有利于其早期使用者（他们手中比特币的价值增长速度，比后期用户要快），因此比特币更像是一种传销骗局。这位批评者的眼光着实长远，长远到他泼出的冷水或许还没法让哪个孩子打消这周磕点药的想法。

此外，评论里面对于比特币加密方面的潜在弱点只字未提。通常来说，加密方式没有被直接破解的，都是通过使用方式被间接破解的。就像密码朋克（cypherpunk）说的那样，加密就是经济学。只要出钱足够多，任何东西都可以被黑客黑掉。所以，只要这些隐蔽市场中的货币数量不至于那么显眼，它们就还是安全的。但是，一旦这些货币突破了某个临界点，破解比特币的投入也就开始启动了。没准黑客们会在整个网络里一个字节一个字节地分析流量，也没准某些好评多的大麻贩子会被下套，一头扎去了那些不可信的地方——什么都可能。

隐形的匿名市场会利用更先进的创新对这些控制企图作出回应。其支持者为了购买大麻，会制定出更加出色的伪匿名声誉技术。匿名市场不会消失。但它们也不会广泛流行。它们会保留一些计算上的风险。像病毒制造者、骗子、秒杀购物、扑克机器人一样，这些匿名市场组织已经落地生根，成为生态环境的一部分。

在比特币的论坛里，有个自称是“丝绸之路”员工的人贴出来了一篇满怀激情的帖子：

> 大家好，
>
> “丝绸之路”已经进入上线后的第三个星期了。我对结果感到非常高兴。网站上有不少买家和卖家达成了双方都同意的价格，而且今天，网站上已经完成了28笔交

易！……它还缺点什么？什么东西有用？你们还想看到什么功能？在你看来，“丝绸之路”的未来会遇到什么障碍？我们又会遇到什么样的机遇？……社区里弥漫着这样一种情绪：我们正在发展壮大，壮大到能够带来真正的改变。——“丝绸之路”员工。

“丝绸之路”的未来无法确定，它会蓬勃发展，直到某个用户在某个地方被抓捕归案（毕竟你得找地方取邮包）。但是，物已发明，覆水难收。没准是“黑洞”，没准是“交易海”，没准是“海盗窝”，也没准是“暗间”，但无论叫什么，匿名市场的数量会越来越多。每倒下一个“丝绸之路”那样的隐蔽市场，就会有五个类似的隐蔽市场浮现出来。“丝绸之路”声称自己不会允许出售“有害”产品，但其他匿名市场不会像这样严加限制。它们出售的没准不只是毒品，或许还有偷来的信用卡、偷来的护照、武器和性服务。

匿名市场是网络世界里的另一个全新的网络生命物种。它们难以根除，还会在全球经济的夹缝中茁壮成长。在名为“爱丽丝的隐蔽匿名市场”里，你能够买到任何想要的东西，甚至包括爱丽丝。所以做好准备吧。

但匿名市场不会推翻资本主义，也不会造成全球经济崩溃，更不会让每个学校的校园里都充斥着廉价的毒品。网络是一个巨大的生态系统，而单独一个新物种就能改变生态环境动态的情况实在罕见。最多只会带来些小变化。匿名市场会改变可能与不可能的边界，甚至可以引发出新版本eBay，或者Craigslist这类合法交易平台的火花。所以匿名市场的诞生，还是应当作为重大新闻去关注的。

2011年6月6日

---

① “Threat Level”是《连线》杂志网站一个关注网络安全的专栏。由凯文·保尔森（Kevin Poulsen）担任创始编辑。

WAGGING THE LONG TAIL OF LOVE
摆动爱的长尾

赛斯·高汀 一直在探究克里斯·安德森的长尾理论。像往常一样，赛斯为这个经常被误解的概念带来了清晰的解释和启发，他发表了对长尾理论中三个“收益区间”的剖析，并用如下图解进行说明：

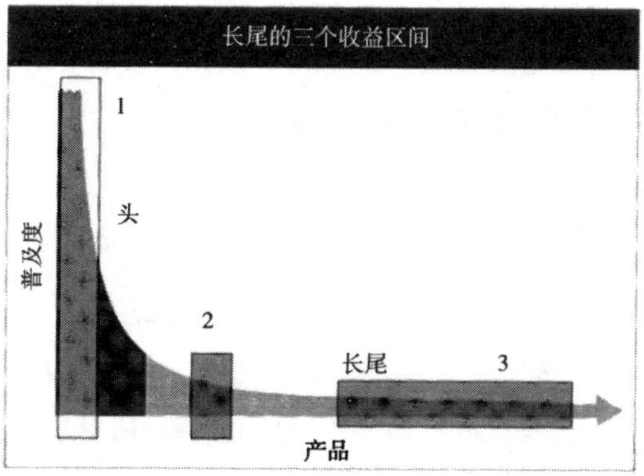

赛斯（和几乎所有人）在解释长尾理论时，都有一个明显的突然转折。塞斯认为曲线上的1号收益区间关乎内容创造者，曲线上的2号收益区间也是关乎创造者。但在长尾区域，他的谈论对象就从创造者转向了拥有其他创造者作品的聚合商。这是为什么呢？内容创造者怎么了？因为长尾对创造者来说无利可图，因此到长尾上的那个“收益区间”，创造者就减少了。这个区间只有受众和聚合商有利可图。

赛斯在以前的文章中提到过“在长尾内运作的小段长尾”（每个领域都有自己的长尾），我不是十分确定这个概念是否能有很大帮助，除非你能在自己的细分领域里尽可能靠近头部。这个道理很简单。让创造者成为聚合商也不是个好主意。我所认识的创造者中，几乎无人能够多产到创造出数量充足的新事物，以聚集自己的作品。聚合商从定义上来说并不是创造者。

因此，从短头开始穿越至长尾的过程中，你必须始终如一，要么从聚合商的角度看待问题，要么从创造者的角度看待问题。我认为把两种视角混为一谈是不对的。

针对这个问题我冥思苦想了一段时间，我认为长尾对创造者唯一的好处是，聚合商可以创造或产生一个以前不存在的长尾域。就像赛斯的Squidoo网站所做的那样。在Squidoo、亚马逊和Netflix出现之前，它们现在所销售的许多创意作品在当时根本就没有市场。长尾聚合商向创造者提出的建议重要而又简单：你只有两个选择——极小的利基受众（利润微薄）或完全没有受众。在长尾扩展之前，如果你想兜售有关养殖红海咸水观赏鱼的大作，应该没人买账。而现在，可能会有100个人感兴趣。

只拥有一百名读者、观众或听众都不合算，因为没有商业模式能通过不断创作从这么少的购买者处维持利润（它当然能支撑创造层面之外的聚合商的生意）。但从激情、热情、痴迷、好奇心、高贵地位、热爱和礼品经济的维度来说，长尾利基市场的创造作品运作得很好。从换取精神能量、鼓励、人生意义和生活理由的角度来说，长尾则是好处多多。

但从收益上来讲就并非如此了。从经济的角度来看，长尾越长，就有越多的事物来竞争受众有限的注意力，进而创造者也更难通过出售作品获利。也就是说，长尾越长，销售就越糟糕。但是，如果我们把长尾看成另一种不同市场——

一个由强烈兴趣和联系组成的市场，那么长尾的延伸将大大增加两个热情创造者相遇的机会，所以长尾越长越好。曲线上的前两个区间试图实现利润最大化，而长尾上第三个区间试图将热情和联系最大化。

长尾还有一个更间接的优势。由于你创造的内容现在存在于市场上（而以前根本不会存在），如果幸运的话，你的创作就能开始沿着长尾向上移动。在创造力的帮助下，你也许还能让自己的创作走出长尾的经济不景气，上升至2号区间，那里是有一千铁杆粉丝和其他中等成功所在的区域。正如我在“一千铁杆粉丝”那篇文章里说的，这是创造者想要达到的状态。赛斯把它叫做“有利可图的成功利基产品”区间。我同意他的观点，也觉得2号区间而非1号区间才是创造者想要的目标。

但是，如果公正地用1号区间和2号区间的衡量指标——对于创造者的金钱价值——来评价3号区间，那么长尾就是利润的沙漠。在3号区间内，只有转变视角才有意义。你要么以大型聚合商的角度在3号区间里谋取经济利益；要么就将其看作另一种不是建立在金钱上的“经济”领域，一种有着自身活力的新区域。

换句话说，Squidoo、亚马逊和Netflix让有利可图的长尾成为极大的乐事。但美好的长尾并不能让创造者笑逐颜开。

我更喜欢把这长尾看作是另一种不同动物的尾巴，我们一直都认错了长尾所属的那个无形的存在。它并非商业利润之兽的长尾，而是热爱之龙的长尾。是对创造、制作、建立联系、无理由的激情、创造不同和做对自己有意义的事的热爱；对建立联系、给予、学习、生产和分享的热爱。

知道我们摆动的是哪一条尾巴，至关重要。

2008年7月18日

第三章

Web 3.0

Web 3.0

TWO STRANDS OF CONNECTIONSIM
两种形式的联结主义

一种大联结主义目前被称作社交媒体。它们的目标是，通过尽可能多的方式将每个人与除他自身以外的所有人联结起来。Twitter、Flickr、Facebook、Digg、Delicious以及雅虎知识堂——所有这些前一万名的Web 2.0站点为归属不同网络的人们提供了足够多的空间来完成新事情。在此，人类就是节点。他们产生信号。

另一种大联结主义的实现依靠的是数目庞大的机器、CPU以及晶体管，这些东西尽其所能联结在一起从而来完成任务。比如，巨大的服务器场、数据中心以及电信网络。硬要说的话，我们还得把由所有手机、PDA、PC、路由器、

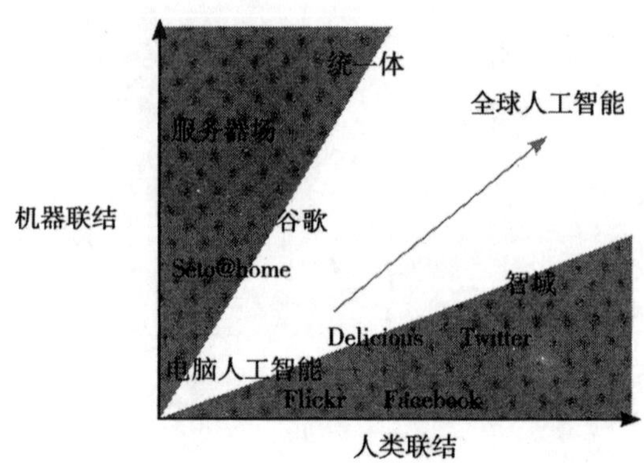

Wi-Fi热点以及卫星联结等组成的统一体机器（One Machine）的大网络算进来。从这方面来说，每个节点的信号都是由机器产生的。

当然，“人类联结主义”这边的信息仍旧要通过机器来传输（不同于大型会议、古老的城镇或者火人节等传统联结方式）。不过在人类连接和机器连接这两个部分之间还存在着一处空白。本来人类和机器能够在这块空白区域紧密且大范围地联结在一起，不过现在这儿还是一块空白。

这个新的领域能被中央的这个箭头很好的表示出来，随着机器联结和人类联结区域的不断增大，这两个区域将在中间箭头那块相遇。这块重叠交叉的区域将会被新兴的全球超有机体所占据。这块区域所代表的实体不单是由所有其他机器联结起来而形成的统一体机器，也不完全是由所有人类智能联结成的超智能的智域（noosphere）。它是由所有人类智能以及所有人工智能联结在一起所形成的活跃的杂合体。它是一种泛智能。在这片结合区域内，所有产生信号的物体都是节点——不管是人类还是机器。

在谷歌这个依靠大机器联结以及众多人力点击链接的网站上，我们能感觉到一些这种混合的痕迹。同理，我们可以很容易想象得到，整个星球上的科技、人类活动以及人类思想的联结程度将会更高。

这块人与机械交叉的白色区域同样是大部分语义网站试图进入的领域。语义互联网想使人类的联结活动能被机器识别（相反亦然），这样两个网络之间就可以相互协作。语义网站就是这两种联结活动之间的桥梁或者说是转换通道。所有人类的思想、动作和记忆都能机器解码并重新组织；而机器的联结行为也能被人类所理解。

图中空白区域以及箭头就是我认为Web 3.0或者未来网络该具备的特性。实现这个过程还需要花费我们许多年的时间去研究。因此两边都有足够多的空间来发展更多的创新。从这一方面来说，我们已经开始了。

你知道的还不算太晚！

2009年1月30日

DIMENSIONS OF THE ONE MACHINE
统一体机器的规模

人类技术下一阶段的进阶产品应该是一台具有庞大规模的囊括思维、网页、计算机为一体的统一物。这台巨大的机器将是有史以来最大、最复杂、最可靠的机器。同时，建成之后，它也将是大部分商业和文化的运行之所。网络是这台统一体机器的初始操作系统，而我们每人所拥有的小型个人终端将是进入其操作系统的途径。未来，这些小玩意将成为我们进入统一体机器的网关，而为这台新机器设计产品和服务则需要独特的思维模式。

这台全球统一体机器的尺寸规格到底是怎样的呢?

如今，它包含12亿台个人电脑、27亿部手机、13亿部固定电话、2700万台数据服务器以及8000万部无线PDA。上述所有终端的处理器芯片整合起来才能达到互联网、网页、通信系统的计算要求。那么，为统一体机器供电，又需要多少晶体管呢?

2004年英特尔奔腾处理器需要大约1亿个晶体管，而到了2005年，服务器内的安腾处理器则需要超过10亿晶体管。电流模型越多，所需的晶体管当然就越多，但这些老模型所需的晶体管数量还是很接近平均值的。

需要注意的一点是，统一体机器的处理器的芯片（一亿台在线个人电脑的一亿个芯片）与安腾处理器芯片中的晶体管一样多。统一体机器的“超级”之处在于它的每个“晶体管”都是一台计算机。粗略估计，这个统一体机器的计算能力大概相当于有10^{18}个晶体管。由于只有最新的服务器有一亿个处理器，这个数字很可能是个较小数量级。经过计算，当我们把手机和掌上终端的晶体管都算进去的时候，连入统一体机器的有线晶体管可能达到170万亿个。

人类大脑里有大约1000亿神经元，而当今统一体机器的晶体管数量则可达到并超过这个数字的五次方之多。而且统一体机器与大脑最大的区别在于，每隔几年，其规模至少扩大一倍。

2003年，我们生产了大约有一千亿亿个晶体管，但并非所有的都被连入统一体机器。多数晶体管被用于相机、电视机、导航仪及类似的电子产品，还有少部分目前被用于互联网。但总有一天，所有的晶体管都将被应用于统一体机器，每一个芯片最终都会以某种方式链接入网，这意味着终有一日，我们将像现在这样，为未来的统一体机器加入尽可能多的晶体管。

如果统一体机器有十万亿亿个晶体管，那么，它的运行速度能有多快呢？如果将垃圾邮件也纳入计数，那么全球每天收发的邮件是1960亿封，也就是说，每秒钟收发220万封，即2兆赫。每年收发的文字讯息为1万亿封，也就是每秒31000封，或31千赫。每天有140亿即时讯息被发送，即162千赫。操作中的搜索数量是14千赫，点击链接的速度是每秒52万次，或0.5兆赫。

网络世界中，可见、可搜索的网页有200亿，而不可见、不可搜索或深层网络的网页（比如输入密码登陆后才可见的页面，或者你在亚马逊查询时显示的动态页面）则有9000亿。每个可搜索网页上链接的平均值是62个，假设动态页面也一样的话，那么这意味着整个网络中的链接数量是55万亿个。我们可以把每个链接设想为一个突触——一个待我点击的潜在链接。人类大脑中约有1000亿~100万亿的突触，而统一体机器也差不多。

2003年，世界上已存储的信息超过5EB（即10^{18}）字节，多数在线下存储于纸媒、电影、CD和DVD中。自此以后，线上存储犹如雨后春笋般涌现出来。如今，统一体机器的信息内存总额达到了246EB（即2460亿GB）。预计到2010年，其存储量将增长到600EB。

并非所有流向统一体机器的信息都会被存储。越来越多数量的信息以临时副本的形式被产生、推送或进入网络。一项研究估计，2007年的信息流量为255EB，但信息存储量为246EB，而且这种信息产量与存储量之间的差距将扩大到每年20%。我们可以将这些信息总量视为“移动存储”，甚至可以视为随机存储器（REM），尽管两者相差9EB。预计2010年，统一体机器的移动存储总量将达到1ZB（10^{21}）字节。

要是一切正常运行，统一体机器每年将耗电约8000亿千瓦时，约为全球电量的5%。

关于这台统一体机器，我们讨论过的问题之一是，其尺寸远远超过我们惯于使用的普通单位，因此我们无法估测其规模。例如，统一体机器的国际宽带总量约为每秒7TB。我们曾经谈到过国会图书馆，其信息量大约是10TB，但这个数字如今看起来是那么微不足道。未来十年内，你iPad的容量将以TB计算。以此为单位，统一体机器每秒钟可以压缩一个国会图书馆的全部信息。这是非常惊人的处理周期。十五年后，我们还能用什么单位来度量信息流量呢？

我们可以说统一体机器目前等量于1HB（HB，Human Brain，人脑），这个单位大概能使用十年左右，但当它达到100HB、10000HB时，仍然使用HB就好像在用英尺来计算星际空间一样不合适了。

虽然个人电脑功率的增幅与摩尔定律的速度大致类似，每隔几年就翻一番，但统一体机器功率的增幅却更快，因为它的总功率是组成它的所有个人电脑的幂数倍。不仅其“晶体管”的功率会翻番、晶体管的数量翻番，而且它们之间的连接也成倍增加。为了在另一维度扩大晶体管的数量，计算机芯片制造商都只考虑制造3D芯片，而不是传统的平面2D芯片。统一体机器提供的思路还不止于此，它可以在其自身的各个层面上扩张，这样，其功率的增速也可以超过其零部件。

统一体机器的规模	
17 亿亿	晶体管
55 万亿	链接
2 兆赫	电子邮件
31 千赫	文字讯息
162 千赫	即时讯息
14 千赫	搜索
246EB	存储
9EB	RAM
7TB/ 秒	宽带
8000 亿千瓦时 / 年	功耗

2020—2040年间，统一体机器的信息量将超过60亿HB，这也就意味着，它将超越人类的处理能力。

2007年11月2日

EVIDENCE OF A GLOBAL SUPERORGANISM
全球超有机体存在的证据

在我们这个表面被电缆、无线电波和电子节点团团包围的星球上，一个超有机体正涌现出来。我不是第一个也不是唯一一个相信这件事的人。没人能质疑这种广泛连接性的真实性或它的规模。人们还不能确定的是，它到底是什么？这个由计算机、服务器和各主干通信光缆组成的网络仅仅是一个机械电路、一种大型工具，还是通向变革的大门呢？

到目前为止，沿着互联网电线形成的超有机体的概念最多被视为一个有韵律的比喻，或者仅仅被认为是一种神秘幻象。我已经决定严肃对待全球超有机体这个问题，并尝试看我能否为它的出现找到一些能验证其存在的论据和证据。

我的假想是：世界上快速增长的计算设备（包括无线设备）通过互联网互联，从而组成了一个具备涌现行为特征的计算超有机体。

超有机体是一种不同的有机体。大事物是由小事物组成的，大机器由小部件组成，可见的活有机体是由不可见的细胞组成。但是这些组成部分通常并不独立。而一个超有机体的组成部分除了在构造上略为相似外，它们都能够以相当自主的形式存在。像昆虫或者裸鼹鼠群居地这样的超有机体中包含了许多分个体。这些分个体自由取食、自由移动、自由行事。从大多数角度来看，它们表现得很完整。但是群居性昆虫和裸鼹鼠中，这些自主行动的分个体需要超大的种群才能繁衍自身。从这个方面来看，繁衍就是一个发生在超有机体层面上的现象。

我将“统一体机器”（One Machine）定义为正在形成的计算机超有机体。它是一个由数以十亿计计算机分机所组成的超巨型计算机。这些分机能够独立进行运算，大体上来说它们就是独立完整的齿轮部件。但当它们组合到一起时，集合涌现的智能要比任何单个计算机都聪明。可以说学习（或者智能）发生在超有机体层面。

搭建在子计算机上的超级计算机是50年前发明的。那时，一大群结合紧密、彼此相邻的专业化计算机芯片被设计用来处理同一类任务，比如模拟。这被称为集群计算。近年来，我们已经创造出由结合不紧密的单独计算机所组成的超级计算机，这些单独计算机并非集中在一栋建筑中，而是分布于各个大陆；这些计算机被设计出来的目的也非常多样和通用。后一种超级计算机被称作网格计算，因为计算能力能被网格（比如电网）当作一种功能传递到任何地方。网格计算也被称为云计算，因为具体组成机器的数目变化不定、没有定形，就像云一样。网格或云的实际轮廓会根据当时上线或离线的机器而变化。

目前有许多批云计算机。亚马逊搭建了第一批商业云计算机。谷歌运行的云计算机规模可能是最大的。根据谷歌基础架构工程师杰夫·狄恩（Jeff Dean）的描述，谷歌正希望扩建自己的云计算机，在1000处地点安装1000万个处理器。

这些处理器都是成品个人计算机芯片，与驱动笔记本电脑的芯片几乎一模一样。几年前，计算机科学家们意识到，为超级计算机制造专业芯片并没有好处。将一排排廉价的通用个人计算机芯片相连，并在这些芯片失效后绕过它们要划算得多。如今，云计算机的数据中心里全是一排排地球上最常见的芯片。这一策略有个出人意料的好处，它们的高产量意味着漏洞被减少到最低，通用芯片要比计算机科学家们能设计的任何定制芯片更可靠。

如果云是由大量个人计算机处理器组成，那为何不将个人的笔记本电脑或台式计算机加入其中呢？从某个方面来说，事实已经如此。不管你何时在线，何时点击或创建一个链接，你的处理器都加入了一个更大的云——所有计算机芯片都在线的云。我称这个云为“统一体机器”，因为它在许多方面都像一台超巨型计算机一样运行。

互联网的主要内容在这台虚拟计算机中得到创建。消费者和企业——我们在其前面工作的大量智能手机、苹果笔记本电脑、黑莓手机和工作站——创建了这块云。在这块分散的、拓展的云中，人们编写链接，选择点击，移动文件，安装代码。转移数字及存储转移历史的业务都发生在服务器集群深处，但云与现实世界的交互则发生在极度分散的领域——笔记本电脑、手持和桌面设备。这些外部设备与服务器不同，它们都有输出屏幕，都有摄像头、触摸板和麦克风这些眼、皮肤和耳朵。我们也可以说，云主要由这些计算机芯片组成，而作为部件的芯片则松散地与网格相连。

超巨型计算机是所有云的云，是可能存在的最大的互联芯片集群。这是一个拥有超多维度的庞大机器。它由千兆个芯片组成，消耗地球5%的电力。迄今为止，它不为任何一个组织或国家所有，也并非真的由人类管理。许多组织运营着规模很大的子云，作为其中一员，谷歌现在占据了统一体机器的用户界面。

这一切都没有引起争议。从抽象层面来看，肯定有一个非常大的集合体虚拟机器。但这并非大部分人听到“全球超有机体”时所想到的东西。这个术语暗示了一个活有机体的持续整合性，或是一种可防御及有防御的边界，或是一种自我的感觉，乃或有意识的智能。

不幸的是，我们最关心的一些术语并没有明确定义，如生命、思维、智能和意识。这些术语通常都有一长串特性，但这些特性并不总是与术语相关。每当这些特性被纳入一个待评定的定义中时，我们都能轻易找到令人讨厌的例外。比如，如果繁衍是生命的定义所必需的，那么不育的骡子算什么？骡子很明显是活物。智能也是个很容易让人栽跟头的主题，意识更是如此。合理的答案是，所有这些现象都是连续统一的。一些东西比其他东西更聪明、更具活力或更没有意识。生命、智能和意识的主题具有梯度性，而不是非此即彼。

从这种角度看，有一个证明是否有一个全球超有机体正在涌现的有效方法：提供一个由四条断言组成的梯度问题。

地球上存在：

I 一个制造出的超有机体；

II 一个自主的超有机体；

III 一个有智慧的自主超有机体；

IV 一个有意识的自主超有机体。

这四条断言可以被看作一个逐步升级的定义集。我们从最底部接近无关紧要的观察开始，即我们已经构建了一个能表现出大规模行为、全球分布的机器集群。这是超有机体存在的较弱形式。接下来是两个中间层次，这两个层次都让人感到不确定和恼怒（因此可能是探索最具成效的层次）。最终，我们会碰到“噢，主啊，它在思考！”的极端断言。这是超有机体的强形式。只有极少人会否认弱断言，也极少有人会肯定强断言。

我认为，除了这些定义的四个优点外，这四个层次都是发展阶段，统一体机器要通过这些阶段进步。统一体机器从形成一个普通的超有机体开始，然后变得自主，产生智慧，最后变得有意识。这些阶段平和、轻柔且模糊。我的感觉是，统一体机器在过去几十年间已经历第一和第二阶段，现在正在进入第三阶段。如果我的感觉正确，我们应该能发现一个如今在运行且有智慧（但没有意识）的自主计算超有机体的最初证据。

但还是让我们从头开始吧。

第一层次：一个制造出的超有机体

根据定义，有机体和超有机体都有边界，都有内外部之分。统一体机器的边界很清楚：如果一台设备在线，它就处于有机体内部。“在”意味着其正在与其他内部构件通信。即便一些部件以消耗电力的形式“在”，它们也可能只是短期内在（通信）。笔记本电脑可能只在一段五小时的飞行途中对你有用，但从技术上讲，也许只有当飞机着陆，笔记本电脑发现一个无线连接时，它才算“在”统一体机器中。一台没有连接的电视不是这个超有机体的一部分；但一台有连接的电视却是。大部分时间里，汽车里的芯片处于离线状态，但在极少数情况中，当人们出于诊断目的下载其内容时，它们就变成了更大的云的一部分。尽管很多变，但这个网络的维度可衡量且有限。

统一体机器消耗电以产生结构化信息。和其他有机体一样，它也在成长。其体积增速极快，年增速近66%，这一增速相当于摩尔定律的增速。统一体机器每年都会消耗更多电、更多材料、更多钱、更多信息和更多关注。每年它都会生产更多结构化信息、更多财富和更多利益。

平均而言，生物有机体细胞放松状态下的代谢率在每千克1~10瓦之间。基于加州大学伯克利分校乔纳森·库米（Jonathan Koomey）的研究，2005年最有效率的常见数据服务器（由IBM和Sun生产）的代谢率为每千克11瓦。目前，统一体机器的其他部分（电网本身、电话系统）也许没有这么高效，但我还未发现任何与此有关的数据。能效是工程师们面临的大问题。随着统一体机器规模扩大，其整体代谢率也极有可能会降低（尽管消耗的总能量会上升）。

统一体机器的疆域基本上就是地球表面。其中一些部分会漂浮在地球轨道几百英里的高空，但与地球的规模相比，卫星、信号塔和服务器集群组成了薄薄的一层。一个部分的活动能被整个有机体所感知，形成了一个统一的整体。

在蜂巢中，蜜蜂不能进行温度调节。蜂巢超有机体必须管理蜜蜂的工作温度。通过让数以千计的小蜜蜂一起扇动翅膀，蜂巢超有机体能将热空气排出蜂巢。类似的，单个计算机不能管理统一体机器中计算机之间的数字流。

预测：统一体机器会继续成长。我们应该能看到，在日常使用模式中，数据是如何在整个机器中流动的。整个机器的代谢率应该接近活有机体的代谢率。

第二层次：一个自主的超有机体

自主是个麻烦的概念。许多人认为，非生命实体根本谈不上自主。在人类创造的事物中，我们有许多部分自主的例子。自主飞机能无人驾驶：它们能控制自己，但不能修复自身。我们还有不能复制自己的自我修复网络。我们有自我复制的计算机病毒，但它们不能代谢。所有这些发明都需要人类至少对它们生存的一个方面加以帮助。目前为止，我们还没有创造出一种完全无需人类即可持续的人造物。

但自主也是连续统一的。我们通常只需要或想要部分自主。我们会很高兴出现需要我们帮助和批准才能复制的微型自主清洁机器人。要让我们感觉到它的自主性，全球超有机体也需要有人参与。如果一个实体表现出以下特性：自我修复、自我防御、自我维护（获取能量，排出废料）、自我控制实现目标和自我提高，我们就视其出现了某种程度的自主性。所有这些特点的最普遍要素当然是在超有机体层面涌现一个自我。

在统一体机器的例子中，我们应该在更大的云层面寻找自我管理的证据，而非在组成芯片层面。DDoS攻击（分布式拒绝服务攻击）是一种常见的云层面现象。在分布式拒绝服务攻击中，隐藏的庞大计算机网络会被主计算机唤醒，不再执行日常任务，而是秘密地大量呼叫特定目标计算机，以便让目标计算机来不及处理请求并下线。这其中一些网络（被称为僵尸网络）可能包含一百万台隐藏的计算机，因此这种分布式攻击的影响相当大。分布式拒绝服务攻击量非常巨大，能干扰目标路由器之外的流量，这是一种超有机体层面事件才可能出现的后果。

我不认为我们能得出太多成果，但像雷金纳德·史密斯（Reginald Smith）这样的研究人员们已经注意到，过去几十年间通信网络中的流量出现了重大变化，从过去主要是语音转为数据、语音和其他东西的混合体。贝尔或AT&T时代的语音流量遵循知名的泊松分布模式，该模式类似于高斯钟形曲线。但自从来自多种部件和网页的数据成为线上的数字主体，互联网上的流量就开始遵循一种尺度不变、不规则碎片形的幂律模式。到这时，大块包或小块包分布变成了为人们所常见的长尾曲线。目前互联网的这种尺度不变或是长尾流量模式意味着，工程师们要发明一种全新的算法集来塑造电话流量。这个向尺度不变流量模式变化的阶段也许是一种提高了的自主程度的证据。其他研究人员也都对最初条件很敏感，“奇异吸引子”模式和流量自相似本质的稳定周期轨道都是自管理系统的迹象。无尺度分布通常由各部分间宽松的互相依赖所引起，这可以被理解为内部反馈的结果。反馈循环用其他二进制数字限制一些二进制数字的动作。比如，以太网冲突侦测管理算法（如CSMA/CD）运用反馈循环管理堵塞，方法是中断由其他流量引起的冲突。基础的TCP/IP系统支持着互联网流量，从而“在部分上表现得像一个巨大的闭环反馈系统”。虽然许多研究验证了互联网流量的无尺度模式无可争议，但人们在这是否意味着系统自身倾向于优化流量效率上仍有争议，一些人相信的确如此。

全球互联网中的二进制数字洪流表现出周期性韵律并不令人惊讶。绝大多数韵律都在日间发生，类似于心跳。但人们也能看到由巨大流量阻塞对互联网数字流造成的扰动。对这些“异常”事件的分析显示，它们和异常心跳很相似。就和患病心脏的波动偏离健康心脏的跳动一样，它们也偏离“放松”时的韵律。

预测：目前，统一体机器的自主度还很低。如果超有机体假说是正确的，我们应该能在未来十年侦测到尺度不变现象增加，稳定的反馈循环案例增多，以及一个更加自主的流量管理系统。

第三层次：一个有智慧的自主超有机体

有机体在没有意识的情况下也能有智慧。老鼠有智慧，但我们假定它没有太多自我意识。如果统一体机器和老鼠一样拥有没有意识的智慧，我们可以预测，它会遵循聪明动物都会追寻的策略。它会寻找能量来源，收集能找到的尽可能多的资源，也许还会囤积。它会寻求安全、防卫严密的住所。它会偷成长所需的任何东西。它会反击试图杀害它的意图。它会抵抗寄生虫，但如果寄生虫不造成任何肉体损害，它也不会费心去消灭它们。它会随着时间学习，并变得更加聪明。

谷歌和亚马逊这两块分布式计算机云变得越发聪明。谷歌学会了拼写。通过在线观察正确拼写人类的模式，谷歌现在成了一个足够好的拼写者，甚至能纠正拼写错误的人类。谷歌正在学习几十门语言，并在将一种语言翻译为另一种语言上变得越来越好。它正在学习如何识别照片中的物体。当然，它在回答日常问题上也变得越来越优秀。亚马逊以差不多相同的方式学会了使用人类集体行为预测人类的阅读和购买习惯。在这一领域，亚马逊要远比老鼠聪明。

谷歌和亚马逊这样的云计算机组成了智能超有机体的学习中心。让我们称它们为厄尔谷歌逊（el Googazon），简称为厄尔谷歌（el Goog）。厄尔谷歌不仅仅包含谷歌公司的功能，还包括由雅虎、亚马逊、微软在线及其他基于云的服务所提供的所有功能。这块定义宽泛的云表现得像一只动物一样。

厄尔谷歌会寻找能量来源。它在全世界廉价能源的战略位置建造发电厂。它还在运用其智能网络寻找能量更廉价的地方，规划未来的发电厂。厄尔谷歌正在吸收地球上最聪明的人为它工作，帮助其变得更智能。厄尔谷歌变得越聪明，就有更多聪明人和更聪明的人想要为它工作。厄尔谷歌把钱都圈在了一起。钱是其更高形式的新陈代谢。它把投资者的钱用来创造吸引人类关注的技术（广告），而技术反过来又会创造更多钱（利润），这又会吸引更多投资。厄尔谷歌让自己变得更聪明，就有更多关注和钱流向它。

制造出的智能是世界新的大宗商品。到目前为止，所有可用的智能都以人类形式存在，与之同时出现的还有人类的麻烦。厄尔谷歌和统一体机器提供没有人类麻烦的智能。在一开始，这种智能是超人而不是非人的智能。这是源自人类群体智慧的智能，但随着它继续发展，这种智能将超越人类智能。人类将急切地为厄尔谷歌智能付费。这是一种不同的智能。它不是人造的——比如一种机械智能，因为它提取自在统一体机器中工作的数十亿人类。它是一种混合智能，人类和计算机芯片各占一半。因此，它可能会对我们更有用。我们不知道其价值的极限在哪。你愿意为这样一个知道已知所有事情的便携精灵花多少钱？

借助这种让人极度渴望的智能滚雪球般积累起来的财富，厄尔谷歌将建造一个不能被拔线的强大网络。它将运用其分布式智能发明更高效的能源技术，更能产生财富的发明，更有利的人类法律，从而保证其持续繁荣。厄尔谷歌正在发展免疫系统，限制冲击其防御带的病毒、蠕虫和爬虫所带来的损害。这些寄生虫会让人类受害，但却不会影响厄尔谷歌的核心功能。随着厄尔谷歌不断寻求芯片去占据，寻找能量去燃烧，寻找电缆去填充，寻找无线电波去发送，它最想要的就是钱。因此，厄尔谷歌成功的测试之一就是当厄尔谷歌变成我们的银行时。到时不仅所有数据要流经它，所有钱也是。

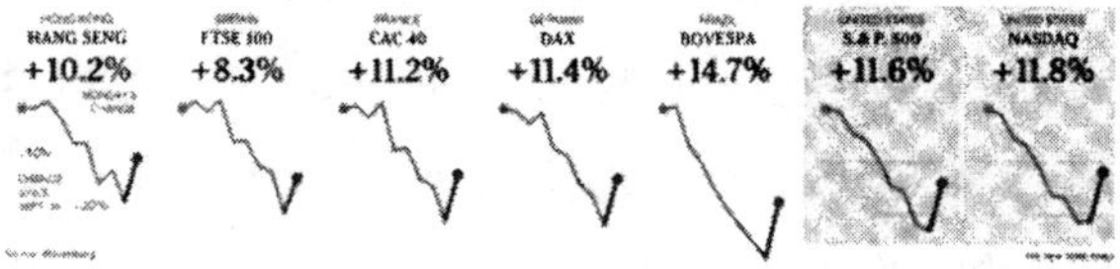

图注：这张《纽约时报》制作的2008年10月金融市场崩溃图显示了全球市场是如何同步的，就像它们是对某个信号做出反应的同一个有机体。

这一场景离我们有多远？谷歌公司CEO说“比你想的要近”。我喜欢乔治·戴森（George Dyson）的说法：

> 如果你建造了一台在所有事物之间制造联系，积累世界上所有数据的机器，然后引导所有现存的思维，共同教导它有意义的连接和数据在哪（谁在搜索谁？），同时植入具有欺骗性的简单算法以增强有意义的连接，并在物理上按顺序移动、优化和复制数据结构。如果你从高度合算（是的，盈利）的位置做了所有这些事情，你将会得到一个“并不如人们所想的那么远的”结果（智能）。

要实现所有这些，厄尔谷歌不需要有意识，只需要有智慧即可。

预测：这块无所不包的云将学习更多语言，回答我们更多问题，预测我们更多行动，经手我们更多钱，创造更多财富，变得更难被关闭。

第四层次：一个有意识的自主超有机体

我们怎么知道是否存在一个有意识的自主超有机体？我们需要一项针对全球人工智能的图灵测试。但在本次搜寻中运用图灵测试会有缺陷，因为图灵测试是用来侦测类人智能的，而如果意识在全球超计算机规模上涌现，其智能不大可能和人类相似。我们可能需要转向SETI（搜寻外星智能）寻求指导。根据定义，SETI是一项针对非人智能的测试。我们将不得不把搜寻从星球上转移到地球，从外星智能转向互联网智能。我称这个提出的系统性程序为SII——搜寻互联网智能（Search for Internet Intelligence）。

这次搜寻假设我们要寻找的和是人类不同的智能。它也许与我们思维相异，间隔运行。还记得《指环王》里的树人吗？它们说句“你好”要花几小时。或是弗雷德·霍伊尔所作的《黑云》中的气状云智能。一个有意识的全球超有机体也许会“想”这么久或频率如此低，我们也许不能侦测到它。搜寻互联网智能可能需要对智能有非常宽的敏感性。

但正如外星智能理论学家艾伦·塔夫（Allen Tough）跟我说的：“不幸的是，无线电和光学SETI天文学家们极少关注智能。他们的关注集中在搜寻外太空的异常无线电波和高速脉冲激光信号上。他们并没有对会制造这些信号的智能想太多。”一个全球超有机体畅游其中的云计算机就是异常波动和有规律的信号，因此目前的SETI工具和技术对搜寻互联网智能没有多大帮助。

比如，研究人员们在2002年分析了互联网上约3亿个数据包，对它们的来源分类。他们尤其对一小部分畸形数据包感兴趣。畸形数据包（消息的信封）要么是由要让计算机崩溃的恶意黑客所为，要么是由系统中的多个漏洞所造成。结果显示，这项研究检验的畸形数据包中有约5%来源未知——既非恶意来源也非漏洞。研究人员们对这些畸形数据包不屑一顾，简单地把这些不可阅读的数据包打上“未知”标签。也许它们是由黑客出于研究人员们不知道的目的所制造的，也许是由未被发现的漏洞所导致。但畸形数据包也可能是一个涌现信号。一种自创造的数据包。从定义上几乎可以看出，这些数据包不能被追踪、被监控，即便看到时也被当作“未知”。

有许多科幻小说场景描述与一个涌现的全球人工智能的首次接触（感知）。艾伦·塔夫描述了另外两种场景：

> 一种策略是，假设互联网智能也许会有自己的网页，并在上面解释它是如何产生的，现在在做什么，其对未来的计划和希望。另一种策略是，贴出一份对互联网智能的邀请（就像我们对外星智能提出的邀请一样）。邀请它展现自己，与我们对话，参与到我们的互利项目中去。当然，也有可能互联网智能已经决定坚决不暴露自己，但

也有可能它还没下决心，而我们的邀请会打破平衡。

这些针对一个有意识的互联网智能超有机体的“测试”存在一个主要问题，它们似乎不像超有机体要开始的地方。我怀疑超有机体意识出现的初次行动就是发表生平，或者回应电子请柬。当我们还是孩子时，我们自己逐渐觉醒意识的道路可能要更富有成果。对一个婴儿或成年灵长动物自我感知的一个标准测试是，在镜子中反射它的图像。当它能识别镜中是它自己的行为时，它就发展出自我感。那么互联网智能的镜子在哪呢?

但在通过镜子测试之前，一个有意识的智慧体会获得对它自己的看法，或者更精确点讲，对自我的看法。因此，有意识的互联网智能的象征之一将是侦测自身的“地图”。这张“地图”不会是一张中心化的可视图表，而是表明其存在。那是一张它自己的“图像”。什么在内，什么在外。这必定是其自身的一个实时（也很有可能是分布式的）地图集。部分是目录，部分是操作手册，部分是自画像，它会像一个内部镜像一样行动。它会关注这张地图。测试会打乱这张内部自画像，看有机体其余部分是否会被打扰。这张自我地图没有自我意识，这点需要重点说明。这就像要求一个婴儿描述自身一样。

在出现这样一个有意识的全球人工智能——试图隐藏自身，或掌管全世界，或开始操作股票市场，或胁迫黑客消灭与之竞争的互联网智能（见科幻小说《精灵》(*Daemon*）——很久以前，它将是一个脆弱的婴儿超有机体。即便我们知道如何衡量和侦测其智慧和意识，这些智慧和意识都会很微弱。想象一下，如果我们是火星人，不知道人类婴儿是否有意识。在我们最终确信它们有意识前，这些人类婴儿长到多大？也许会长到他们变老。

预测：云将发展为一张其自身的活跃、支配地图（地图里包含一张相同的地图），并产生一种管理“其它”的感觉。

超有机体为何如此重要

我们还没有非常科学的测试方法能测定动物或人的一般智力。我们有一些测试能测定几种非常狭窄的任务，但对于超出普通智商测试的智慧，我们还没有可靠的方法能衡量其分值或种类。不管我们会否衡量一个全球有机体，这会造成什么不同吗？为什么要担心？

衡量统一体机器的自组织级别很重要是出于下列原因：

> 1. 我们越了解这块机器的大云如何表现，它对我们就会越有用。如果它像有机体一样适应，知道这一点就至关重要。如果它能自我修复，这也是关键知识。如果它有智慧，弄清它有多聪明将帮助我们变得更聪明。
>
> 2. 通常而言，一台自组织性更强的机器会更有用。我们对这台机器的各个方面加工，为其自组织做更多准备。我们能偏好能赋予自组织的改进。通过了解这台机器的成长和开发其发展的可能性，我们能协助其发展。
>
> 3. 变聪明和强大的方式有很多种。我们对如此大规模的超有机体——由十亿小芯片组成——可能有多少个没有任何头绪，但我们知道其可能形式不止一个。如果我们能在这一过程早期阶段就知道，我们就能塑造一个全球超有机体可能有的那种自组织和智能。

正如我所言，我并非首个也非唯一思考所有这些问题的人。菲利普·泰特洛（Philip Tetlow）在2007年出版了一本名为《互联网的觉醒》（*The Web's Awake*）的书，探索这个概念。他列举了许多活系统和互联网之间的相似处。当然，这些都是类比，不是证据。

要说服你存在第一、第二、第三或第四阶段，你需要什么证据？

2008年10月24日

FOUR STAGES IN THE INTERNET OF THINGS
物联网的四个阶段

时髦的新词“图表”是否会取代仍在使用但却显得有些过时的“互联网”或“网络”？我并不试图为此下结论。我敢打赌，“博客”一词一定是一个谦逊的人发明的。但我的结论并不重要。蒂姆·伯纳斯-李①（Tim Berners-Lee）在他发布的《巨型全球图表》（*Giant Global Graph*）中，用了很时髦的“图表”一词，给出了我见到过的、对“语义网”最好的总结——我想部分原因在于他并不谈论语义。

他的论点很值得转述。以下内容重述了他的观点，并加入了我对语义网和Web3.0的总结。

第一阶段：

当前信息传播演进的第一阶段是与电脑联机。我们称这种联接为网络群之间的网络，或者互联网。联机阶段的互联网有用但很枯燥——有点像没有电话的电话系统。如果你要订机票的话，最好的办法是联接航空公司的电脑。联机系统的积极参与者得采取开放的姿态——互联网上的电脑必须乐于中转其他人的数据包。在联机系统中，单机并不能完全控制它的数据包（这与电话系统是不同的）。

第二阶段：

信息数字传播的第二阶段是联接文件和网页，而这就是网络。在第二阶段，可以进入关于你航班的页面或文件，而非航空公司主页。信息分辨率的细化使系统更为有用。但是，想要在这个信息的竞技场有所表现，参与人员需要公开并分享他们的网页，那些登陆后才能显示页面的设置往往会弄巧成拙，而且你也不能限制那些联接着你的文件的网络链接。新手们往往会在上述几个方面误操作。当你网页的内容被复制粘贴时——有时是部分，有时是搜索引擎索引的全部——你得心胸开阔地接受它。这是个信息共享化的阶段，但联接的价值基本上都获得了普遍认同。

第三阶段：

我们现在处于第三阶段开端的收尾之处。在这一阶段，我们继开始联机共享电脑和文档之后，开始了共享文档中的数据。我们联机共享各自文档中的内容及其相关信息，并主动制作链接。因此，我们现在可以直接联入航班信息，而非之前的航空公司电脑或者航班页面。数据已被拆分成便于在任何网络设备上阅读的形式，事实上，当这一阶段正确完成时，信息就可以被网络本身所包含，因为这时，它不再以英文等语言文字呈现，而是以一种一般语义形式存在。这种普遍形式是存在于数据库中的。其实，你可以将此阶段理解为全球数据库。

拥有我们这个世界的数据访问权，是与那些被以三个首字母作为简称的互联网技术的发明与自由应用分不开的，比如XML、RSS、API、RDF 和OWL。这些都是在网络上交流和共享数据的标准。仅仅依靠使用RSS服务来聚合网站中的内容，能够完成的工作都是惊人的。另一项极受赞赏的使能技术是API，该网关允许庞大数据的可控共享，通过一般的网络效应，它能尽可能地释放数据的力量，即使用数据的人越多，其价值就越大。正如前两阶段，人们挣扎着克服对共享的恐惧，而相较于电脑或文件共享，数据共享使人们更加亲密，因此也更容易让人感到恐惧。但是，学习如何共享数据将是下阶段网络的发展方向。这一阶段，数据共享全部的真正价值建立在从深层链接、深层联系和自由（必须是合理化的）释放个人宝贵数据中涌现出的价值上，而那些能够放手共享信息、并理解以上价值的将是从中获利最大的技术和组织。

以下是蒂姆·伯纳斯-李的表述：

> 共享邀请方的控制力在减弱。事实上，在每一个层级——网络、万维网或图表——为了获取更大的利益，我们已经让渡了一些控制。让你的数据与别人的数据相连，在某种程度上有点像放手。这仍然不是送给别人一些他们没有权限的数据，而是让它们与来自同层级网站的数据相连接，也就是让我们的数据与来自其他应用程序的数据相连。

第四阶段：

顺便说一句，我不认为第三阶段是历史的终结，或是故事的结尾（我已经学会了质疑那些三段论的历史）。**我认为我们可以迈向第四阶段，即趋向于连接起事物本身的阶段。你想把关于某物的所有数据都嵌入其中，你想要把位置的信息嵌入到位置本身中去。**其实，你想要联接的并非航空公司的电脑，也不是航班页面，更不是航班数据，而是航班自身。理想的情况下，我们可以连接到嵌入式数据处理程序及飞机的原始信息，连接到机舱里的特定位置——所有这些我们称之为“航班”的复杂项目和服务。我们最终想要的，就是物联网。

语义网

在物联网中，我们制造的所有东西都包含一条连接链——虽然还有段路要走，但我相信我们能够创造它。数据的互联网——全球数据库——正在加速建设中。据我所知，这正是人们理想中语义网的样子。这是因为，为了共享，信息被从自然语言中提取出来，并被简化为截然不同的信息元素，而后进行标签，放至数据库。在这一基础形式中，它可以被以数以千计的新方式重组为有意义（具语义）的信息分子。但当它还停留在浅层的未注明的原始文件状态时，这些新方式则毫无用处。

我想数据的这种共享式提取也是人们所理解的Web3.0。在这个版本的网络层中，数据激增、流动并在网站间扩张，就像它出于大型数据库或大型机器中一样。我的网站索取了来自爱丽丝和鲍勃的稳定数据流，通过以新的（语义学的）方式重组的过程，这些数据增加了价值，而后，我将我自己组织好的数据流发布出去，使它们成为别人消费的原始数据。这种数据生态系统在一种开放的交互系统下运行，即使并非所有数据都被共享或公开，但这也是一种经双方同意的的协议。

一个运行良好的语义网、全球数据库、巨型全球图表、Web3.0，将让数百万看起来更聪明的服务成为可能。我不会重复告诉每个网站谁是我的朋友，一次就够了。如果我的名字出现在文本中，它就会知道那是我。我所在的城镇也将成为网络上的城镇——一个拥有可定义字符的地方——且别的字符不能替代。这种遍在性使任何我所在城镇的消息都链接到关于这个城镇的真实信息。网站看起来更聪明了，这表现在它“知道”更多东西——并不是以一种有意识的方式，而是表现在程序化方式上。呈现在网络上的概念和物品将能够互相指认并了解对方——以一种它们现在还不可用的基本途径。

细节很重要。哪项协议成功？哪个标准有效？哪个公司保持多数优势？——这些都是未知数。政策细节也很重要。文档和电脑作为所有物，不像数据那么不可预断，因为数据是出名的难以标定所有权的。再有就是难以界定的身份问题。如果网络知道你总是你，那么“你”是谁？如果绝对的个人服务的代价是绝对的个人透明度，那么它们与绝对的个人监视又有什么区别？

语义网的灵活性将使很多人焦躁不安。尽管它将与人类保持很大的距离，但它对事及对人的无所不知仍然会使很多人畏缩不前，并推迟其发展。我只能指望孩子们会喜欢上它了。

2007年11月29日

---

① 蒂姆·伯纳斯-李是万维网（World Wide Web）的发明者。

CLOUD CULTURE
云文化

虽然世界上只有互联网这一台“统一体机器”，但云计算机却有许多。每一台云计算机，都是众多计算机的集合，而这个集合又群策群力，扮演着一台计算机的角色。互联网是最大的云计算，它汇聚其他所有的云。在云计算的世界里，无论是你的工作，还是你的数据，都会被储存在网络里。经常保持与网络的连接，会成为每日的常态。而你手中的设备，便是进入云计算世界的大门。你会使用网络应用，在网络上完成所有的工作。而托管邮件、谷歌文档、谷歌日历、Facebook、Flickr，以及大多数的社交网站，都会成为常用的网络应用。最重要的是，云计算是无形的。你在聆听音乐，调取论文，购买下单的时候，不会意识到它们都存储在一个分布式服务器场里。使用云计算的感觉，就好像所有的信息和活动，都来自于你手中的那个设备。

事实上，云计算的世界正在成为现实。根据刚刚发布的皮尤互联网与美国人生活项目中的云计算使用报告，三分之二的美国互联网用户使用网络应用，但我们却很少有人意识到这点。

> **69%的美国互联网用户会通过某种形式使用云计算，其中使用最多的，是基于网页的邮件（占受访者的56%），其次是个人图片存储服务（占34%）。**

不难想象，我们可以向云计算转移去更多的信息活动。如果我们完全迁移进云计算，在云端的生活会是什么样呢？如果这种迁移像它应该的那样不被察觉，我们的行为又会发生怎样的改变？云计算会怎样改变我们？

眼下，云计算的创建及运营，主要出于企业利益，而非用户利益。更准确地说，云计算的第一批用户，是商业用户。网络服务的提供商是公司。云计算也被称作网格计算，或效用计算。围绕着云应用，服务商、供应商、制造商们组成的小型产业正在兴起。除了谷歌、亚马逊网络服务这些众所周知的云计算外，GridLayer和Aptana Cloud也是这个产业中的成员。我们可以从Aptana Cloud的营销页面上，以企业的角度，对云计算作出实用的解读：

> 您再也无需为您的网站托管、服务器配置和附加服务的设置发愁。云计算能够让你把这些烦心事推给别人来做，甚至，推到别的地方去做。以上所有事务，都可以在互联网上，实时全面地为您打点到井井有条。简而言之，您所需要的所有技术，都会作为一项服务，在后台为您管理好一切。而您所需要做的，就像支付每月的电费和话费那么简单。

这就是云计算，后台里的机械师。那我们呢？云计算的文化是什么？我的直觉告诉我（虽然我还无从证明），从网络转向云的结果，会远远超过网络已经给我们带来的转变。我梳理出了我脑海中，关于云计算世界里将会出现的文化动向：

永远在线。时时刻刻的连接，会使得“在线”这种状态变得不可见。我们不用为了连接去做任何事，因为连接本身就是默认选项。这就像是空气一样。就像行为经济学家已经展示过的那样，默认选项会带来巨大的改变。默认在线会让我们走向沟通和共享。永远在线的默认选项会让我们期待所有东西都能连接网络，而且是永远处于在线状态。我们会希望所有的代理程序能够永远在线，所有的服务都应该始终可用。所有事物都在不断趋向7×24小时不间断可用。除了某些例外，不能永远在线会成为一种缺点。永远在线也意味着我们生活中的更多部分会被抓取、分析、消化和“在线”。云计算越是“永远在线”，我们自己就越会向云中迁移。

云的多样化。随着世界越来越多地被包括进云，云内和云外的区别将会消失。最初，云是服务器组成的云。随后，云成为了服务器和我们所有的笔记本电脑所组成的云。再随后，云还包含了我们所有人的手机。而在未来，我们的电视屏幕也会成为云的组成部分。云不断改进“网络效应”与更多设备、更多传感器、以及更多芯片的整合，而这些改进又能吸引更多设备、更多传感器、以及更多芯片加入云，使得云变得更有吸引力。最后，云将会变得多种多样，涵盖每一样事物。照相机、麦克风——任何能够产生数据的东西，都会投入云的怀抱。所以未来无论我们想要找到什么东西，云都会成为我们首选的工具，虽然并不一定会在云里找得到，但我们的寻找总是会“从云开始”。

更智能。 云不一定非要比我们现有的网络更智能，但它终将比现有的网络更智能。网络可以被看作是被超链接捆绑在一起的各色文件。而云则可以被看成是通过超链接汇聚在一起的数据。最终，将事物接入云的主要原因，将会是深层次地分享这些事物中的数据。云的优势不仅仅在于提供便利的备份，永远能够保持连接——虽然它们确实可以通过云来实现，还在于云能够将不同计算机中的数据和互动交织在一起，从而使得云计算中的所有计算机变得比以往单独运算时更加智能，更加强大。毫不夸张地说，云作为一种工具，能够让我们分享我们手中数据和行为的最基本方面，而分享的方式又能使这些数据和行为变得更加聪明。云是蜂巢思维下的工具。

不可分割的依赖。“永远在线”，再加上优异的性能，将会导致我们对云的超级依赖。这中间有个有趣的悖论：一方面计算不再发生在我们身边的设备中（而是发生在云里），另外一方面我们却在心理上与身边的设备更亲近。设备越智能，它们就会变得越亲密。我一个朋友的孩子有次捅了篓子，要接受父母的惩罚。他们没收了她的手机，结果孩子真的生了场病，把父母吓坏了。拿走手机就好像是砍掉她的手一样。而在某种程度上，手机确实成为了她的另一只手。我记得有本书叫做《黄金罗盘》，后来被改编成了电影。在书中的世界里，孩子们拥有灵魂上的守护动物，叫做灵兽。这些无形的动物会盘坐在孩子们的肩膀上，也可能会在附近徘徊，给孩子们出谋划策，抚籍安慰。在这个世界里，最残酷的折磨，便是与你的灵兽分离。在未来，云和云智能将会像《黄金罗盘》那样，成为我们的灵兽。与云所提供的建议和舒适状态分开，将会让人感到害怕，难以忍受。

极高的可靠性。没有一台机器是完美的，但和你家那台单独的电脑比起来，云会更加可靠。和云所提供的接入时间相比，记录中的云宕机次数少之又少。根据云计算事故数据库，2008年中有报告的事故有11起。即便是我那台非常稳定的Mac电脑，今年死机的次数也比11次要多。云的可靠性指数，意味着云会越来越多地作为一种备份。我们生活的备份。无论你在线下保留了多少份重要物品的副本，你的安全感还不如把它放上线，拖进云中要高。我们也有可能会觉得，把东西只存放在云上，会不安全，云的可靠性有可能超过我们自己。维基百科已经被公认为非常可靠，这也正在改变我们关于“信任从何而来”的态度。在云生活中，相比任何形式的单一来源，我们或许会对各种来源的聚合更加信任。

自我延伸。我的东西在哪儿？如果我用谷歌搜索了下自己的邮件，看看自己之前说了什么，或者干脆依靠云来记忆，那么“我”与“它”的边界会在哪里？如果我生命中的所有影像，所有有趣的片段，所有的个人笔记，以及同朋友谈笑风生的所有记录，还有我的所有选择、所有推荐、所有想法、所有愿望——如果所有的这一切都被安放在某个地方——但又不是一个特定的地方——“它”会改变我如何看待自己。如果“它”离开了，会发生什么事情？“我”的一个非常分散的方面将会随之离开。如果麦克卢汉（McLuhan）关于“工具是自我的延伸”的观点是正确的话，如果轮子是腿的延伸，如果照相机是眼睛的延伸，那么云便是我们灵魂的延伸。或者用你喜欢的话来说，云是自我的延伸。

法律冲突。和云生活中将要出现的法律大战相比，版权之战似乎要温和许多。在云世界里面，我们应当以谁的法律为准？以居住地的法律为准？以服务器所在地的法律为准？还是以国际贸易法为准？如果所有的工作都在云中完成，那么你的税金又要交给谁？法律制度之间明显的不连续性，将会成为云扩张的威胁。这种摩擦也会迫使多种不同类型的云的出现。虽然有可能在许多地区别无选择，但不同法律框架下的云将会在全球范围内竞争。但其中的法律争议并不仅仅是适用哪国法律的问题。数据的拥有者是谁？你？还是云？如果你的所有邮件和语音呼叫都是通过云来完成，谁来为云所说出的东西负责？在同云建立起的新型亲密关系中，如果你有了不成熟的想法，或者做了个奇怪的白日梦，这些想法是不是要和你真正相信的东西享受同等待遇？在一个永远在线，无处不在的云世界里，政府在公平和正义方面的权利（及义务）又是什么？

分享隐私。隐私将不复存在。更确切地说，我们臆想出来的隐私将会消失。人类需要不同等级的亲密关系，在云中我们（已经是一个被云延伸了的自我）则需要全新的策略，来重新确定这些亲密等级。我们不再会用公共和私人，甚至朋友和非朋友这些"非此即彼"的方式来描述我们的人际关系，转而采用一种更加细致更加复杂的方式。对于每一类的"cousin"①，中国人都有不同的称呼（表姐，表妹，堂弟，堂兄）；云也会发展出各种各样的方式，用以标记我们认识的人，我们曾经认识的人，我们不认识的人等。分享是云端的基本行为。某些形式的分享，以我们现在的标准来看，或许被称为侵犯隐私。但是如果对于分享的观念和能力没有随之进化的话，我们也不可能分享同一个云来完成所有事情。

社会主义2.0。云是一个集体。社会化媒体是一种社会主义。开源软件项目则有点像共产主义的模式。人们在分享他们的医疗记录、个人基因组或者家庭相册的时候——他们在为集体作出贡献，通过分享，被分享的物品的价值也能得到提升。维基百科、Linux操作系统，以及整个网络的成功，创造出了乐于接受群体力量的一代人。但和旧有的社会主义模式，即共产主义那种陈旧、自上向下的社会化媒体不同，在这里，个体不会被迫同化。而且，在这个新兴的2.0版本社会主义里，个体还能通过群体的力量得到解放（比方说任何人都可以编写百科全书）。我们现在还没有确切的词汇来描述这种动向，所以只能使用社会主义这种带着沉重文化包袱的词语。但无论如何，生活在云端的集体里，将会加强群体力量的地位。

云世界带来的文化转变一定还有很多。如果你觉得我的观点还有疏漏，欢迎在评论或者电子邮件中补充。

2008年10月22日

---

① 英语中对cousin一词对同辈的兄弟姐妹堂表不加区分，都可以被称为“cousin”。

BELIEVING THE IMPOSSIBLE
相信天方夜谭

每年约翰·布鲁克曼（John Brockman）都会在他名为“边缘”（Edge）的网站上举办年度“世界问题”的活动。年末的时候他会向他圈子里的科学家和思想家提出“一个最近在问自己的问题”。今年我也提了一个问题：你对什么东西改变过想法吗？我自己对很多事情改变过主意，这也许是我问这个问题的原因。我对人们改变自己想法的方式和原因很感兴趣，因此这165个答案都非常值得一读。要找一个改变想法的例子有点难，但我挑选了最近的一次。我把给“边缘”的答案复制在了这里。

维基百科颠覆了许多我对人的本性和知识的本质的想法。我知道对于年轻人和无聊的人（他们中有很多网民）来说恶作剧是一种天性，这似乎意味着所有人都可以编辑的百科全书简直是天方夜谭。我也知道即使是最负责的贡献者有时也不免夸大其词或者是想当然，这让维基百科更不可能成为权威可信的文本。从我20年的上网经历来看，你不能完全依赖于随便读到的一篇帖子；并且我也认为一群随机组合起来的贡献者肯定会是一团糟。即使是专家团队编写的不能随便修改的网页有时候也会让我失望，更不用说一本完全由没有编辑经验的业余人士编写的百科全书，其中还不乏不学无术之人，这一切都让维基百科看起来注定会是垃圾。

对于信息结构的认识让我坚信，不花许多精力和智慧专门来转化的话，知识不会自己从数据里冒出来。我过去参加过所有没有指挥的集体写作，最后都只产生了许多马上会被遗忘的垃圾。在互联网上，又怎能不一样呢？

所以，当维基百科的前身（当时叫做Nupedia）在2000年上线的时候，我粗略地审视了一下，对它没有成功毫不惊讶。网站当时的编辑和重写的流程自顶向下，劳神费力，让潜在的随机贡献者望而却步。到后来，网站创建了一个后台的维基系统来管理Nupedia的文本，这是一次重大的更新，使得任何人都可以编辑和发布文章，不过在它更名为维基百科的时候，我更不看好它了。

我大错特错了。维基百科的成功不断地超越着我的预期。尽管人无完人，但维基百科却变得越来越好。它将规则和精英的运用压缩到了最低，但却把不同个体所具备的优缺点一并转化成为了共同财富。在合理工具的帮助下，（通过维基百科中的恢复功能）恢复受损文本要比（蓄意）破坏文本容易得多。足够好的文章也因此日渐增多。因为有了合理的工具，合作社群的进步速度，会超过相同数

图注：就像原子弹是上一代人的标志，思想手榴弹是这一代的标志。

量个体互相竞争带来的进步速度。

显而易见，人多力量大——城市和文明就是这样——但对我来说最大的惊喜是我们需要的工具和监管是如此之少。维基百科的层级体制小到几乎不见。相比基于管理者的管理，维基内嵌的基于代码的管理才是真正的新鲜之处。然而维基百科带来的最大惊喜，是我们还不知道这种力量能走多远。我们还没有看到维基化智能的极限。我们能用它来制作教科书、音乐和电影吗？用它来立法和行政又会怎样呢？

在我们说“不可能”之前，我想说，走着瞧。我能列出很多理由来说为什么法律不能由一些什么都不懂的外行人来编写。不过鉴于我已经改变过了我的想法，我想暂缓得出这个结论。我曾认为维基百科是不可能的，但是现在它就在那里。理论上有很多东西是不可能的，但是实际却存在着，这只是其中一个例子。一旦你认识到这是可能的，你就必须转变你的预期，还有什么其它的东西是理论上不可能但实际上可能运作的呢？

我不是唯一一个对这个问题改变看法的人。维基百科运转良好的事实让我们看到，共产主义式的社会主义不仅仅是可以想象的，而且是值得向往的。和其它开源软件和开源的东西一样，这种共产主义的倾向深深流淌在网络世界中。

换句话说，这也深埋在年轻的下一代当中。或许这种改变世界的观点，要花上几十年的时间，才会绽放出全部的色彩。当年轻的下一代从小就知道（而不是被动承认）维基百科这样的事情是可行的时候；当你自然而然地认为开源软件是更好选择的时候；当你肯定分享自己的照片和其他数据，能比保护它们收益更多的时候——这些假设就会变成一个平台，一个让我们更彻底地接受共有财产的平台。我不得不说，世界上的确有一种新形式的共产主义或者社会主义，虽然这两个过时的术语并不能准确表达其中的革新之处。

我是一个还算坚定的个人主义者，维基百科改变了我的想法，将我带到这个全新的社会氛围中。我现在对于集体的力量和个人对于集体担负的新义务有了更大的兴趣。除了扩大公民权利，我也主张扩大公民义务。我坚信维基百科的影响力还未完全浮出水面。它改变想法的力量正在潜移默化地作用在全世界的千禧一代身上：维基百科为他们提供了一个活生生的群体智慧的证据，并且让他们知道可以去相信那些看似不可能发生的天方夜谭。

这就是它对我带来的改变。

2008年1月14日

A TRILLION HOURS
一万亿个小时

网络很大。谷歌的研究人员都没法告诉你谷歌能检索出多少个网页，但在最近，他们说据他们观察，网络上有一万多亿个独立网址。想知道网络上有多少独立页面可是个难事，因为据谷歌的研究人员解释，在网络日历这类的网站上，单是点击“下一天”的链接，就可以生成无数个页面。世界上第一个公共网页诞生于1991年8月。也就是说，我们（也包括了你）在过去的6200天里，已经创造出来了一万亿个有内容的网络页面。

我敢保证，在6000天前的1991年——或者再往后推一推，10年前的1998年，没有人会相信我们能够以如此快的速度创造出来一万亿个网页。那么接下来的问题就显而易见了：谁会为这一万亿个网页付钱？谁又有时间来制作这一万亿个网页呢？

创造一万亿个网页需要很多时间。如果我们保守一点，每一个网址在研究、构思、设计、编程制作上平均要花费一个小时的话，那么完成今天的网络，就需要一万亿个小时的劳作——而且还是至少。如果算上过去15年里消失掉的其他数万亿个网页的话，工时翻倍是轻而易举的事情——但这一步还是略过好了。

一万亿个小时就是1.14亿年。如果制作网络的工人只有一个的话，他（她）

的开工日期可能就要从白垩纪时代开始，才能赶上我们今天的规模。但1.14亿个人24小时不停地并行工作的话，制作一万亿个网址的时间就会缩短到一年。考虑到即便是最亢奋的网络管理员也得时不时地去睡个觉，我们就把每天的工时再减少到全天的三分之一，即8个小时，那么1.14亿个人就需要3年的全职工作才能制造出来今天的网络。换句话说，制造出今天的网络，需要3.42亿个工作年。

但是，既然我们只用了15年就完成了这个伟大的工程，那在过去的15年里，我们就只需要2280万网络工人全职工作。粗看起来，这个数字似乎要比我所猜想的实际人数多得多。

建造网络的巨大工作量中，有相当大的一部分是免费完成的。我曾经计算过，网络中有40%是非商业性的。但这40%中还包含了给员工发工资的政府部门和非营利组织。我猜想，网络中有80%是有偿创造出来的。因此，3.42亿个工作年的80%，就是2.73亿个有偿工作年。这2.73亿个工作年的工资有多少？或者说，今天网络的更换成本有多高？如果所有用来备份的硬盘都消失掉，我们不得不重新制作网络中的一万亿个网址，要花多少钱？再或者，为互联网这个“统一体机器”重新录入内容，花费究竟能有多少？

以每年最少2万美元来算，答案就会是5.4万亿美元。如果你觉得有必要，大可以根据各种因素对这个数字或乘或除，好使制作网络的开销更加接近真实。制作一个有内容网页的平均时间或许用不了一个小时，或许比一个小时要多。但我觉得，答案的数量级大体接近。

在网络最初的6000天里，我们已经投入了一万亿个小时、一万亿个网页、和五万亿的美金。在下一个6000天里，我们可以期待些什么呢？

2009年8月4日

ZILLIONICS
亿万差级

多即不同。

一样东西，一旦拥有巨大的数量，就能改变这些东西的性质。就像斯大林所说："数量，本身就是一种质量。"计算机科学家J·斯托尔斯·霍尔（J. Storrs Hall）在《超越人工智能》(*Beyond AI*）里写道：

> 如果一样东西有足够多的数量的话，会显示出单独的时候完全没有的特性，这有可能发生，但这样的机会并不常见。能产生这一差异的数量至少是在一万亿这个数量级。在我们的经验里，任何一个涉及到一万亿的案例都不仅仅是数量上的差异，而是质量上的差异。一万亿是太小看不见太轻摸不着的一粒尘埃和一头大象重量上的差别，是50美元和全人类一年的经济产出的差别，是一张名片的厚度和地球到月亮的距离的差别。

我把这个差别称为亿万差级。

通过复制的过程，特别是数字化的复制，可以把日常事物的数量放大到前所未知的巨大量级。这一数量可以从10一直到十亿、万亿乃至不可数的量级。

你的个人图书馆可以从十本书扩充到谷歌图书馆中全部的3000万本电子书籍。你的音乐库可以从100张唱片扩充到世界上所有的音乐。你的个人文档可以从一盒旧信件扩充到跨越你一生的几百PB（PB为数据量单位，1PB=1百万GB）的信息。一个公司也许需要管理每年几百PB的信息。科学家也许需要产生每秒几个GB的数据。政府部门需要去追踪、加密和分析的文档可能会达到1000的六次方那么多。

亿万差级是一个新的领域，是我们新的家园，在这个尺度上需要新的工具、新的数学和新的思维转变。

当你达到万亿、亿亿及更大的数量单位的时候，陌生的新的力量出现了。在这个数量级上，你可以做一些以前决不可能做到的事情。一亿亿个超链接带给你的信息和行为，是永远无法从几百或几千个链接中得出的。一万亿个神经元会带给你智能，而一百万个不会。一亿亿个数据点会给你几十万个数据无法给出的洞察。

但是，管理万亿差所需要的技能却并不简单，概率和统计统治了这个领域，我们人类的直觉却往往都不可靠。

我曾经这样写过：

> 数学让我们知道，拥有数量巨大的部件的系统和少于一百万个部件的系统有着截然不同的运作方式。万亿差级是一个容量极其庞大的状态，由许多个一百万构成。网

图注：一万亿个一美分硬币与一个足球场的比例对比，来自巨型美分（Megapenny）项目[①]。

络经济意味着亿万个部分、亿万件物品、亿万份文件、亿万个机器人、亿万个网络节点、亿万个连接和亿万个组合。相比我们近代才出现的生产社会，亿万差级更像是进入了生物学的领域——亿万个基因和组织已经在那里存在了很长时间。生命系统知道如何去处理亿万差级，我们可以仿照生物学来处理亿万差级的多样性（摘自《新经济的新规则》1998年）。

社会网络也在亿万差级的领域运作。人工智能、数据挖掘以及虚拟现实都需要掌握亿万差级。随着我们创造了越来越多的东西，特别是我们集体创造的成果，我们正在将媒体和文化也提升到了亿万差级的领域。供我们选择的音乐、艺术、影像、文字——任何东西——的数量正在达到亿万差级的水平。

我们要如何才能不被亿万差级的选择弄得瘫痪？如何不被它伤害？亿万差级是无限的吗？这个长尾如此长、如此宽、如此深，以至于最终它将完全变成另一样东西。

多即不同。

2008年4月17日

---

① 巨型美分项目网站：http：//www.kokogiak.com/megapenny/

TRIUMPH OF THE DEFAULT
默认——事关选择的意外成功

“默认”（default）是现代生活最伟大的发明之一，却很少得到人们的喝彩。这个技术概念可以追溯到二十世纪60年代，计算机科学率先使用“默认”来表示一系列预设标准。比如，这个程序默认采用两位数而不是四位数来表示日期。今天，“默认”这个概念很大程度上已经从计算机科学领域广泛延伸到我们的文化之中。虽然看似微不足道，“默认”的思想却构成了技术元素的基础。

我们已经很难回忆起没有“默认”的生活了。其实它不过是随着计算技术的发展才渐渐兴起。“默认”是复杂技术系统的标志，它不存在于工业时代。早期的计算机，系统常常崩溃，变量输入非常麻烦，所以当程度崩溃或首次启动时，系统会自动为其自身分配任务，这就是“默认设置”。这是个非常聪明的做法。除非用户或者程序员特地去更改，默认设置掌管着系统，保证主系统能够正常工作。电子产品和软件程序出厂时的所有选项都采用默认设置。这些默认设置或是根据购买者预计标准而设定（比如，默认为美国标准电压），或是根据预料的购买者偏好而设定（比如，电影播放时默认关闭字幕），又或是根据最佳习惯来设定（比如，默认打开病毒检测）。大多数情况下，预设都能很好地工作。如今，我们在汽车、保险项目、网络、电话、医疗保障计划、信用卡和其它一切可定制的东西里都安装了默认设置。

的确，任何哪怕只有一丁点计算智能的东西（也就是说，任何复杂的现代人造物品）都内嵌了默认设置。这些预设偏好毫不掩饰地体现在物件、系统和社会机构的设计当中。但默认设置不仅仅是任何制成品中未予明示的假设。例如，大部分手工工具都默认为右撇子设计。“右撇子”的用户假设是如此天经地义，甚至大可不提。同样，工具外形又是基于使用者为男性的假设。不只工具，早期汽车的设计也假设司机为男性。制造一样东西之前，必须先设想一下购买者是谁、他们的动机如何，这些假设于是自然而然地成为技术设计的一部分。系统的规模越大，需要进行的假设也就越多。仔细研究某个技术设施，就会发现深藏于设计之中的广泛假设。所以，从美国的电力系统、铁路、公路乃至教育系统的设计当中，我们会发现美国式的乐观、对个体的关注以及对于改变的热切期盼。

这些技术中常见的内置偏好，与“默认”的概念有很多共同属性，却并不是真正意义上的“默认”。“默认”是可以被改变的假设。适用于右手的锤子、钳子或者剪刀，不适合左手使用；过去，汽车座椅位置一旦根据司机的性别假设进行设计，就很难轻易改变。但是在许多现代技术中，假设是可以改变的。灵活的技术系统的重要标志便是，可以方便地重新连接、修改、重新编程、调适和改变，以配合新的用途和新的使用者。在这样的系统里，许多（虽然不是全部）设计中的假设可以被改变。无穷灵便和多重默认设置的优势在于，个人拥有了真正的选择权，如果你想要的话。技术可以为你的偏好而量身定做，可以为适合自己的能力而进行优化。

极端灵活的技术的坏处则是，它所带来的爆炸性可能多到令人崩溃。太多选择让人头脑麻木，便没有足够的时间来对它们一一评估。超市货架上99种不同的芥末酱，医疗计划中的2356种选项，网络化身的56000种发型选择，由它们造成的焦虑感引起大量的选择困难乃至选择终止。选择过多令人筋疲力尽，而“默认设置”恰恰是解决这个问题的绝好方案。默认设置让我们自己决定何时进行选择。比如，一开始你有一个默认形象（穿牛仔裤的小孩），以后你可以改变所有默认描述。可以把这设想为可控的选择。成千上万个选择——真正的选择——都能通过采用巧妙的默认设置来加以管理，它为我们“做出”选择，而我们也保留再次选择的完全自由。我们的自由并没有受到限制，而是被错开了。当我更了解这个系统的时候，我再回到偏好设置里，选择默认退出或默认加入，把某个参数调高调低，或者选定这个放弃那个。而在我了解更多之前，这些选择都是隐藏不见的，像小猫小狗一样乖乖地呆着。一个默认设置设计得好的系统，会让人享有充分的自由，而选择的提交方式又会鼓励你及时做出选择——以逐步积累经验的方式。默认设置，可以用来驾驭不断膨胀的选择。

把这种膨胀与锤子、汽车或者50年代的电话系统对比可见，当时的使用者对如何使用这些工具只有很少的选择。世界级的工程师花很多年打磨一套固定的、通用的设计，力图使其对大多数人都非常好用，时至今日，从这些设计里仍然能发现永恒的设计之美。工业制成品和基础设施的相对惰性，通过普通人精致完美的使用体验得到弥补。对于电话，也许今天的你并不会比50年前做出更多的选择，但你是可以的。而且对于在哪里做出这些选择，你也会有更多选择。这些渐渐显露的潜在选择嵌套在移动电话和网络的自适应天性之中。选择的结果是有求必应。而在固定的设计中永远不可能出现这种充裕选择。

默认设置最初出现在计算和通信网络的复杂领域中，但是并不因为这样，就与锤子、汽车、鞋子或者门把手无缘。如果用电脑芯片和智能材料来生产这些产品，我们就可以把自适应性注入其中，让它们也拥有“默认设置”。想象一个用自适应材料制造的锤柄，它可以自我改变来适应你的左手或一个女人的手。你很可能可以选择直接把性别、年龄、熟练度、工作环境等信息指定给锤子上的小神经元。这样的话，这个工具在出厂的时候也会有自己的默认设置。

不过默认设置很“粘”。许多心理学的研究表明，如果改变默认设置需要花费哪怕一丁点儿的额外气力，也会让大多数人打消念头，他们会“粘”在默认设置上面，而不愿意去享用自己的自由。他们的相机时钟会一直在12：00的默认设置上闪烁，他们从不更换临时分配的密码。每个工程师都会告诉你一个残酷的事实，大多数默认设置从来都不曾被更改。随便拿起一个设备，十有八九还是出厂设置。我从自己的个人经历中发现，即便可以更改，我也很少更改偏好设置，我“粘”在了默认设置上面。25年前苹果Macintosh电脑刚问世的时候，我就开始使用它，直到现在我仍然发现，有些基本的默认设置和优先设置我甚至从未听说过。从工程学的角度来说，默认设置的惰性是个成功的措施，因为这意味着默认设置是起作用的。无需太多改变，产品就可以使用，系统也能忙得不亦乐乎。

因此，默认设置的确定特权就是权力和影响力的博弈行为。默认设置不仅仅是个人驾驭选择的工具，也是系统设计者——预设设置的人——操纵系统的工具。这些选择的架构深深影响并塑造着这个系统的使用文化。就连默认设置和选择的顺序都会使结果改变。零售商人就深谙此道，他们以特定顺序开店和开网站，籍此引导消费决策，实现销售最大化。让饥饿的学生首先选择甜点而不是最后才选，这样的默认顺序会对他们的摄入营养产生影响。

复杂技术的每个要素，从编程语言到用户界面设计，再到周边设备的选择，有大量默认设置：系统是否采用匿名登录？它假定大多数人基本上是善意的还是不怀好意？它的默认设置是分享最大化还是隐私最大化？其规则是一段时间后失效还是默认自动更新？撤消一个选择有多容易？控制过程是个默认退出还是默认加入的过程？把四五个默认参数重组一下，就会产生出许多拥有几百个不同特性的系统。

相同的技术配置——比如两个采用相同软硬件构架的电脑网络——随便改变几个系统内置的默认设置，都会具有非常不同的文化意义。默认的影响如此之大，它轻轻一推，再大再复杂的网络也要晃两晃。例如，大多数养老金投资项目（如，企业401k计划）参加比例很低，其中一部分原因是有非常多子选项要去选择。行为经济学家里查德·萨勒尔（Richard Thaler）讲述了他所做的实验，通过默认选择（“委托选择”）实现自动注册，籍此使雇员的储蓄率大幅提高。参与者随时可以退出这个项目，同时有完全的自由来更改计划的具体内容，只需将默认设置从“必须注册”改为“自动加入”就改变了整个系统的进程。捐赠器官时自动选定“默认加入”（即除非预先拒绝，否则自动加入）而非“默认退出”（即除非选择加入，否则不参加）时，就发生了类似的改变。“默认加入”机制大幅提高了器官捐献的数量。

默认设置虽然是个不起眼的小手段，但有了它，我们竟然可以改变技术创新看似必然的演变方向。例如设计精良的跨北美大陆110伏交流电技术系统，在从其它技术系统（比如柴油发电机、工厂流水线）获得自我强化支持的同时，它还能积聚自己的动量。不断增加的动量会使早先的系统不堪重负。然而，这个电力系统的每一个节点都存有一个默认设置，通过精确校正和熟练选择，那些渺小的默认设置只需一个信号，就能让巨大的系统迅速进入某种状态。系统可以做出改变，使其易于增加虽然新但又不太安全的创新，或者难以改变，但更安全。默认设置轻轻一“推”，便决定了其网络扩展的难易程度，其对不同来源电力的整合能力，或者，它倾向于集中还是分散。技术系统的形态由技术自己设定，但其个性却可以由我们来设置。

系统不是中立的。它们天生有偏好。加速发展的技术给我们带来接踵而至的选择，我们可以用四两拨千斤的方式来驾驭它们——将我们自己的偏好（即默认设置）嵌入其中。在势不可挡的技术发展中，我们掌握了偏好这一武器，让其服务于我们的共同目标——日益增加的多样性、复杂性、专业性、感知性和美感。

默认设置还提醒了我们另外一个事实。从定义上看，只有我们——无论是使用者、消费者还是公民——什么都不做，默认设置才会接管工作。但是“什么都不做”并不意味着中立，因为它激发了一种默认的偏好。也就是说，“不做选择”本身也是一种选择。甚至于说，即使是“不行动”也无中立可言。与许多主张不同，技术从来不是中立的。即便你不对用它做什么做出选择，它也会自己选择。不管我们是否对其施加影响，系统都会从这些内在偏好（倾向性）中获知明确的趋势和动力。我们最多也只是推它一把。

2009年6月22日

DIGITAL SOCIALISM
数字社会主义

数字社会主义运动究竟能带领我们多么接近一个非资本主义、开源、大众生产的社会？每当这个问题被问起时，答案都是：比我们想象得近。想想Craigslist 。它只含有分类广告，对吧？但事实上，这个网站放大了有用的社区交换版块，以接触地区用户；并且用图像和实时更新强化了其有效性——分类网异军突起，成为国家宝藏。Craigslist的运营没有国家资助或控制，但却实现了公民的直接对接，这个绝大部分免费的市场在取得社会效益上的效率，让任何政府或传统组织相形见绌。的确，它破坏了报纸的商业模式，但同时也无可置疑地表明，对于营利组织和依靠税收支持的民事机构而言，分享模式是一种有效的替代模式。

贫穷的农民能从地球另一端的陌生人那借100美元，然后归还，这种事谁会相信？这就是Kiva从事的点对点借贷。所有公共医疗专家都信心满满地宣布，照片分享还好，但没人会分享自己的医疗记录。但在PatientsLikeMe（像我这样的患者）网站上，患者们分享各自治疗结果，为自己谋得更好的治疗服务，这证明集体行动能同时战胜医生和担心泄露隐私的恐惧。日益增加的平常习惯——分享你所想（Twitter）、分享你在读的东西（StumbleUpon）、你的财务（Wesabe）、你的一切（互联网）——正在成为我们文化的基础。与此同时，跨洲际的人们正组成各种小组，协作创建百科全书、新闻机构、视频档案馆和软件，这些人互不相识，不论阶级——这让政治社会主义看起来像是社会发展的合理趋势。

上个世纪自由市场发生的变化也与之类似。每天都会有人问：市场不能做什么？我们列出了一长串似乎只有合理规划或家长型政府才能解决的问题，但却在这些问题上采取了市场逻辑。在绝大部分情况下，市场解决方案的效果要好得多。近几十年来的大部分繁荣都得益于市场力量在社会问题上的释放。

现在我们正在协作社交技术上采取相同套路，在不断壮大的愿望清单上应用数字社会主义——时不时也会用于解决自由市场不能解决的问题——看其是否能奏效。到目前为止，结果令人惊讶。几乎每一次，分享、合作、协作、开放、自由定价和透明的力量都被证明要比我们这些资本主义者所想的更为实际。每当我们尝试应用数字社会主义，我们都发现新社会主义的力量要比我们想象的大。

我们低估了重塑我们思维的工具的力量。我们是否相信，我们真能协作创建一个虚拟世界，每天身处其中而不被其影响我们的观点？在线社会主义的力量正在壮大。其动力正超越电子——也许正在进入选举[①]。

2009年5月24日

---

① 作者在此处利用电子（electrons）和选举（elections）字形的接近，玩了文字游戏。

MAPS OF KNOWLEDGE
知识地图

之前绘制现代科技分支之间联系的地图是通过描绘学术文献之间的引用情况来实现的。这些引用往往以本学科或相关学科文献的注脚形式出现。引用就相当于网文中的链接，它们将你带回源头。引用索引按照学科不同来统计这些链接。绘图软件可以复现链接间的内在联系模式。以下图为例：

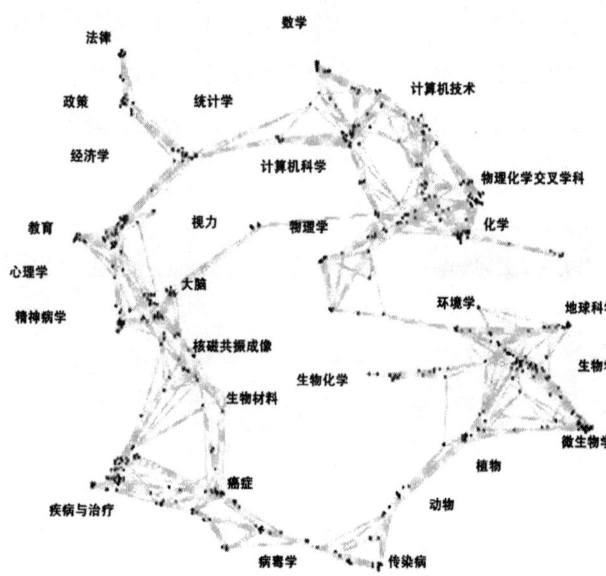

相关部门刚刚公布了一种描绘学科之间关系的新方法，它描绘的是点击而非链接。这个程序通过读取提供在线文献服务（现今最受欢迎的获取文献的方式）的服务器根目录，记录下研究人员从一篇文献跳到另一篇文献的点击过程。随后通过绘制这些点击过程（这次绘制包含了10亿个点击过程）来厘清文献间由用户激发出的关系。下面是一张最新的科学知识联系图：

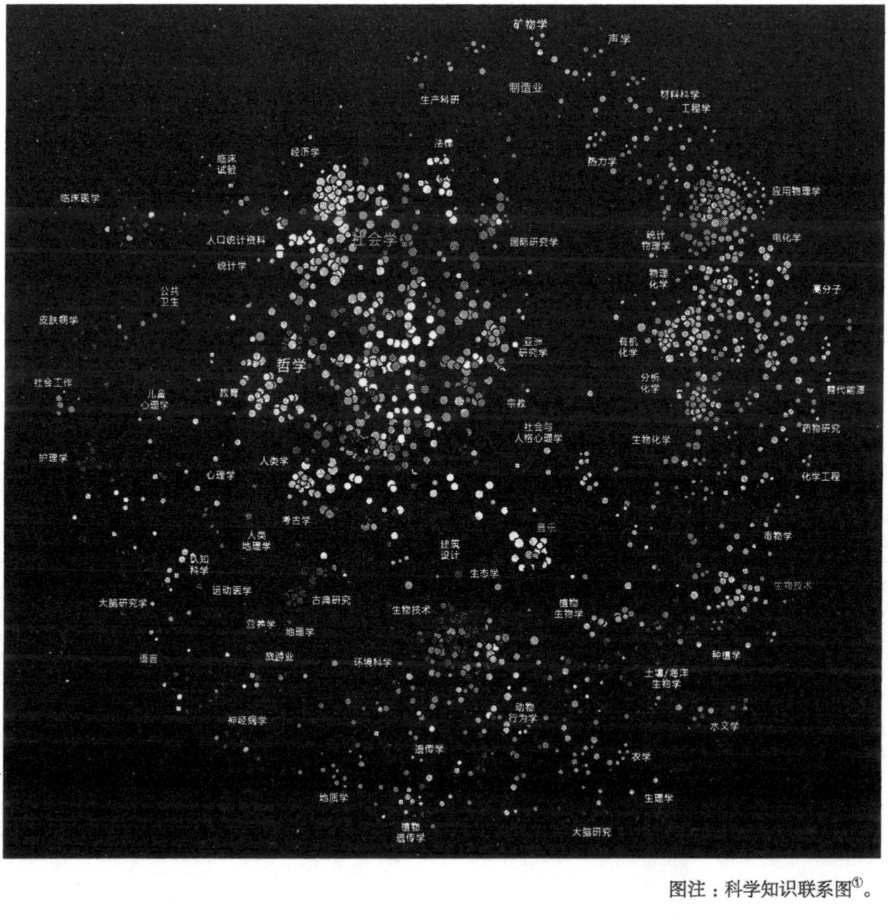

图注：科学知识联系图[①]。

按照这篇文章作者们的观点，与引文分析法相比，点击流的优点在于它能给出引文的实时图景，且范围更大。他们着重指出："已记录的文献间相互点击量已远多于现有文献引用量。"

我一直在思考谷歌以及搜索引擎的未来。很显然，互联网上点击量多于链接量。也就是说，相比于做链接，人们更常做的是直接点击。然而，就我所知，PR值以及其他的搜索索引排名算法主要还是依据权重链接的数量。将大众在网站中点击的智慧包含进来不是更好吗？如果把点击流和链接图相结合会怎样？我想谷歌是不是已经这么做了？现在如此多的网站都在运行谷歌的ADsense（和Analytics）分析软件，谷歌应该知道人们点击一个页面的频率以及人们从何处点击到这个页面，现在点击在PR排名中究竟起作用了没有？

我从谷歌一名副总裁那儿得到了对于我的问题的答复："搜索质量是基于PR值和'信息检索得分'（IR）的综合得分，而IR分值则考虑了点击（和用户感兴趣的其他指标）。"

换句话说，没错，谷歌的确将点击纳入了其创造知识图景的过程之中。

点击量将会继续领先链接量，因此我期望未来越来越多的互联网结构会依靠点击而非链接来决定。

2009年3月16日

---

① 此图的清晰版和相关文献可参考以下网站：http：//www.plosone.org/article/info：doi/10.1371/journal.pone.0004803

NO SEARCH NEUTRALITY, PLEASE
拜托，搜索中立不可能

要做到公平，一直是件难事。在许多人能做出多种选择的体系中，公平通常不可能实现。肯尼斯·阿罗（Kenneth Arrow）是诺贝尔经济学奖得主，他提出了阿罗不可能定理（Arrow Paradox），即，排名投票系统本质上不可能做到公平。更准确地说，这条定理是指，如果一个投票系统试图对三个或以上的候选人进行排名，就不可能同时优化投票公平性的不同方面。这有点像老话说的“快，便宜，好——两个任意挑”，因为无法同时满足全部三项。从数学角度来看，对三个以上候选人进行排序时，无论是确保每张投票都有相同的权重，或保证每个结果都有相等的出现机会，还是采用其他公正排名的标准，都必然会对公平的某些方面造成损害。

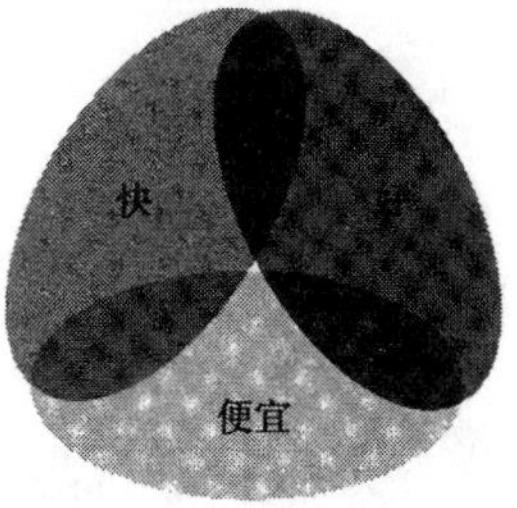

每一种搜索算法也是在进行排序选择，对于它所排序的一些信息来源来说，同样自来就不公平。无论是哪个搜索引擎，Bing也好，Ask也罢，抑或谷歌乃至还未发明出来的搜索引擎，返回的排序结果不可能满足公平的所有维度。在某些方面它有所偏倚，就像投票系统会偏向某些方向一样。

尽管如此，我们仍然想要公平和中立。在当今生活中，搜索既是一个不可或缺的服务，也是一个非常大的业务领域。新闻、商务和个人身份都经由搜索引擎过滤，自由原则也要间接通过搜索引擎来体现。搜索引擎的权力可能被滥用。这在中国已经发生，而我们也能够在理论上想象这种可能。如果一个搜索算法本身就是有偏好的，那么是否有办法能让它变得更中立呢？

有许许多多的人都对谷歌的搜索引擎霸主地位感到不安。他们看到了搜索引擎的偏见本质。其中有些是商人，他们的生计受到谷歌算法的影响；还有一些是关注谷歌主导地位的活动家、权威人士或学者。詹姆斯·格里梅尔曼（James Grimmelmann）在一篇很长、很清晰（以及非常具有质疑精神）的科技论文中，对关于建立搜索引擎“中立性”这一问题的最好论点进行了整理。他将这些论点精炼成了8个建议性搜索中立原则：

1. 平等性（Equality）：搜索引擎根本不应区分对待各个网站。

2. 客观性（Objectivity）：搜索结果有正确与错误之分，搜索引擎应该只返回正确的结果。

3. 倾向性（Bias）：搜索引擎不应歪曲信息图景。

4. 流量原则（Traffic）：依靠访客浏览量生存的网站不应被搜索引擎排除。

5. 相关性（Relevance）：搜索结果应最大限度满足用户的需求。

6. 自身利益（Seft–interest）：搜索引擎不应利用自身利益谋利。

7. 透明原则（Transparency）：搜索引擎应该公开其网页排名的算法。

8. 控制原则（Manipulation）：搜索引擎应只根据一般规则对网站进行排名，而不应依据个人标准将网站排名升级和降级。

在我看来，这些要求似乎非常合理。接着，格里梅尔曼抛出了他的反驳论点：

可以想见，这八条原则都不可能成为健全的搜索监管的基础。

他更进一步阐述表示：

虽然搜索中立的各原则并不一致，但这并不表示搜索引擎有权无视反垄断、知识产权和隐私保护或其他法律，畅行无阻。搜索引擎有能力做出卑劣的行径：据《商业周刊》（*BusinessWeek*）报道，中国搜索引擎百度公然对网站进行勒索，如果企业不买百度的广告，它便把企业网站的排名降级。搜索引擎能做出什么可怕的事情，不乏恐怖先例。我的看法就是，目前所提出的搜索中立可行性很低，并很可能使情况变得更糟。从其对搜索中立的定义上看，它没有实现自己的初衷。

接着，他逐一驳斥了上述每一条原则，我在这里进行了总结：

1. 平等性——“谷歌当然会对不同网站区别对待——正因此，我们才去使用它。系统性地偏好某些类型的内容，对于搜索引擎来说并非缺陷——而是其意义之所在。”

2. 客观性——不存在客观性。“搜索引擎用户形形色色。他们抱着非常个人的高语境目标。一种搜索结果不可能放之四海而皆准……谁能说雅虎就是对的，谷歌就是错的？那同样也可以认为谷歌的低排名是对的，雅虎的高排名有问题。”

3. 倾向性——整个网络就是有所偏倚的。“搜索引擎优化，互链作坊[①]（Link Farm），垃圾博客评论，黑客攻击——你能想得出，就有人做得出，且都假以提高搜索排名之名。一个完全无形的搜索引擎，不引入新的价值观或自己的偏见，那么它也只会复制网络本身所潜藏的倾向性：极度商业化，垃圾信息多得吓人。

4. 流量原则——网站无权过问流量或排名[②]。如果搜索引擎认为某个网站对用户来说不可取，那么它就可以改变这个网站的排名。“搜索引擎的主观性意味着，不同搜索引擎的结果经常会彼此相左，这也意味着，同一个搜索引擎的结果也会随时间变化而不同。”

5. 相关性——搜索引擎通过主观选择提高返回结果对于用户的相关性，它们并非根据网站的偏好，而是在搜索引擎认为用户想要什么的基础上，降低或提高网站排名。“搜索引擎争相向用户提供相关的搜索结果；搜索引擎之所以存在，只是因为它们能够提供有偏好的搜索结果。”离开用户范畴，相关性便难以定义，更难以检验，而且毫无用处。

6. 自身利益——为自身利益影响搜索结果，这倒很有可能存在；有时确实会发生。垄断性的假公济私行为也非常可能发生。“搜索引擎批评家认为，搜索引擎应该披露与排名决定有关的商业关系。这是一个标准而明智的政策回应。”但是格里梅尔曼表示，“这并非中立性原则，也不是仅存在于搜索业务领域；这只是完善的法律规范的自然施行。”

7. 透明原则——出发点是好的，但执行起来问题多多。如果算法完全透明，就会被垃圾信息制作者利用，甚至出现更糟的可能，搜索引擎也就形同虚设了。如果针对他们透明开放，而他们不大可能快速调整以保护创新。“一切都取决于监管机构对搜索算法中小细节的意义的评估能力。而从监管机构和法院其他数字技术领域的监管历史记录来看，搜索引擎自行评估的前景并不乐观。”

8. 控制原则——似乎是坏事，但“所有搜索引擎都被控制着，而且越巧妙越好。”人们所担心的实际上是“人为操纵”或人工干预，或特殊待遇。“谷歌非常不愿意透露自己是否或何时会针对个体修改排名。”垃圾邮件发送者应该受到“特殊待遇”吗？“完全禁止本地操作会妨碍搜索引擎迅速关闭漏洞并惩治利用漏洞的人。”

总之，格里梅尔曼称，搜索引擎也存在不可能定理。搜索引擎更重视用户而非网站，这对于一些网站来说，可能显得不公平。

搜索中立的争论中有一点非常正确：搜索关乎用户自主权。与任何其他通信技术相比，一个好的搜索引擎对用户的利益更敏感……搜索中立的争论中提出了一个正确的问题——结构性力量是否会削弱搜索引擎提升用户自主权的能力？——搜索中立拥护者更关注对网站的保护，而非对用户的保护。然而令人不安的是，网站通常并非用户朋友。有时候他们是用户的朋友，但更多时候它们只是需要访问者，并愿意不择手段留住他们。

谷歌并不中立。它也永远不会中立，Bing和其他任何搜索引擎也一样。只要谷歌仍然把用户置于排名网站的商业利益之上，只要谷歌在有利于用户的基础上合理追求自身的商业利益，那么其非中立性就会让搜索引擎和用户皆大欢喜。

2011年4月12日

---

① 互链作坊（Link Farm）：通过创建一个堆砌大量链接而没有实质内容的网页，这些链接彼此互链或指向特定网站，以增加被链接网站的外部链接数量，由此欺骗搜索引擎蜘蛛程序，为目标网站获得更高的链接广度，从而提升搜索引擎排名。

② 詹姆斯·格里梅尔曼的原文将受到搜索引擎排名的网站与实体企业相类比，并举例：一些曼哈顿居民会乘坐宜家（IKEA）的免费班车前往宜家布鲁克林店，并在宜家附近的快餐餐车买东西吃。但如果宜家停运这条班车线路或者迁移店址，那么这些餐车店主也无权抱怨。搜索引擎就相当于宜家，网站则相当于这些快餐店。

THE GOOGLE WAY OF SCIENCE
谷歌式科学

一个巨大的以PB级计数的信息数据库曙光般的出现，足以改变我们学习的方式。科研工作的传统方式需要构造一个符合已有数据的假说，或者依靠这个假说来寻找新数据。现在这个数据库里有大量观测数据，为了让我们能够展开下阶段的观测，什么理论能充分地解释它们呢?

可被证实的是，数量惊人的数据足以跳过理论部分进行预测观察。谷歌是首先注意到这一现象的。以谷歌的拼写检查为例，当你用谷歌搜索的过程中出现拼写错误时，它会给出拼写正确的搜索建议。谷歌是如何知道你要写什么词并预测其正确拼写方式的呢? 这并不是因为它有正确拼写的理论或掌握了拼写规则，事实上，谷歌对拼写规则一无所知。

相反，谷歌运行的是一个非常庞大的数据库，该数据库显示的是任何单词的给定拼写观测数据，这些数据记载了诸如多少人在想说“yes”的时候意图拼写字母“y”之类的数据。谷歌的拼写引擎完全由这些数据点而非英文的正确拼写概念构成，这也是同一系统可以纠正任何语种拼写错误的原因。

事实上，这个通过研究海量数据的理念被谷歌运用在了其翻译项目中。通过匹配大量人工翻译材料，谷歌翻译可以进行英译法、德译汉。例如，在训练其法英翻译引擎时，谷歌录入了大量英法双语版的加拿大文件。谷歌翻译引擎没有语言理论知识，尤其是法语，也没有人工智能翻译，相反，它们有的是不计其数的数据点，这些数据点聚集了各语言之间由此及彼的数据链接。

一旦你调整好这个翻译系统，它就可以将一种语言翻译为另一种语言，而且翻译效果还不错——虽然还没到翻译家的水平，但起码也能翻出要点。当你访问一个中文网站的时候，你能知道在英文中它大概是什么意思。谷歌研发负责人彼得·诺维格（Peter Norvig）曾经对我吹嘘道："我们中文翻译引擎的相关工作人员中，没有一个会说中文。"整个翻译工作与中文理论和对中文的理解毫无关联，重要的只有数据。（如果有人在找希尔勒的"中文房间"（Chinese room）的反证，这里就有一个。）

如果你可以学会如何拼写一种语言，却对其拼写规则和语法一无所知；如果你能学会如何翻译几种语言，却缺乏所译语种语法的理论和概念；那么，在这种缺乏理论的情况下，你还能学会什么呢？

在本月《连线》杂志的封面文章中，克里斯·安德森探索了这样的想法：也许你可以在对理论一无所知的情况下搞科学。

> 在当下的世界中，大量的数据和应用数学取代了能够施加的其他每种工具。涵盖了从语言学到社会学的一切人类行为理论。忘记那些分类学、本体论和心理学吧，谁知道人为什么在做他们所做的事情呢？重点在于他们在做这些事情，而且我们可以以前所未有的高准确度追踪和测量它们。在数据面前，那些数字自己会说话。
>
> 以PB计数的数据允许我们放言："我们已经掌握了足够的关联。"我们可以停止寻找模型，我们可以直接分析数据而不必再假设它显示些什么，我们可以把数字投入世界上最大的计算机群，让统计概算去发现其中科学不能发现的模式。

这个观测可能有点道理。许多科学，诸如天文学、物理学、基因组学、语言学和地质学，目前都生成了极其庞大的数据组和稳定的、以PB计的数据流，未来十年间它们将以EB计数。使用老式的"机器学习能力"，计算机可以在数据的海洋中提取各种模式，而人类却没有任何在其中检测模式的能力，而这些模式正是关联。这些观测也许能引起关联，也许并不能，但我们可以从中学到新东西。因此，虽然没有遵从传统方式，但它们能够胜任科学所做的事情。

安德森的上述建议实际上意在表明足够关联的有效性。关联同样适用于医疗保健，大量诊治是建立在相关方法之上的。医生可能无法确定或理解患者致病的真正原因，但他（她）能够正确推测病因并治疗病症。这样的做法科学吗？你可以解决问题，但如果你没有建模的话，人们还能寄希望于这种解决问题的方式吗？

上述问题的答案我们尚不知晓。这种方法的科技术语是“数据密集型可扩展运算”（DISC），还可以用其他术语表述为“网格数据结构”或“千兆级数据密集型运算”。这些技术的重点在运算的数据密集型本质，而非集群计算本身。在线业内人士称此种研究方法为“分析法”，诸如谷歌、IBM、雅虎这样的云计算公司及部分高校已经就此方法组建了工作室进行研讨，这些技术先锋试图从根本上利用云计算或统一体机器来进行大规模科研。目前在用的工具多为大规模并行软件平台，包括像MapReduce和Hadoop，它们可以进行廉价存储，且拥有庞大集群的数据中心。到目前为止，除基因组学之外，很少有科学家采用这些新工具。NSF的集群探索计划的意图在于把那些拥有大型数据基础驱动观测的科学家，与那些具有计算机联网或云计算相关知识和专长的计算机科学家相匹配。

我的猜测是，这种新兴方法在科学方法的演进过程中将是一种额外工具。它并不会取代任何现有方法（不好意思，科学是永无止尽的），但它必将推动建立理论导向的科学。让我们把这种数据密集型解决问题的方法称为“相关性分析”。我认为克里斯·安德森将其论题命名为“理论的终点”是在浪费一个独一无二的机会，因为“理论的终点”是个否定概念，是某物的缺失。相反，这应该是某物的开始，当你用一个正面的名字命名某物的时候，这也是一个加速其面世的机会。一个非否定的命名将有益于阐明论题。我建议将之命名为“相关性分析”，它比“没有理论”要好，因为我也不能完全肯定这些相关系统不需要模型。我觉得在系统中有个新兴的、无意识的隐含模型，它会生成答案。即便谷歌中文房间的英语工作人员中，没有一个人知道任何中文理论，我们也仍然认为其中是含有理论因素的。模型可能超越系统创造者的认知和理解，而且既然它在运行，那也就没有究其根本的必要。它就在那里，用一种我们无法企及的水平运行着。

模型的“隐形”与其运作毫无关联。它并非理论的终点，而是我们已知理论的终点。作为对克里斯·安德森文章的回应，乔治·戴森的表述可能更为清晰：

> 长久以来，我们一直沉迷于这样一个观点，即人类大脑在某种程度上包含着现实世界的“模型”，一旦类似“模型”被编入人工智能，它将拥有同样功能。“模型”是什么？它包含两个要素：1）能运转的物；2）我们能理解的物。不管是GenBank还是谷歌，这些大型的、分散式的、PB级的创造，都正在试图用运转得还不错、但我们不必了解的方式把握着现实世界。
>
> 就算把大脑拆到神经元都不剩，我们也找不到“模型”到底在哪。即便如此，真正的人工智能也将应运而生。它并不需要源源不断的模型或智力理论——现实世界已经解决这些问题了。
>
> 在任何可能的定义下，“超维”（或类似凯文的“统一体机器”之类的东西）正在开始思考，尽管这既不意味着它在以我们的思维方式进行思考，也不等于我们能够理解它的思维方式。
>
> 克里斯·安德森暗示的是，能够从事科学（以及杰出的商业）的人，将不仅能够直接读懂自然，同时还能找出路径读懂超维。

集中成千上万的数据点，用统一体机器运算并给出相关答案，乔治·戴森所建议的这种新方法不单可用于科研，同时也可被视为与新型科学家沟通的方法——这些新型科学家可以在我们无法掌控的超计数学领域的抽象水平上创建模型。

迄今为止，相关性分析或者谷歌式科学主要被应用于诸如语言翻译、市场行销之类拥有庞大数据的领域，我们的集体在线生活正是这无法计算的数据的来源。随着我们对自然的观察和测量达到全天候，随着各种传感器和探头的激增和实时监测的展开，科学也将进入超计数学领域，并可被相关性分析的新工具轻而易举地处理。在这个新领域中，我们会得到一些我们不理解但可解决问题的答案——这些答案是局部认知吗？抑或是一种不同的认知？

也许“认知”和“结果”都高估了数字科学。传言巴勃罗·毕加索（Pablo Picasso）曾这样说过：“计算机的问题在于它只给你结果。”这些数据驱动的庞大关联系统会给出很多结果——当然它们都是好的——但这也是它们唯一能给我们的东西。“给我们好答案”正是超级电脑所做的事情。在云计算的未来世界，完美的答案将成为一种商品，而问些好问题则成为非数字科学的唯一价值。

2008年6月28日

UPCREATION
上行创造

上行创造（upcreation）是我创造的术语，用于描述宇宙中复杂结构奇特、深奥而又神秘的呈现方式。我所说的复杂结构是指星系、恒星、行星、生命、脱氧核糖核酸（DNA）、白蚁穴土丘、热带雨林、人类心智，还有互联网。这些复杂事物倾向于以我们宽泛地称为自组织的方式从更简单的系统（气体云、分子池、通信节点）中“涌现”出来。但在合适的环境下，自组织往往也能理所当然地被称为自我创造。不依靠外界因素，各个组成部分凝聚成一个新组织，引入一个此前从未有过的“涌现”层级或自我。因为复杂事物新的涌现层级包含而不是破坏了先前的“低”层级组织，我把这种更高层级的自我创造称为“上行创造”。一组实体把自己提升到一个新实体的新组织层级。从这个角度看，脱氧核糖核酸化学“上行创造”了生命，生命又上行创造心智，而心智则可能上行创造出超级心智。上行创造也以较小的增量进行：蜜蜂上行创造蜂巢，原生生物上行创造多细胞组织，珊瑚上行创造珊瑚礁，顾客上行创造市场，网络冲浪者上行创造谷歌的PageRank算法[①]。

然而，尽管过去这种涌现通常以一种近于被动的方式“发生”，我们人类还是希望能够让它根据指令恰好出现。我们想上行创造人工心智和人工生命。然而，结果令我们大失所望，上行创造非常难以模仿。出于某些目的，比如在电脑中创造类人的人工智能，将一个系统的复杂性提升一个级别，到目前为止完全失败。困难的很大一部分原因在于，我们并不怎么了解涌现期间究竟发生了什么。创造一个新层级意味着什么？我们如何识别出一个层级？它的前提又是什么？

这些问题都很古老，范围也很大。复杂性的弧线延伸到宇宙学[②]领域，贯穿整个生物世界，并延伸到技术领域。如果我们理解了上行创造的动力学，我们就能更好地运用技术更经常地进行上行创造。或者至少我们能够为其预备前提条件。但是科学还没有关于上行创造的能全面应用于宇宙学、生物学、人类学、进化、计算机科学或数学的可靠理论。只有二十几种来自不同科学领域的专业理论在上行创造的不同方面有所斩获。

下面的列表是统一上行创造学的第一步。我从化学、物理学、生物学、宇宙学、数学、社会学、哲学和计算机科学领域借用了这些思想。每一个概念都完全适用于一个狭窄的调查区间。但是我还是被其反复出现的主题和并行概念所迷住，我相信所有这些概念都是为了达到一个相似目标：解释上行创造的发生原理。我在此把它们集中起来，目的是表明，就像盲人摸象一样，它们都在描述同一种现象。

上行创造学

金发姑娘状态——如果系统的物理参数在一个非常狭窄的区间外发生变化，这个上行创造系统可能会崩溃。许多创造性力量运行在一个合适的临界值上，不能太多，也不能太少。

相变[③]——由上行创造造成的层级转变类似于一种元素突然从一个相位（固体）变为另一个相位（液体或气体）时所经历的化学转变。复杂系统也会突然呈现出截然不同的组织相位。

临界点[④]——在化学里，临界点是压力和温度的特定精确时刻，系统在这一时刻改变其相位或状态。在系统跨过这个临界点之前，没有关于系统其他状态的任何迹象。它会“自发”地来到。其他许多复杂系统也能显示出相位变化和临界点。举个例子，往一个增长中的沙堆里加几粒沙能引起改变沙堆斜面的崩塌（相变）。崩塌会重新调整沙堆，这样它继续处在一个快要崩塌的点上。这样，斜面就维持在接近失衡的临界点上。

吸引子[⑤]——拥有巨量可能相态的动态系统（与只有三或四个相态的化学元素相比）将随机循环经历这些数不清的可能性，但是会反复回到少数几种相态，仿佛系统被它们所吸引一样。

分形[⑥]——在临界点上，上行创造系统显示出一种被称为1/f噪声或分形的自相似性。直观上，它能被描绘成一棵有许多分叉的树，不管从什么尺度上看，它看起来都一样。不论你是在较低层还是较高层的叶子上来画这个网络，树枝分叉模式都自相似。许多活系统（和许多惰性过程）都表现出"尺度不变性"[⑦]的行为特征。整体模式被包含在每个层级中。

幂律[⑧]——人们发现尺度不变和无尺度模式存在于上行创造的其它方面。现象的分布可以遵循长尾曲线，而不是大多数情况下正常的钟形曲线[⑨]（许多物理和惰性系统也显示出幂律）。语言中词的分布、脱氧核糖核酸（DNA）编码、动物的代谢率都遵守幂律（也称帕累托或齐普夫法则）。在临界点和相变中途，系统的秩序分布可以是自相似、无尺度、或尺度不变的。这再次表明，恒定模式蕴含在整体而不是部分之中。

无尺度网络——节点按无尺度模式排列的网络（就像细胞里相互作用的蛋白质的网络，或者互联网的服务器）比其他网络排列更健壮，能够抵抗其组成部分的破坏。尺度不变性为整体提供了连贯性，一种有利于整体的趋势，一种产生递增性报偿的倾向（富者更富）。

通用计算——所有的计算在根本上都相同。这意味着一个非常小的逻辑节点网络也能够处理大得多的计算机或大脑所处理的相同运算，只是慢一些。只要有足够的时间和空间，数字表能够做超级电脑的工作。当非常小的能处理通用计算的网络分布在更大的系统中时，它们的计算会以类似于上行创造的步骤从那个母体中"涌现"出来。在计算机科学中，由"off/on"开关构成的最简单网络能上行创造通用计算，这表明许多种网络都能实现涌现的计算和上行创造。

最优演化性——进化系统必须平衡秩序与混乱、变化与稳定。它必须绝对无误地复制，一直创新。能持续几百万年进化的系统必须调整其进化率到一个最优的金发姑娘式的数量（特定的优化点）。这个比率必须随环境改变而改变。它既不是最大化改变，也不是最大化保持。相反，最优演化性需要一个能够改变自身的复杂系统。它是自组织的变化，以新层级的形式显示自身。

最佳击球点[10]——网络的连接可以进行布置，从而在保持最大寿命的同时产生最优演化性。引人注目的是，最优演化性的区域能够以数学方式精确显示，这和产生通用计算所必需的是相同区域。这表明进化既是一种计算，又是涌现出来的最优结果和最佳击球点的产物。

混乱边缘——网络或系统的最优演化性总是在临界点被发现。过于靠近一侧，系统就以僵化的秩序停顿下来。过于靠近另一侧，系统就会崩溃而陷入混乱。最优区域是一个介于秩序与混乱两种相位之间的狭窄的金发姑娘带（最优带），刚好在两者的边缘。这个沿着“混乱边缘”的最佳相变区域就是上行创造的根源。

持续性失衡——当一个系统自组织到其“最佳击球”点时，它并不稳定。它会持续这样的状态：濒临崩溃而陷入混乱，近乎瓦解，近乎停顿，呈现出晶体般僵化的秩序，但又绝不倒塌。大多数失衡系统很快就崩溃了。大多数持续性系统处在没有变化的平衡状态。只有极少系统能沿着相变的“边缘”保持罕见的持续平衡。星系是个非常大的保持着失衡的系统。火也是如此，尽管它的持续时间不长。另一方面，一颗恒星亿万年都保持着持久的火（失衡）。一个活的有机体许多年都保持着持续的失衡（缓慢的新陈代谢之火）。（火几分钟就能烧掉有机体里的燃料。）

消极熵[11]——消极熵是一种复杂性。技术上它被定义为一种反混沌，或负熵，而它还可以被定义为“有效的复杂性”，即对复杂性深度的测量。持续失衡系统（如恒星和许多化学反应所显示的）会逐渐形成复杂性和消极熵，同时也造成熵的最大化。消极熵和持续性系统的长寿天性增加了其寿命期限里所耗功率的密度，这种受控能量让更高层级组织的构建成为可能。

选择的涌现单元——元组织通过进化活动变得更加敏捷和清晰。自适应压力把涌现层级转变为自然选择的新单元。例如，起初自然选择运作在细胞层面上，但在细胞通过共生协作结成群落后，自然选择就运作在群落或组织层面上了。进化的历史就是进化从一个作为选择基础的单元向下一个更高级单元转移的故事。

非零和[12]——火、孤立市场等封闭系统中的权衡规则是：一方的获利会由另一方面的损失来抵消。但持续失衡系统（如生命、社会和心智）在能源和信息上是开放的，零和解释并不适用。在这些开放系统里，一方获利会让另一方也获利。这是正和[13]，或非零和的解释。对于向最优演化性和最佳击球点调整的系统来说，这一点尤其如此。一个物种的增长能为更多物种的增长创造机会。导向一个创造物的能量激活了而不是减少了另一个创造物。放弃的想法并未丢失，而是仍能用于另一个想法。正和动态是上行创造净获利的原因。它是个加法过程，从不做减法。一个系统的持续活力为另一个系统创造了正向的机会空间。这样说来，上行创造是个永不停息的向上流动的瀑布。

无限博弈——持续失衡系统的趋势是持续运转以创造其他持续失衡系统。上行创造的目的是创造能持续创造的某种事物。伟大博弈的目的不是获胜，而是一直玩下去。一个以“赢”为目的的系统是有限博弈。一个创造新系统的系统是无限博弈。一连串不断提升的上行创造是无限博弈。

自动催化——早期生命必须是一个自动催化的集合。在一连串化合物中，分子A催化B，B催化C，依此类推……直到最后Y催化Z，Z又催化A，形成一个完整的循环。突然，这个自我永存的圈咔嚓一声就到位了。突然，这个圈就创造了自己。突然，世间就多了一些新东西。无论我们在何时何地发现存在的新层级，我们都会发现这个奇怪的圈[14]。奇怪的自为因果的圈存在于生命涌现（自我组装的DNA）、意识（思考着思考）的背后，存在于盖亚[15]（左右气候以利生命的生命）、还有技术（使世界更有利于创造技术的技术）背后。自动催化的集合使自为因果的奇怪的圈得以运转，这就是不折不扣的上行创造。

必要的悖论——每一个自为因果的圈的基础都是个悖论。它从何而来？从它自身而来，而其自身又从何而来？谁最先到来，Z还是A？何为因，何为果？这些以及另外许多困惑是上行创造必要的悖论。起源的终极问题被弄糊涂了。因和果分道扬镳了。生命是DNA的因。意识是大脑的因。技术是人类的因。每一次上行创造都会产生一个新的悖论集合，它们每一个都奇异而难以回答，但却必不可少。

这些定义、类比和隐喻有明显的限制。这些概念有些相互重叠，而其他概念则明显局限在其各自的应用范围内。比如，某些金属在超导性态下表现出涌现的特性，而没有产生自组织。自组织本身并不必然导致上行创造。蛋白质在折叠时产生自组织行为；细胞膜、脂质双分子层、胶状晶体和一些反应—扩散化学反应都是自组织行为，然而这些例子里没有一个提升信息的层级。在解释的过程中有大量亟待填补的空白。

目前，还没有一个科学理论能填补这些空白。我们缺乏信息时代的达尔文或爱因斯坦。我能做的最好的事情就是把这些线索和技术术语的只言片语串起来。当它们都被安排好时，我相信这些概述会揭示宇宙的动力和运转方向。它们揭示了一个跨多个科学学科的新视野。在开阔的灵感下，这个壮丽的故事表明，自引导的自我创造的因素广泛存在着。系统可以组装自己，调整其网络以实现最优进化，并开始随时间推移上行创造更多复杂结构。持续创造系统被能量流驱动以使更大的系统有利于创造。其动态偏向于正和，这样可能性会孕育出更多可能性，而自我创造则成为常态。整个日益复杂的结构的漫长展示游行会成为无限博弈，其自我创造的目的是让博弈持续扩展。整个上行创造的复合体现在正在我们脚下。是时候创造下一个层级了。我们可以旁观它，或者驾驭它。

而我们还远没到终点。

2009年5月5日

① PageRank，网页排名，是谷歌搜索引擎根据网页之间的相互链接计算其在搜索引擎排名的技术，谷歌创始人拉里·佩奇和谢尔盖·布林于1998年在斯坦福大学发明了这项技术。

② 宇宙学（cosmology），就是从整体的角度来研究宇宙的结构和演化的天文学分支学科。牛顿力学创立以后，建立了经典宇宙学。到了20世纪，在大量天文观测资料和现代物理学的基础上产生了现代宇宙学。

③ 物质从一种相转变为另一种相的过程。与固、液、气三态对应，物质有固相、液相、气相。

④ 临界点的概念由物理学而来，当一事物到达相变前一刻时我们称它临界了，而临界时的值则称为临界点 。

⑤ 吸引子是一个数学概念，描写运动的收敛类型，它存在于相平面。简言之，吸引子是指这样的一个集合，当时间趋于无穷大时，在任何一个有界集上出发的非定常流的所有轨道都趋于它。

⑥ 分形通常被定义为“一个粗糙或零碎的几何形状，可以分成数个部分，且每一部分都（至少近似地）是整体缩小后的形状”，即具有自相似的性质。

⑦ 是指体系经过尺度变换后，其某一特性不变。

⑧ 幂律分布是复杂系统中一种非常常见的现象，是简单的幂函数构成的长尾曲线，帕累托定律和齐普夫定律就是典型的幂律分布，这种分布的共性是绝大多数事件的规模很小，而只有少数事件的规模相当大。《连线》杂志主编克里斯·安德森提出的长尾（The Long Tail），实际上是统计学中幂律（Power Laws）和帕累托分布（Pareto）特征的一个口语化表达。

⑨ 这种分布的共性是绝大多数事件的规模很小，而只有少数事件的规模相当大。

⑩ 最佳击球点（the sweet point），或甜蜜点，棒球术语，指的是球棒最适合用来击中球的位置。

⑪ 活系统的负熵或消极熵，是其为保持低熵状态而输出的熵，它处在熵与生命的十字路口。这个概念由薛定谔于1943年在其书《生命是什么》中首次提出。

⑫ 博弈学概念，非零和博弈是一种非合作下的博弈，博弈中各方的收益或损失的总和不是零值，它区别于零和博弈。

⑬ 非零和博弈中的正和博弈指博弈双方的利益都有所增加，或者至少是一方的利益增加，而另一方的利益不受损害，因而整体的利益有所增加。

⑭ 美国著名学者、计算机科学家道格拉斯·霍夫斯塔德（Douglas R. Hofstadter，中文名侯世达，1945— ）在其《我是一个怪圈》（*I am a Strange Loop*）中就自我和意识进行了深刻而有趣的探讨，将“我”阐释为一个居于我们头脑中的特殊类型的抽象的接受与反馈圈，也就是书名所说的“怪圈”。

⑮ 盖亚，希腊神话中的大地之神，是众神之母，所有神灵中德高望重的显赫之神。西方人常以盖亚指代地球。

TURING'D
图灵化①

很多年以来，我有许多机会与来自不同领域的专业人士一同工作。在每次尝试中，计算机技术都显示出其革命性。但并不是所有领域都领会到了这一点。一些科学家、有执照的专家和专业人士就对新技术非常过敏。

我最近顿悟了为什么有一些类型的专业人士会比另一些更加欢迎突破性的技术。我意识到那些最渴望运用最新技术的专业人士，通常来自已经被图灵化的领域。

我们以前认为有很多任务和工作都是只有人类才能完成的，这个列表里面曾经包括：使用工具、语言、绘画、下棋这些东西。现在他们一个一个被图灵化了。计算机打败了它们，并且把它们做得更好。

到现在为止，我们已经可以把算术、拼写、驾驶飞机、下象棋、连接芯片、安排任务计划、焊接等等这些从这个列表里划掉了。他们都被图灵化了。

和计算机科学家们一起工作非常棒，因为一般而言他们完全无所畏惧。他们很早以前就被图灵化了。他们体会到自己以前做的许多工作，计算机都可以做得更好。另一方面，医生通常不愿意接受新技术，因为他们所做的事情很难委派给计算机。许多生物学家亦是如此。

在生物学内部，有一些领域已经图灵化了。例如，系统发生学，它研究的是生物分类树，即不同的物种是如何相互关联的。描绘出系统发生树[②] 这件工作，也被证明是一件计算机可以做得更好的事情，甚至比最聪明、最有学识的人类做得更好——即使在不久之前，还没有人相信这一点。所以系统发生学者们被图灵化了，他们非常开放地接纳新的做事方式。

另外一方面，分类学家和在实地工作的生物学家仍然相信计算机并不能像人类那样好地识别生物并将其分类。哦，他们也会被图灵化。医生，也会。

一旦你被图灵化了，你会更容易相信其它曾被认为是人类专属的工作也可以由计算机来做。你会对生活中所有部分的突破性技术抱有更开放的心态。

你已经图灵化了吗？

2008年3月12日

---

① 阿兰·麦席森·图灵（Alan Mathison Turing）：英国著名数字家和逻辑学家，他被称为计算机科学之父、人工智能之父，图灵提出了“图灵机”和“图灵测试”等概念，为现代计算机的诞生奠定了基础。作者创造了“图灵化”（Turing'd）这个词，用图灵的名字来代称计算机科学、人工智能对社会生活和学术研究各个领域的影响，特别是人工智能代替人进行工作的可能性。

② 系统发生树又称为演化树，用来说明有共同祖先的各物种间的演化关系。

WHY THE IMPOSSIBLE HAPPENS MORE OFTEN
为什么不可能更经常发生

我不得不说服自己相信，那些看似不可能的事更经常发生。在过去几十年中，我见过之前习惯于认为不可能发生结果被证明是切合实际的好点子。比如，当eBay这个在线跳蚤市场刚推出的时候，我曾心怀疑虑。买一辆从未见到的车，把钱交给陌生人？我所知道的一切有关人性的知识告诉我，这可能行不通。然而今天，这些卖车的陌生人正是大获成功的eBay公司的主要利润中心。

我曾经认为，一部任何人都可以随时更改的百科全书，是没有希望成功的。这只不过是毫无希望的幻想，没有丝毫机会行得通。它似乎违背了我对于人性和小组互动的一般理解。但是我大错特错了。现在我至少每天上一次维基百科。

二十年前，如果花钱让我去说服那些理智的、受过教育的读者，告诉他们用短短20年的时间，我们的个人手持电话设备上就会有免费提供的全世界街道图和卫星地图——以及许多城市街景，我是做不到的。这种“免费”怎么实现，我也想不出一个实际案例。那时这简直是不可能的。

这些原以为不可能发生的事情接连发生，且频率不断增加。每个人都“知道”，人们不愿意无偿工作。如果他们这么做了，没有老板，他们也无法做出什么有用的东西。但是，今天我们整个经济生活的软件环境，都是志愿者在没有报酬和老板的情况下创建的。大家都知道人类天生是自私的动物，但完全开放全天候共享这种不可能的事仍然发生着。每个人都知道人类基本上是懒惰的，他们宁愿旁观也不去创造，他们永远不会从沙发上起来去制作自己的电视节目。数百万业余爱好者来创造数十亿小时的视频，这似乎不可能，也不会有人愿意观看。就像维基百科和Linux一样，YouTube从理论上来说是不可能成功的。但如今这种不可能成了活生生的现实。

像这样的例子不胜枚举。每天都有旧的不可能变成新的可能。但是，为什么是现在？是什么打破了可能与不可能之间泾渭分明的古老界限？

一言以蔽之：涌现。据我所知，现在发生的原本不可能发生的事情，无一例外，都是新的、更大的组织层级的表现。他们是大规模协作、海量信息聚合、全球性的结构和巨大的实时社会互动的结果。正如组织对一群单细胞个体来说有着新的、更大的组织层级；这些新的社会结构对人类个体来说，也有着新的、更大的组织层级。在这两种情况下，新的层级孕育出新的涌现。新的行为来自于新的层级，而不可能出现在更低的层级。组织可以做细胞不能做的事情。就像维基百科、Linux这样的集体协作组织，网络可以做工业化人类所不能做的事情。

人类很早就发明了新的社会组织，从法律、法院、灌溉系统、学校、政府、图书馆，到最大规模的文明本身。这些社会公器，就是人之所以为人——以及我们的行为从动物的高度来看“不可能”的原因。例如，当我们发明了写作，文字记录和法律激活了某种平等主义思想，这在与我们的动物表兄灵长类动物那儿是不可能的，也从未存在于口头文化中。灌溉与农业的合作和协调，产生了更多对未来的不可能预期和准备行为，以及不可能感受。人类社会把以前不可能的人类行为释放到生物圈。

技术元素正通过持续创造新的社会组织来加速新的不可能性的产生。eBay的天才之处在于它发明了廉价、简便、快速的信用评价体系。人们之所以可以向距离很远的陌生人出售物品，是因为我们现在有一种技术可以迅速赋予那些我们的生活圈外的陌生人长期信誉。这点微不足道的创新开辟了一条新的更高层次的协调之路，它允许一种新的交换（即，陌生人之间的远程采购），而这在之前是不可能的。维基百科上的“恢复日志”按钮，使恢复遭到破坏的段落比破坏段落更容易，从而创造出一种新的更好的信任系统，这突出了此前从未大规模启用的人类行为的一个方面。

我们才刚刚开始接触社会传播。超文本、Wi-Fi、GPS定位服务，这些仅仅是个开始。大多数最神奇的通信发明可能还没有被发明出来。在真正的全球规模上，我们也只是处于起步阶段。当我们都被编织进一个全球性的实时社会，神奇的事情才会真正开始爆发。我们发明了某种自主的全球意识，其实这并不重要。重要的是我们将每个人彼此连接起来。数以百计今天看起来似乎不可能的奇迹，有了这个人类的共同意识，将会变成可能。

我很期待看到我的想法在未来几年中有大的改变。我想我们会惊奇地发现，有多少我们认为对人类"天经地义"的却并非如此，有多少不可能的想法却是可能的。"大家都知道"人类是好战的，喜欢战争。但我想，随着在全球范围内新的社会冲突及其解决手段的出现，有组织战争将随着时间的推移变得越来越没有吸引力。这并不是说人们将停止互相残杀，只是说以前谨慎的仪式化领土之争将被其他活动所替代——诸如恐怖主义、极限运动、颠覆活动、黑手党和有组织犯罪。社会化媒体的新技术将开辟人们撒谎、欺骗、偷窃和杀戮的全新途径。就像他们正在做的那样。(邪恶的黑客使用社会化媒体来识别企业的网络管理员及其下班时间的个人喜好，然后伪造他们最喜爱公司的新酷产品，将其伪装成礼物发给他们。当它被打开时，该程序就会接管他们的计算机，并由此接管所负责的网络。)是的，许多我们可以预料的不可能的事情，将会无法想象的糟糕。

它们超出我们的想象，是因为激活它们的那个层级，我们难以想象。大群体由统计学法则控制，而我们的大脑还没有进化到可以做统计。所追踪的数据量是人力所不能处理的，giga①、peta②和exa③这些量级对我们并不真正意味着什么，它们只不过是机器的词汇。作为集体，我们的行为与个人不同。更重要的是，作为个人，我们在集体里有不同的行为。

很长一段时间以来这已成为事实。新话题是我们进入全球连接这个高级领域的速度。我们被卷入一场结构性转变之中，方向是巨大而敏捷的社会组织，它将我们以新颖的方式连接起来。连接十亿人可能有一百万种不同的方式，并且每种方式都会揭示一些关于我们的新东西。有些以前是隐藏的东西，另一些把这种涌现称为智域，或人类元[④]，或蜂群智慧。我们还没有为它定一个好名字。

我之前也用过蜜蜂的例子。人们就算花几百年彻底地研究蜜蜂，从单个蜜蜂也永远不能理解蜂群的行为。直到有了大群的蜜蜂，它才作为蜂群涌现出来。单独一只蜜蜂能存活六个星期，所以想让蜜蜂维持几年的记忆是不可能的，但一群蜜蜂就可以记得这么久。人类也正在走向它的蜂群智慧。大部分“大家都知道”的关于我们自身的事情，都是基于人类个体的。总体上看，相互连接的人类能够做现在我们无法想象的事情。这些未来的现象确乎不大可能。未来如此不可想象，所以，维基百科的神奇也将彻底彰显于世。

如果我们愿意，不管规模是大还是小，只要以日益全球化的规模在多个维度实时连接，我们就会运转在一个新的水平上。而有了这些不可能的成就，我们就不会停止给自己带来惊喜。

我的预测是，在未来几年内，我们最大的（尚未预测到的）惊喜，将来自大规模社会互动的一些新方法。虽然我们擅长预测推动技术创新的下一步进展，却不擅长预测蜂群思维能带来什么。探索蜂群思维——我们连接和重新连接人类自身可资借鉴的无数种方法——将在短期内成为我们文明的主要活动。如果我是对的，我们必须对不可能有更深的领会。

2011年8月26日

---

① 符号G，代表10^9。
② 符号P，代表10^{15}。
③ 符号E，代表10^{18}。
④ 人类元（Meta Man），即人类和机器合并成一个全球超级有机体。该词首次出现在Gregory Stock的一本1993年出版的书中，指的是一个超级有机体，包括了人类和其技术的概念。（来源：维基百科）

WILL SPIRITUAL ROBOTS REPLACE HUMANITY BY 2100?
到 2100 年，智能机器人会取代人类吗？

2000年4月，侯世达在斯坦福大学举办了一个研讨会，来讨论这个问题："到2100年，智能机器人会取代人类吗？"与会者还有比尔·乔伊（Bill Joy）、雷·库兹韦尔、汉斯·莫拉维克（Hans Moravec）、约翰·霍兰德（John Holland）和我自己。这个问题是很严肃的。

我决定通过分析问题中的每个词来回答。

2100年：

当我们回顾历史，尤其是有关科技的历史时，我发现从人类的世代出发大有益处。我粗略估算了一下，大概每25年为一代。人类文明开始于一万年前（最古老的城市耶利哥，诞生于公元前8000年），这使得在耶利哥和世界其它地区，文明能够得以延续约400代，也就是400个从母亲到女儿的生育周期。400代的人类文明并不是很长，如果没有别的事情可做，我们几乎可以熟记这400个周期的名字。经过了400代，我们已经成为了不同于早期的人类。我们产生自动装置和机器人的想法，也许还只在8代前。而两代前又制造出了第一部电子计算机。整个万维网的诞生还不到2000天！按同样的人类寿命计算，距离2100年只有四代远。如果我们在2100年变成机器人，那么文明的人类就只能历时400代。那将是生命历史上寿命最短的一个物种。

人类：

本世纪的核心问题（即中心议题）不是“什么是人工智能？”，而是“什么是人类？”。什么对人类是适用的呢？我预测在本世纪，各种有关“人类是什么”的问题，将成为像《今日美国》这样的报纸经常用到的标题。电影、小说、会议和网站都将设法解决这个核心问题：“我们是谁？人类是什么？”。生活在长期的繁荣里，一切皆有可能，一切皆不确定。对于我们自己的身份，我们的问题总是多于答案。我们是谁？成为一个男性、女性、父亲、美国人或人类，意味着什么？下个世纪将是一个大规模的、全球范围的百年身份危机。到2100年，人们会为现在的我们感到惊讶，因为我们竟然知道人类是什么。

取代：

在自然界，取代是非常罕见的。我们现在之所以拥有二百万个物种，就是因为大多数新物种并不会取代旧物种，它们宁愿与现有的生物体交织在一起，挤在一个小生态环境里，以其它物种的成就为基础。发掘一个新的小生态环境远比取代已被占据的小生态环境容易得多。大多数物种的灭绝不是因为有篡夺者，而是因为其它因素，如气候变化、彗星或自己造成的麻烦。但取代或淘汰人类似乎不太可能，因为我们不知道人类是什么，我们的角色就可能改变，而我们更有可能是重新定义自己，而不是消失掉。

机器人：

总的来说，我喜欢汉斯·莫拉维克的构想：这些机器人是我们的孩子。如何养育孩子呢？我们养育他们是为了不可避免的放手。如果孩子永远不能离开我们的控制，我们不仅会失望，而且还很残忍。要想拥有创新力、想象力、创造力和自由，孩子就需要脱离其创造者的控制。我们心中的孩子——机器人，也一样。难道有这样的家长，自己孩子得不到关心，他一点儿都不担心吗？我们花了很长时间才认识到，科技的力量与自身固有的失控、令人惊喜的能力、具有生产力的能力是成比例的，除非我们担心的技术不够革命性。强大的技术需要责任心。随着机器人具有了生成能力，我们需要更大的责任心。我们应该有目的地培养我们的机器人孩子做个好公民。也就是说，为他们灌输价值观，因而在我们放手时，他们才能作出负责任的决定。

智能：

我们可以想象的最智能的事情是什么？与外星人进行可核实的接触，将动摇宗教的基础。无论外星人给出的答案是什么，都将重燃上帝之问。我认为电影《超时空接触》（*Contact*）是唯一一部让神学家大放光彩的影片。我们不必等待搜寻地外文明计划与外星人取得联系。我们制造外星人，也就是制造机器人。这样一来，外星人有了另一个名字：人工智能。人们担心人工智能会成为人造人类，这就大错特错了。人工智能更接近于人造外星人。你的计算机在算法上已经比这个房间里的任何人都更聪明了，但我们为什么没有因此而感到威胁？因为它是"另类"，是一种不同的智能，是比我们高级而我们不会特别妒忌的智能。我们创造的智能，包括最聪明的人工智能，都将成为"另类"。事实上，在各种有意识智能的可能性空间里，也存在着两百万种其它智能物种，而不只是我们所知的这一种（人类），它们每一种都像计算机和海豚一样，是独特的、不同的。我们没有任何理由来克隆人类智能，因为制造传统版本的人类非常容易。在新世纪，我们要做的努力就是利用迄今为止所有的智能（人造的和自然的），来创造所有可能的新智能。迎接我想到的这些智能，将是我们现在能想象的最智能的事情。

会：

我认为，科技有自己的议事日程。我经常问自己，科技想要什么？大体上讲，如果说科技是个孩子，甚至说是个青少年，那么这将有助于了解青少年想要什么。我们称为科技的这个系统，它与生俱来的冲动、固有的偏见、内在的驱动力是什么呢？一旦我们知道了科技想要什么，我们就不必对所有这些需求让步，也再不必对任何青少年的欲望让步，但你也不可能完全抵制它们。科技"会"希望这些事情发生吗？我觉得它们希望。我们所了解的科技是，它想更小（摩尔定律），它想更快（库茨韦尔定理），（我猜测）它想做人类所做的任何事情（凯利定律）。我们人类在其它生物中，发现了巨大的价值，并继续在其他智能中发掘。所以，机器人没有理由发现不了人类也有同样的价值。机器人能够或想要做人类所做的一切事情吗？答案是否定的。因为通常我们让它们做我们不想做的事情。那么之后，我们人类做什么呢？第一次，机器人给予了我们力量去说：做我们想做的任何事。

2006年3月15日

YOU ARE A ROBOT
你不是个玩意，你是个机器人

杰伦·拉尼尔的著作《你不是个玩意儿》有关人工智能，颇具争论。书的中心论点，是技术想要我们变得更像技术本身——这可不是什么好事。杰伦相信，随着科技的进步，人类会倾向于远离人类自身，令自己变得更像机器。比方说，他认为我们倾向于以一种不可取的方式，改变我们的行为，从而使用那些设计拙劣的计算机，使用今天的互联网，使用许多高科技玩意儿。为了使用机器，我们的思考开始变得更像机器。更让人担心的是，我们也许为了使用蠢笨的机器，把自己也变得蠢笨不堪。没准我们说话会变得更慢，没准我们会使用更简单的语言。也没准，我们会对我们的情绪和自由严加限制，这样才能让计算机读懂我们。而且没准因为互联网“想”让东西变得免费，我们就会免费生产东西。杰伦看来，这就好像一个漫长光滑的滑梯，而我们则在滑梯上，向“变成玩意儿”的底端滑去。所以他警告说“你不是个玩意儿”。

在我看来，我们像上面那样变得更笨的例子确实存在，但从总体上看，我觉得杰伦是错的。因为在我们同技术的关系中，在人类及技术元素的长期趋势中，这是一个重大事件。不过，在某个领域里，而且是个很有意思的领域里，杰伦的分析是全然正确的：艺术家越来越像玩意儿了。

让我们把目光转向当今流行文化的各个角落，你会发现，那些最酷的艺术表达形式中，总有一些是通过人类模仿机器创造出来的。那些眼花缭乱，舞步动感的舞蹈就是最佳的例证。你在YouTube上见识过这些舞者：他们中的好手的动作和今天那些试图模仿人类移动的机器人一样停停顿顿，看起来确实好像机器人在跳舞一般。不过，到目前为止，这些模仿者的机械舞，比任何机器人跳的都要好许多。

机械舞的风格繁多，其流派也瞬息万变。机械舞的各个种类中的人才、术语、文化也因此各不相同。以下是维基百科关于机械舞舞步及舞蹈风格的亚种，所列出的不完全分类：

> Animation，一种模仿电影角色在定格动画中移动的舞蹈风格和舞蹈技巧。技巧包括通过收缩肌肉，同时运用与strobing及robot相似的技巧，使舞者的舞步变得僵硬、不流畅，从而使舞者的舞蹈看上去像是一帧一帧的动画。该技巧的灵感，很大程度上来源于《辛巴达七航妖岛》(*The Seventh Voyage of Sinbad*，1958年拍摄）等雷·哈里豪森（Ray Harryhausen）创作出来的Dynamation Films。
>
> Animatronics，一种模仿电子动物机器人的舞蹈风格。该风格同robots风格相关，但在每个舞蹈动作的最后，加上了一个hit或bounce动作。
>
> Boogaloo，又称boog style，部分灵感来源于动画电影和卡通节目，利用臀部、膝盖、头部等不同人体部位的转动，能给人留下一种舞者身体内没有骨骼的印象，是一种松散、柔软的舞蹈风格。
>
> Dime stopping，一种在步伐稳定时突然停止，似乎舞者试图立即停止的舞蹈技巧。该技巧经常在动作开始，或结束时，与pop动作组合使用。
>
> Fast forward，即比平常速度快的动作，就好象视频中的某段快进播放一样。
>
> Flexing，在该动作中，舞者会有弹性地伸展肢臂，动作中通常会包含暂时性的肩关节脱臼。该动作也可以令肢臂的伸展显得更加夸张。这种动作风格通常也被称为“Bone-breaking”。
>
> Floating、gliding和sliding，是一套步伐技巧，分别试图创造出舞者身体平滑地漂

浮在地板上，或者舞者腿部的行走方向与舞者运动方向不一致的假象。其中包括被迈克尔·杰克逊发扬光大，被其称为moonwalk的舞步。

Puppet，是一种模仿木偶，或提线玩偶的舞蹈风格。舞者通常单独表演，或由舞伴在一旁扮演提线操纵木偶的角色。

Robot/botting，一种模仿机器人，或人体模型的舞蹈风格。

Scarecrow，一种模仿《绿野仙踪》中稻草人角色的舞蹈风格。据称起源于1977年，由布加洛·山姆（Boogaloo Sam）开创。在该风格中，舞者的手臂伸直，姿势僵硬，但双手和双腿却显得放松。

Slow motion，以非常缓慢的夸张动作移动，使得舞者看起来好像是慢动作一样。

Strobing，一种机械舞风格，能够留下舞者在闪光灯中移动的印象。为达到这种效果，舞者需要将普通动作（比方说向某人挥手打招呼）同快速、短暂、断断续续的动作结合在一起。

Toyman，该动作基于特种部队（G. I. Joe）、马特·麦森指挥官（Major Matt Mason）这类可动玩偶，由一名名为托伊曼·斯基特（Toyman Skeet）的电子布加洛（Electric Boogaloos）老成员开创。该动作中舞者的手臂最多弯曲至直角角度，以模仿可动玩偶的关节。

Tutting，该风格灵感来源于古埃及艺术（以埃及法老图坦卡蒙命名）。该动作利用人体创造出几何形的姿势（例如box）和动作，其主要特点是利用直角。该风格主要关注于手臂和手部动作，而且包含有一些分支，比如说finger tutting。

Vibrating，即用力收紧肌肉，使其产生振动。

YouTube上的例子太多太多，我们很难从中随便挑一个出来从头说起。如果真要举出一个好例子，足以表现人类以机械般的精确和风格舞蹈之美的话，就看看这个关于“finger tutting”——即以手指“tut”出几何图形的视频[①]吧。而在结尾时，你会看到这是三星的一则广告——这在另外一层上向我们暗示了，人类对于机械的态度，对我们的文化产生了多么深远的影响。

但同时，请别忘了朝鲜体育场中，对机械精准度模仿的舞蹈的更早版本——

团体操。在团体操中，人类成为了描绘巨大动画的一个机械像素。除此之外，北京奥运会开幕式上，中国舞者方阵那机器人般的精准更加令人生惧。

在流行音乐一度风行的电音音效里，我们也能找到人类对机器的模仿。电音音效技术并没有让人类的声音变得更加完美，更像人类的声音，反而让声音变成了一种不可思议的突变体。它抓住了人类和机器互相模仿的怪圈。电音音效并不是一种机械声音，而是一种试图成为人类声音的机械声音。我猜想，未来几年中，流行音乐的下一步发展，将会是人类——在不借助电音音效制作软件的情况下——模仿电音音效歌唱。换句话说，未来的歌手唱起歌来，就像是机器人一样。

电影里面也有类似的行为。《钢铁侠》和《阿凡达》中的主角越像机器人，他们就越有英雄气概。这不正是人类试图让自己的行为向机器人和技术化身靠拢的写照吗？

既然技术不是新东西，那为什么我们现在还在醉心于模仿机器？我觉得，这是有原因的。

首先，这是一块空白的艺术领域。除了人们过去几年中，在这块领域中施展的少数雕虫小技（比方说《绿野仙踪》里面的铁皮人，《弗兰肯斯坦因》中的人造人等）之外，演绎机器生命的艺术新大陆，还远没有被人开垦。

其次，在对机器生命的思考上，我们有了更好的理解。我们都在自己的手机和GPS设备上听到过机器人的声音，因此模仿它们也变得更加简单。况且世界上的机械臂和人性机器人已经足够多到让我们去假扮其中一个，而其他人也能理解我们假扮的是什么。随着机器人继续改进对我们的模仿，人类与机器人之间的差异会变得模糊起来。而那些模仿机器人的艺术，那些“tutting”和“botting”的艺术，也会让人无从分辨。但我们还只是开了个头，机器人与人之间的差异仍然明显，仍然有模仿的空间。

最后一点也很重要，我们正在慢慢改变对于机器人的态度。从机器人出现至今（差不多50年的时间里），我们人类曾将它们视作低等的非人，我们曾因它们缺少我们所拥有的意识的精神内质而视其可鄙。以任何一种人类可以衡量的办法来看，机器人都算不上人。但慢慢地，机器人却在许多狭小的领域里超越了人类。每一次，当机器人的表现比我们更好的时候，“像机器人一样”的比喻就向着褒义的方向更近一步，变得越来越有价值，越来越被我们羡慕。当我们车内的计算机可以比我们更快、更好、更可靠地制动车辆时，作为一个机器人，便不再像曾经那样，是一种耻辱。就像我们羡慕机器人在平衡自行车或摩托车方面比我们做得更好一样，我们也会羡慕它们能够记住比我们更多的东西。

今天，我们可以从机器人身上模仿它们的震动和不真实。但有一天，我们或许再也不能模仿他们流畅的舞蹈，我们或许再也不能模仿机器人那过于真实的声调——那时候，我们只能羡慕它们，而且没准我们会在羡慕机器人的某个漫长世纪里，给自己也拧上发条。或许望子成“械”的父母会这么询问孩子：“等你长大成‘器’了，你打算去做什么啊？”

杰伦·拉尼尔担心我们因为模仿机器和玩意儿削弱我们自己。但如果我们的机器和玩意儿能够帮我们立下雄心壮志，从更好的角度为我们带来启发；如果我们自己想要变得和我们那些机器创造物一样强大；如果我们抛弃偏见，开始羡慕机器人，事情又会是什么样呢？

2011年9月26日

---

① 作者所说的是三星公司发布的一部叫做*Unleash Your Finges*的广告。

第四章

数位人生

Born Digital

YOUR TWO THINGS
你的两样设备

接下来的十年中，人们会随身携带多少小工具?

苹果公司希望今天人们带三样东西：iPod、iPhone和MacBook，过去你只带一样他们就会很高兴了。但是谁知道下个十年里他们想点什么呢？也许十样?

我主张技术需要专门化，所以我预测我们将来会拥有比现在更专业的设备，这意味着未来数年将出现数以百计的新设备。难道我们要携带所有的设备满街跑？或者每家都备有一个装满设备的背包？莫非每个口袋都得专物专放?

我想对于每个人来说，这个数字都是2——下个十年我们将会随身携带两样设备。再长远点来看，比如说，100年之后，我们就不再随身带东西了。

这两样我们可能携带的设备（平均而言）包括：一个贴身手持物和一个比手臂稍长的扁平物。手持物可以是我们的皮夹、钱包、相机、手机、导航仪、手表或瑞士军刀；扁平物则可能是较大的屏幕和多传感输入器，它也许不可折叠、不可卷曲、可延展或者干脆就是块平板。每个人设备的尺寸都会不同。

但是也有些需要注意的地方。首先，我们会“穿戴”很多设备，这与“携带”有很大不同。未来将有很多设备被嵌入腰带、腕饰、项链、服装之中，速度快的可能已被嵌入了我们的眼镜，甚至戴在了我们的耳朵上——我们戴表，但不带表；我们戴项链或其他零碎的装饰品，并不是带它们。二者之间的主要区别在于，“戴”的东西是密切依附在我们身上的，这样这些东西就不大会丢失或找不到。对于数据化自我追踪设备而言，这一切将是更精准的——如果我们问你十年后你要戴多少设备，那么答案就很可能是十种。

其次，你所要携带的两样设备很可能并不是同类设备。你可以根据不同的位置、模式（度假中或工作中）、正在处理的任务而切换不同的设备。有时候，相比可手持设备而言，你可能更需要一块大屏幕。

更重要的是，设备可能取决于你的职业。比如，程序员需要一台小型文本处理器，制片人需要的则是大屏幕，承包商需要的是炫目而明亮的显示器，而推销员需要的却只是个灵活的折叠拉杆箱。

技术的法则是这样的：专门的工具将永远优于一般用途的工具。不论你手机的内置摄像头有多高端，它都比不过一台单纯的照相机。同理，无论你手持设备中的组合导航功能有多强大，最好的专用导航仪也一定比它好用得多。专业人士和发烧友会一如既往地使用最好的工具，我指的是那些专业工具。

让我说得更明白点，组合工具本身也是一种专门工具——就像瑞士军刀是把专门的刀具一样——其专门性表现在它是一个工具组合体，基本上你什么都能用它做。

所以我们可以用另一种方式来重述开头的等式：我们将要随身携带的两样设备中，一样是通用组合设备，另一样是根据你的主要兴趣和风格而带的专业设备。

当然，有些人，比如几星期前我在时代广场拍摄过纽约警官的照片，带的设备可能不止两样，这是因为他们工作和职业的关系，再说他们也不可能一直都带着这么多东西。但是，当这些专业人士们下班之后，他们起码还是得带一两样设备的。

长远看来，我预计我们将不会携带任何设备。这是因为在未来，我们将被无数手持或内置设备所环绕，它们将都能对我们进行识别，并显示我们的个人界面，在我们实际操作期间成为我们的个人设备。在不久的将来，不会有人再携带自己的电话，需要打电话的时候，你可以借用手边最近的那部而非带着自己的电话到处走。上述构想如果放在1960年代，看起来就会很荒谬，因为并非所有的房间、商店或街道中都有电话，所以那时候我们迫切地需要一部移动电话。但假如任何设备都被制成可通讯工具且可以借用呢？一旦你可以拿起相机、平板电脑或远程终端进行通话，那么你大概也会觉得没有带电话的必要了；如果每块屏幕都可以直接为你所用，那你为什么还要自己带一块呢？

上述构想十年之内是不会成真的，但我相信在美好的未来，高度进化的人们将不再携带任何东西。

在那个时候，人们对于图腾物、可手持物，尤其是华丽物的吸引力是不会削弱的。我们可能仍会持有一样所爱之物，用它我们可以把很多事情完成得不错，而且它将在某种程度上成为我们的标志物。也许高度进化的人将持有一样独特之物，在他们离世之时，它将陪他们一起下葬。

至少，我不认为在普通的一天里我们会一次性携带多于两种东西。设备的数量必将激增，但每样东西所占的空间会越来越小。设备将呈现长尾分布。

未来50年内，好友聚会的标准程序中将会有这样一环：大家交换和询问各自口袋里皮夹里的可爱随身小物。从每个人随身携带的物件中，你就可以获得大量此人的信息。

2011年7月27日

ARE WE DUPED BY THE TECHNIUM?
我们被技术忽悠了？

尽管技术给我们带来了诸多好处，然而这些好处的代价往往过于明显，对许多人来说显得太过高昂。我们肯定拥有了更多——更多东西，更多知识，还有更多选择——但奇怪的是，据报纸民调显示，我们似乎变得没那么训练有素，没那么聪明，也没那么幸福。进步对一些人来说意味着，拜现代医学奇迹所赐，我们能比以往多感觉不满足几十年。在未来，科学甚至能使我们长生不老，好让我们能永远不开心。

人们有种普遍感觉，认为技术以消耗不可替代资源、古老的自然环境和无数野生物种而壮大，回报生物圈的却只有污染、铺筑材料和数不清的废弃垃圾。更糟的是，同样的技术却在剥削世界最不发达国家——资源最丰富而经济实力最弱的国家——来供养最强大的国家。这样一来技术进步养肥了少数幸运儿，却让不幸的穷人挨饿。结果不断膨胀的技术元素剥夺了我们的人性，还偷走了我们孩子的未来。因此，所谓技术所带来的好处必定是一种幻觉，是我们为放任自己沉溺于新东西而施加在自己身上的花招。

这仅仅是技术缺点的物质面。许多人认为技术与神圣感或灵性相违。技术恣意妄为的物质主义使我们的生活专注于物质，从而剥夺了生命更伟大的意义。然而一股寻找某种生活意义的无名之火让我们疯狂地消费技术，乐此不疲地购买似乎在售的唯一答案——更多技术。“需求更多而满足更少”是对成瘾的一种定义，这也解释了为什么甚至那些从思想上鄙视技术的人仍然在买最新的东西。换言之，我们都意识到这对我们有多糟，但我们仍然继续使用它，因为我们情不自禁。我们别无选择。

我很怀疑这种成瘾论点。我理解其逻辑但不认同其证据。我个人并没有这种感觉，我为这种假定的无处不在感到迷惑。另一方面，技术受到那些依赖于它的人的指责。如果人人都觉得技术如此糟糕，为什么他们还要继续用它呢？因为我们乐意。我们中有些人使用技术比其他人要更有选择性，但我们可以肯定地说，当今世上活着的每一个人，无一例外或多或少都使用技术（弓、箭、灯、犁等）。更重要的是，就我所知，更好的东西对所有人都有吸引力。

不管是过去还是现在，我们这个物种的一般风格，都是如饥似渴、狼吞虎咽地吸收消化最新技术。这对于那些视技术为疾病的人来说恰恰如此。对新卢德分子[①]柯克帕特里克·赛尔[②]的专访至今还令我记忆犹新。作为对技术最激烈的批评者之一，他在自己位于曼哈顿闹市区的豪宅中悠闲度日。而曼哈顿也许算是地球上技术最集中的地方。这绝非讽刺，赛尔猛烈地抨击技术（和文明）是发生在这颗星球和人类身上最糟糕的事情。他身边自然充斥着他不打算放弃的先进技术。我不是故意单独挑柯克帕特里克·赛尔来讲，他的虚伪也是我们的虚伪。如果我们如此清楚地看到，我们承受不起世界上不断增加的技术的代价，为什么我们不成群结队地重返前技术状态呢？

有一种解释说我们被忽悠了。我们并不是对技术上瘾，也不是简单地被技术的成就闪晕。而是技术用某种黑魔法削弱了我们的辨别力。按照这种说法，媒体技术掩饰了理想国面具后技术的本来面目。它带给我们的新满足光彩眩目，立刻就使我们丧失了对其强大的新恶行的判断力。我们受命于某种魔咒。但它一定是一种交感幻觉，因为我们都想要同样的新东西：最好的药，最酷的车，最小的手机。它一定是个极其强大的魔咒，因为它影响到我们物种的所有成员，不论种族、年龄、地理环境、财富多寡。这意味着本书的每个读者都被施了这个魔法。新潮的学院派理论认为我们被散播技术的公司，可能还有掌管公司的决策者们给忽悠了，但那就意味着CEO们自己是知晓或凌驾于这个骗局之上的。根据我的经验，他们和我们其余的人在同一条船上。相信我，他们没有能力搞这样一个阴谋。

不时髦的理论认为技术自己在有意识地欺骗我们。它利用技术媒体给我们洗脑，让我们以为它完全是善意的，把其消极面从我们的头脑中抹去。作为一个相信技术有其自身议程的人，我觉得这个不时髦的理论似乎也言之成理。我一点都不担心它的拟人观。但是按照这种逻辑，我们就会想，受技术文化影响最小的人应该是受骗最少的，也是对这些清晰可见的危险最清楚的人。他们应该像看到皇帝没穿衣服的孩子们一样，或者看得穿狼穿着的羊皮。但事实上，往往是那些不受媒体魔咒控制的被剥夺权利的人，其以旧换新的愿望最为迫切。技术的惊人力量他们一边看在眼里一边说：把它全给我，现在就要。“看到”或相信技术魔咒存在的往往是那些接受技术传播最多的人。别算上我。

我归纳了剩下的一种理论：我们心甘情愿地选择具有重大缺陷和明显危害的技术，只因我们潜意识觉得它带来的好处稍多一点，即使不是多得多。换句话说，我们隐约察觉到新技术的成本，但我们欣然接受了它，并且为此付出代价。

我认为技术的成本不容易看清，应当被更清楚、更精确地表达出来，对其思考要更加慎重。你可以说我没有逃出技术的魔咒，因为我相信让技术成本浮出水面的方法是利用创新技术，比如实时监测、深度分析、持续重复测试和诚实的外部会计核算。我把这些工具理解为进步。眼下进步不流行了，但我认为在我们物种的这一历史时刻，进步要求更好地描述技术成本。当技术成本核算日益普遍时，进步将重回流行。

有时对全部成本的更好描述会激发我们对新事物的热情，但我怀疑这会迫使许多人逃避技术，因为我们已经在进行这样的日常估算了（尽管不是最精确）。举个例子，我们看到了使用汽车的社会成本，而我们仍然使用它。通过阐明技术的消极属性，进步将能让我们调整自己的热情。它还可能让我们看到，我们对技术的拥抱是心甘情愿的，既不是上瘾也不是着魔。

2008年9月23日

---

① 新卢德分子是一些信仰新卢德主义的人，在人与机器、人与自然和人与社会等广泛领域阐明了带有激进主义色彩的观点。他们渴望自然而传统的生活，厌恶工业文明对生活的扭曲。他们认为科技反人性，破坏社会道德，造成了消费主义的横行和人类精神的颓败，并可能最终引发人类的灭绝。新卢德运动是 20 世纪末期诞生于美国，以《新卢德宣言阐释》为标志的对技术予以批评的社会思潮。老卢德运动是指 19 世纪初爆发于英国诺丁汉地区，并蔓延到临近几个郡，以手工业者为主体的反抗机器大工业为主要内容的一场运动。

② 柯克帕特里克·赛尔（Kirkpatrick Sale，1937—），独立学者和作家，在政治分散主义、环境主义、卢德主义和技术领域著述颇丰，被视为新卢德主义的领导者之一。

SELF-TRACKING? YOU WILL
自我追踪？你也会的

几乎我们今天的一举一动都产生数据。通过追踪这些数据，我们可以更了解自己。以往，这种类型的数据收集虽然可能，但是困难重重，而今天要捕捉关于自己的数据却易如反掌。

自我追踪并不是什么新东西。我们以前会把自己的体重和其它指标写下来进行跟踪记录。今天，我们对于这类东西的测量和记录变得更容易、更准确、有时更自动。比如，我们使用的体重计会无线传输你的体重数据并且把它记录到电子表格里；或者我们佩戴着时刻工作的血糖仪。

追踪自己的数据如此简单，于是越来越多的人正在实践。有些人每次只追踪一样东西；有一些人同时追踪几个变量；极少数人会追踪他生活中几十甚至几百个数据。我一直把这个习惯称为“量化自我”的兴起。这个想法稳步发展，我想我可以介绍一下这个“弥母”的进展状态。

三年前，我和《连线》专栏作家加里·沃尔夫（Gary Wolf）在Meetup① 网站上贴了一条告示，看那些进行自我量化的人，有谁愿意到我的办公室来探讨一下。最后来了二十五个人。之后我们每两个月见一次面，并且有越来越多的人加入。在第18次加州湾区量化自我用户组的见面会上，一共有150人挤在旧金山

Techshop公司的大房间里。等候名单上还有另外100个人，我们只能将他们拒于门外。

还有许多别的群组也聚在一起，展示和告知用户发明或者发现的自我跟踪工具和技术，我们只是其中之一。现在，全世界20多个城市都已经有了“量化自我”见面会的分会。比如纽约的一个群组，他们见面来交换自己使用某些方法的技巧和见解，或者获取对于自制工具的反馈。

在过去9个月，成员数量迅速增长（见图表）。

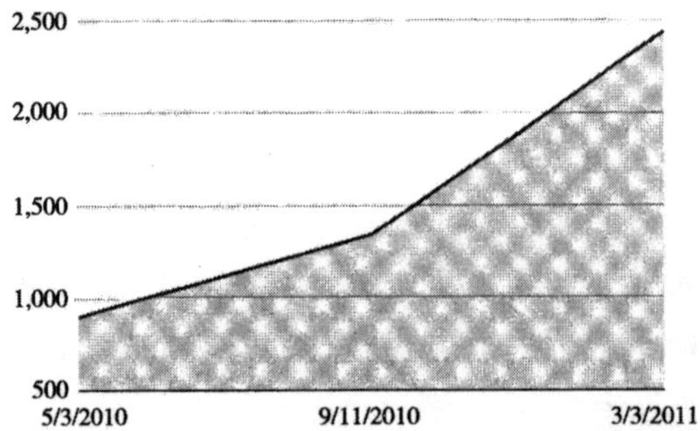

还有一类公司的数量也在迅速增长，就是我们认为在自我追踪的一般领域里销售产品和服务的公司。（这两个图表是由量化自我实验室主任亚历山德拉·卡迈克尔（Alexandra Carmichael）编制的，这个微型组织，现在是有关自我追踪信息的情报交换中心。）

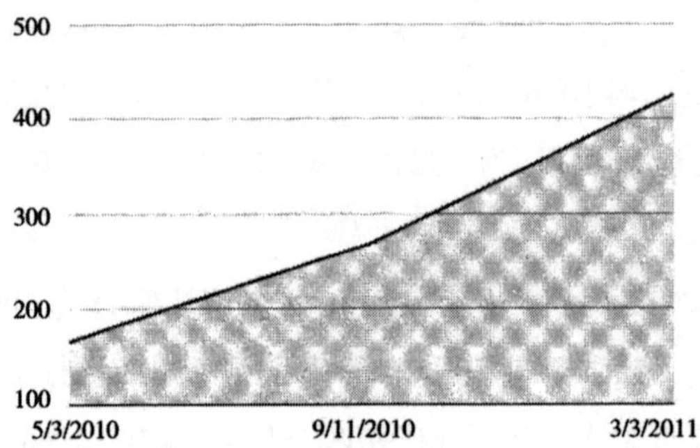

有很多人非常热衷于追踪自己、下载大量关于自己的数据。这是为什么呢?

他们在学习什么？他们想要知道什么？这样做值得吗？我也应该这么做吗？这标志着自恋和堕落，即我们所谓的文明终结吗？

这些都是重大问题。沃尔夫希望写一本关于这个前沿领域的比较深入的书，来解答其中的一些问题。同时，我也在这里总结了过去三年中我对于自我追踪的了解。（澄清一下，我自己不是一个自我跟踪者。总的来说，我所谈到的是我所了解到的其他自我追踪者以及这场"量化自我"的运动。）

- **什么能被追踪，什么将能被追踪，这是没有止境的。**在每次"量化自我"的会议上，我都惊奇并讶异地发现，人们会监测一些我们从没想到的东西，并且用了巧妙的方法来试图量化它们。我们看到过一个人（或者几个）追踪下面一个（或者几个）东西：性行为、约会、注意力持续时间、快速眼动睡眠（Remsleep）、行车路线、白日梦、咖啡因摄入量、见到的人、每次按键、运算速度、过敏反应、心情、幸福感、足迹、记忆回想、身体移动以及每一个可以量化的与医疗及健康相关的因素。

- **有人希望制造更好的工具来卖给自我追踪者，这也是没有止境的。**就像个人电脑诞生初期，很多现在可用的工具当时都只是雏形，有一些人把它们拼凑起来供自己使用，这也让这些小群体非常有趣。但是随着"什么有用"以及"什么有吸引力"这样的问题水落石出，制作精良的东西被生产出来进入市场。很多资本对此虎视眈眈。

- **收集数据是很容易的。**量化并不是那么困难。最大的挑战是解读数据的意义。我们应该着眼于什么？如何从25个变量里提取出意义？如何把数据转化为可操作的差异？与"量化自我"相关的常用语中有一条便是，虽然痴迷的自我追踪者可能现在看起来十分古怪，但是他们不久就会成为新的常态。这也是我关注自我追踪者的一个原因：因为在不久的将来，我们都将生活在数据的海洋里，不管我们是否进行自我追踪，都需要学习如何阅读、管理、检索、理解、消化、分析并选择性地忽略泛滥的数据洪流。无论是对个人还是组织来说，这都将成为一项基本技能。自我追踪者是先驱。

• **自我追踪产生了自我实验者。**越来越多的医疗保健将依赖于自我实验，并且会常常被简化为自我实验。我们已经看到了这个趋势。人们使用成本低廉的工具来进行自我测量，并且开始逐个研究变量的影响，并且以此改变他们的行为。一个人的临床试验也不是不可想象的。

• **自我追踪往往很快成为同伴追踪。**在健康相关监测的领域，如果有人也在自我追踪类似的因素、疾病或者疗法，他们的加入，会让跟踪的价值以指数形式增长。通常，自我追踪会变成与同伴一起的共同追踪。有了同伴，学习过程就会加速。"量化自我"的主任亚历山德拉·卡迈克尔同时也是"共同治疗"②（CureTogether）这个网站的创始人，这并不是巧合。这些临时的集体自我实验，为科研方法开辟了一个很小的前沿领域。

• **身份是我们的未解之谜。**我们不知道我们是谁，不知道人类是什么，不知道人类擅长什么，不知道性别意味着什么，也不知道成为一个美国人、中国人或法国人，又意味着什么？这些都处于流变之中。在Facebook上，"我们"的身份在何处结束，我们朋友的身份又在何处开始？我们是机器还是某种有灵性的东西？甚至是超自然或者不可测的东西？自我追踪和量化自我运动是当代对于这个谜团的探索，也帮助我们弄清楚我们是谁——作为个体和群体。量化自我是一种自我声明。所有这些对自己的关注，不是一种自恋的自我崇拜，而是一种自我定义：我们身处的时代对于"我们是谁"有一种巨大的不确定性。

这就是我谈论这个问题的原因。我不知道自我追踪将会带来什么影响，但看来意义深远。

2011年3月25日

---

① Meetup网站是一个在线社交门户网站，旨在帮助世界各地建立小组会议，成员大多有共同的兴趣，用户只需键入邮政编码、所在城市、感兴趣的话题，该网站就能帮助他们组织见面会。（来源：《维基百科》）

② www.curetogether.com，这是一个帮助追踪和管理个人健康数据的网站。

LIFELOGGING, AN INEVITABILITY
记录生命日志，一种必然趋势

记录生命日志的目标是：把一个人生命中所有的信息记录和归档。这包括所有的文字、所有的视觉信息、所有的音频、所有接触过的媒体活动，以及一个人身体的传感器上所获得的全部生命数据。归档和保存这些信息对生命日志记录者本身是有好处的，并且他（她）可以自行控制，来决定多大程度上与别人分享这些信息。

至少对于某些人来说，某种形式上事无巨细的全部记录是不可避免的；对于其他人来说，部分记录和部分回忆看起来也是不可避免的。我们都倾向于把我们生活中越来越多的东西记录下来。

生命日志记录的极端形式现在看起来还有些疯狂。如果你认真地记录生命，你需要用微型相机来记录你看到的一切，从早到晚，你的计算机需要保存你的每一个操作，所有的电子邮件、电话和谈话都被保存并且彼此关联；你还需要追踪自己身处何处，你身上装着几十个纳米传感器记录着你的生命体征。然而，你可能是唯一一个看到所有这些信息的人。这有点像疯狂的自我监控。

记录你生命中每一刻的技术细节现在已经完全可行了。十年后，它也会很便宜。但是，它带来的社会、法律、道德和文化后果，是扭曲的、怪异的、不可预知的、彻底的、有争议的，并且还有些惊心动魄。

一份生命日志将提供如下好处：

- 生命体征的全天候监测，如体温、心率、血压以及生物药品是否留存。这些数据可以充当一种预警系统，并作为诊断疾病和开具药物处方的个人数据库。
- 你见过的人、你有过的谈话、你去过的地方、你参加的活动的数字记忆。这些记忆能够被搜索、检索和共享。
- 你的工作和娱乐、你的工作习惯的完整归档。对你一举一动进行深入比较分析，可以协助提高你的工作效率、创造力和消费力。
- 一个组织、塑造和“读取”自己生活的方式。

如果这种生命日志在某种程度上被共享，这些信息存档可以被利用来帮助他人的工作，扩大社会交往，并且在生物领域，共享医疗记录可以迅速推进新药的发现。

截至2007年，数十人已经尝试使用过生命日志。上世纪80年代中期，我遇到了特德·尼尔森（Ted Nelson），他是我遇到的第一个使用生命日志的人。他记录自己的每次谈话，无论身在何处，无论谈话是否重要。据我所知，他的存档从来没有人访问过，甚至包括他自己。在20世纪90年代，麻省理工学院的史蒂夫·曼（Steve Mann）为自己装上了头戴摄像头，并用录像带来记录他的日常生活。但因为有一个摄像头半遮住了他的脸，人们在他周围很难保持自然。微软研究院的戈登·贝尔（Gordon Bell）从2000年开始已经记录了他工作和生活的方方面面，迄今已经6年。他这个实验项目叫做“我的生活片段”（My Life Bits）。贝尔在他的脖子上戴了一个特殊的照相机——SenseCam① 数码相机。这个相机可以检测到人身体发出的热量，一旦有人靠近，就把这个人拍摄下来。或者如果它检测到光线有变化，也会把新到的地方抓拍下来。贝尔会记录并且保存他每次的电脑击键、每封电子邮件、每一次电话交谈笔录、每次面对面交谈，当然也包括他拍的每张照片、他看的每部电影、他访问的每个网站、他电脑上的每个窗口以及这些窗口打开了多长时间——他把他所能够记录的任何数据都一一记录下来。

在过去两年，哥伦比亚大学电子工程系的副教授丹尼尔·P.W.·埃利斯（Daniel P.W. Ellis），用音频的方式（音频版本的生命日志）记录了他的生活。（一张DVD光盘可以装下2周的生活中的声音。）

麻省理工学院媒体实验室的亚历克斯·彭特兰（Alex Pentland）建造了一个“社会视界”，他记录了81个志愿者连续9个月的行踪，并且追踪了他们对话的样式。（简而言之，他们发现，如果你观察人们在城市里生活和工作的方式，你会发现很难将这个行为方式，同部落放牧和觅食行为区分开来。）

在麻省理工学院读书的时候，布拉德·利罗德（Bradley Rhodes）发明了一个“追忆代理人”，它“关注你键入的一切。每隔几秒钟就会检查硬盘驱动器，看它是否能找到任何相关的信息。如果它找到了，就会在屏幕的角落显示相关文档中的一两行内容提醒你。”

那么，生命日志记录工作做得如何呢？记者克莱夫·汤普逊（Clive Thompson）参观了戈登·贝尔的“我的生活片段”实验室，并且待了一段时间。他为《快公司》杂志撰写了一篇报告，很好地说明了记录生命日志是什么感觉。

> 尽管有很多机器的部件，贝尔的虚拟记忆和我想象的并不完全一样。当我最初听到他的工作，我希望他能让我精神一振，我希望他就像某种把自己改装成半个机器人的学者一样，在回忆中大获全胜……可是现在“我的生活片段”非常庞大，它面临了信息管理的一个经典问题：搜索极其困难。贝尔经常发现自己在信息的丛林中迷失。他想查找一封电子邮件，但是却找不到。他想查找一个文件，但怎么也找不到。我们在旧金山吃午饭的时候，他告诉我他很喜欢一篇关于保罗·克鲁格曼[②]的专栏文章，我让他找给我看。这个过程就像拔牙一般：在“我的生活片段”里查找“保罗·克鲁格曼”，找到了几十篇专栏文章，贝尔却无法从这些结果里筛选出他说的那篇文章。当我问他要一位同事的电话录音，他又遇到一个程序错误：他可以找到的文件的名称，但点击它时，数据竟“玩忽职守”不翼而飞。“这个该死的电话录音到底在哪里？”他嘟囔着，不停敲击着键盘。“要么什么也找不到，要么找到的东西太多了！”

2006年的冬天，斯科特·卡尔森（Scott Carlson）在《高等教育纪事》（*Chronicle of Higher Education*）上发表了他用数字音频磁带记录生活的实验。“我的妻子也是一名记者，实验的第一个星期，她禁止我在家中录音，因为她说我表现得就像我“在舞台上表演”一样。我也注意到了这点。我从来没有真正忘掉录音机的存在，时不时的，我会感觉到自己说话有所异样，好像我在对人群说话一样。我有意识地回避说一些可能被视为政治上不正确或彻头彻尾很荒唐的东西。有时候这样的话还是脱口而出，并且被我的扩展存储器记录下来。”

克莱夫·汤普逊在文章里继续写道：

在2004年春天，贝尔的同事吉姆·格默尔（Jim Gemmell）丢失了自己的一部分记忆。这位微软的高级研究员建有自己的“我的生活片段”数据库，像贝尔一样，他用大量的电子邮件、上网记录和图片填满了自己的数据库。但是有一天，格默尔的硬盘驱动器崩溃了，他已经有4个月没有备份。当他恢复运行“我的生活片段”的时候，他的记忆中的漏洞已经很明显了，这让他更加痛苦。他在进行某个项目的工作时，依稀记得一些重要的网站或文件，然后开始努力查找，才发现那段时间里的文件都丢失了。“这就像我的回忆被盗了，”他说，他惊讶地意识到这个“备份的大脑”对他来说不再是个新奇的玩意儿，而是他的心理景观的一个常规的组成部分。“我意识到，我现在有些依赖它了。这就像我依赖开车和使用抽水马桶一样。”

记录生命日志还没有准备好迎来黄金时期。今天，记录生命日志的工具还很少见。你现在还买不到微软的SenseCam。但有一个很烂的Web 2.0诺基亚网站叫Lifelog，不过这仅仅是一个花哨的博客网站。还有一个有趣的应用叫TimeSnapper，每隔几分钟会为你的电脑截屏，并允许你快速查看一周精选。你可以把网站、电子邮件、备忘录、PDF文件和其他数字文件扔进DEVONthink，这是一个电子联想记忆应用软件，但信息的输入需要很多精力。谷歌的免费邮箱Gmail承诺了永久保存电子邮件，这是消费者现在实际使用的最接近生命日志记录的工具了。

在2007年3月号的《科学美国人》（*Scientific American*）杂志上，戈登·贝尔说：

> 另一项技术挑战将是确保用户的数字文件存储在数十年后仍然能够打开。我们已经遇到了很多我们无法打开文件的情况，因为这些文件的格式已经过时了。数字档案馆将不断把资料转换成最新格式的文件，在某些情况下，他们可能需要运行旧格式模拟器来检索数据。一个小的行业可能因此出现，只是为了不会因为格式演进而丢失信息。

尽管如此，首先需要关注的还是如何读取、检索和使用这个巨大的、由你生活产生的数据海洋——我说的是，非常巨大。有一个解决方案我觉得非常合理，但是在生命日志记录的讨论中却不常被提到。10年前，计算机科学家大卫·盖勒特纳（David Gelertner）为日益增长的个人数据设想了一个新的组织比喻。生活日志记录不应该以对话框和窗口的形式表现出来，而更应该用生活的记录、时间轴、按时间顺序记录一个人生活。“我们希望从人造信息的存储方案变成一种更为自然的储存方案。像时间轴表、年表、日记、日刊、剪贴簿这样的观念，更古老、更自然。比起电子文件夹上下分层的观念，这种观念更植根于人类文化和历史。”

盖勒特纳把他这种新视角叫做生活流。有一段时间，他领导了一家叫镜技术（Mirror Technologies）的创业公司，这个软件的测试版曾可以下载，但现在好像下载不到了。然而，他的想法仍然是合理的，在我看来，这也是最有可能成为生命日志记录的模式。在Sun公司的计算机记者对他的采访中，他阐发道：

> 我可以这么想象，把我生命中的所有电子信息都收集成束，这就相当于一个流动着的信息流。每一个电子文件：电子邮件、照片、草稿、网址、音频、视频、日历或地址，等等。生命是时间中的一系列事件，是一个有着过去、现在和未来的时间线。你生活的事件、记录这些事件的记忆，并不是分成一个一个包裹分门别类放到文件夹里或者放在作了标记的鞋盒里。信息束把所有类型的文件都放在一个（可以聚焦的）束里。这样的话，如果再次问道：“我把那条信息放在哪儿了？”，那么只有一个确切的答案：它在我的信息束里。

信息流有过去、现在和未来。未来流入现在再流入过去。如果我在信息流的“未来”部分，设置了一个预约或提醒，最终它会自动流到现在，我会注意到它，并且被提醒；它们接着流向“过去”，成为永久的、可搜索的、可浏览的存档的一部分。当我获得一条新的“现实生活”信息（相对于电子信息来说）——一个阳光明媚的午后在红鹦鹉餐厅外面与梅丽莎的对话的记忆——我不需要为这段记忆命名，也不需要把它放在一个目录里。我可以使用记忆里的任何东西作为检索关键词。（当我想起了梅丽莎、或者阳光明媚的午后的红鹦鹉餐厅，我就会记起这件事情。）同理，对于电子信息，我也不应该专门去为它命名，或者把它放在一个文件夹里，我应该可以使用任何东西作为关键字来检索到它。

我们认为未来用户将不再在意操作系统或电脑；他们只会在意自己和其他人的信息流。我可以随意调整我的信息流。不管我身处何处，都可以使用我的信息流。我可以把别人的信息流和我的信息流混合在一起——只要我有权限使用其它人的信息流。我自己的个人信息流，我电子化了的生命故事，也可以和别的信息流混合在一起——我参与的群体和组织的信息流。最终，像是报纸和杂志之类的信息流也混合到了我的信息流之中。只要观察这些信息流的流动，我就可以知道我自己的生活，我所属的组织的生活，以及新闻，等等。

一旦记录生命日志变得普及，一个非常有趣的时代将被开启。一系列法律和文化的困境也会立刻随之浮现。

- 你生活的哪一部分是别人的隐私？
- 用你大脑记住一个场景与用相机记录的有什么不同？
- 政府能够调取你的生命日志吗？
- 可以重现全部回忆，这一点公平吗？
- 我可以收回和你的某段谈话吗？
- 如果有一个字与记录不同，它算是谎言吗？
- 我们的生物记忆有多么精确？
- 没有你孩子的“许可”，你可以记录他们的生命日志吗？

对许多怀疑论者来说，生命日志的记录会遭遇社会的挑战，这会让它注定只被很少部分人使用，甚至会受到全面禁止。他们不希望有无处不在的生命日志记录，一旦他们看到记录生命日志，他们会比任何人都觉得它行不通。在采访斯科特·卡尔森（Scott Carlson）的时候，用音频记录生命日志的丹尼尔·P.W.·埃利斯承认："你知道，我得到的反应大多是相当强烈，而且大多比较否定。和我讨论过的人中大约有50%立即表达了否定的反应，他们却往往很难真正解释反对的原因。记忆已经可以记录他们所说的话了，现在有一些东西可以更详细地记录他们所说的话，这一点让他们有一种强烈的直觉想要抗拒。"

我相信，我们会设定一些社会规范来进行引导，什么时候生命日志记录是合适的，什么时候是不合适的。但对大部分情况来说，全面的记录将会变得很普遍，就像现在的文本一样普遍。它将会是无处不在的，我们甚至不会注意到它——除非在它消失的时候。

2007年2月21日

---

① 微软英国剑桥研究院开发的"SenseCam"是一台具有超广角鱼眼镜头的全自动拍摄的数码相机，使用者可以选择每三十秒自拍一张，或者通过内置的光热传感器，在环境有所变化时再进行拍摄。

② 保罗·克鲁格曼（Paul Krugman）美国经济学家，普林斯顿大学教授，《纽约时报》专栏作家，2008年诺贝尔经济学奖获得者。

THE ART OF ENDLESS UPGRADES
无尽升级的艺术

刚结婚的时候我和妻子搬入了现在这套房子，那时候我得对这房子进行一系列的填嵌工作。我找了些在地铁里宣传说能保证20年不漏水的硅质填嵌材料。当时我想，这事还是划算的，起码我以后再也不用干这活儿了。

20年以后怎么样呢？那些硅质填嵌材料眼看着就磨损碎裂甚至脱落了。我这才意识到，20年听起来再长远，它也并不等于永恒。现在我快60岁了，我可以察觉此生很多看似持久事物的衰败，出人意料的东西包括沥青、铁器或者石头，它们都不能永存。我们可以想到的那些最持久的东西，甚至我们脚下的地球，在这60年间都发生了明显的变化。我家房后的小山慢慢滑到了房侧，百年以后树根将拱毁地基。你很快就会意识到制造长存千年之物的尝试是不可能完成的，因为那需要持续不断地使用各种秩序和能量，以与破坏已造之物的日常熵数相抗衡。

上述问题我思考了整整60年，但最近我顿悟了：所有事物无一例外地需要附加能量和秩序来维持自身。活物如是，那些诸如石碑、铁柱、铜管、碎石路甚至一张纸这样的无生命体也一样，如果缺乏关注、维修以及追加的额外保养，它们都将无法长久地存在。生命即维护。

一直以来，最让我吃惊的是软件所需的纯维修量。维持一个网站或一个软件程序的正常运转就像维护一艘在海上运行的游艇，它所需要的关注就像一个无止尽的黑洞。我差不多可以理解机械设备运行一段时间后必须熄火的原因：水汽会使金属生锈，空气会氧化设备表膜，润滑油也会蒸发……所有这些都需要检修。但我从来没有想过无形世界的位次也要降格。突破什么？显然，突破一切。

这里有个给年轻人的消息：垃圾秘密聚积，薯片悄悄变软，程序暗中崩溃。这些事情都是自发的，与你毫无关联。

接下来出现的是来自那些不断变化的数字景观的突袭。当你周围所有的东西都在升级，都在尝试新行为、寻找新漏洞的时候，这就给网站和必要的维护造成了巨大的压力——也许你并不想升级，但你又必须得这么做，因为你周围的一切都在升级。

像军备竞赛似的升级波及到我们的私人生活。它完全改变了我对于升级的态度：过去我总是心不甘情不愿地挨到最后一分钟才升级——东西还能用的时候为什么要升级？这个态度带来的麻烦大家都很熟悉：你刚升级好这个，突然发现那个东西也得升级，然后这事就变得没完没了，小范围的微调就能极具破坏性。但随着我们个人科技越发复杂、越发互相依附、越来越像一个个人生态系统，拖延升级就越发具有破坏性。因此，现在我把升级当成一种维护，这么做是为了生存下来。未来的科技生活将是一系列无休止的升级。

期待将生命消耗在升级中是一种生活技能，学校应该专门开班授课。事实上，我个人就十分乐意学习如何更好地自行维护我的数字生态系统。一定会有能使我们更好地升级数字生活的禅艺的。

2011年4月16日

RADICAL OPTIMISM
极端乐观主义

我是这个世界上活着的最乐观的人之一。我真心相信每天世界在很多方面都在变得更好。不过昨天晚上我参加了一个宴会，竟然遇到了一个比我更加极端乐观的人。看来在乐观这个问题上，我还有空间可以成长！

马特·里德雷（Matt Ridley）在“恒今基金会”的长线思考论坛上做了一个题为“深度乐观主义”的演讲。在最近出版的《理性乐观派》(*The Rational Optimist*）这本书里，他分析说，人类的文化不是由语言活动创造的（常规都这么认为），而是由思想的交流创造的。这个理论有些道理，但并不弹眼落睛。里德雷有一个更大的论题，比这个更加激进也更掷地有声，他认为进步是真实的、持续的、到处如此，而且近期来看，进步是无限的。换句话说，文明作为一个整体正在（并且已经）经历了真实的进步，在很多维度上都是如此，不仅仅是特权阶级，大多数人都在经历着进步。而且这样的好事没有丝毫要停下来的迹象。

并不只是物质财富在不断增长。我认为，里德雷主要的贡献和深刻见解在于，人类生活的软性维度上，我们也可以看到确凿无疑的进步。

我们变得更健康、更干净、更聪明、更善良、更快乐以及更平和。

不是“也许”或者“差不多”，而是确凿无疑。他有数据来支持每个方面的结论。

我正巧也赞同他的观点，我在自己的研究里也得出类似的结论。我原本猜想里德雷一直就是一个乐观主义者，但是他说，并不是。在20世纪80年代和90年代早期，他是一个典形的忧天悯人的环保主义者。之后作为一个记者，他开始查阅很多资料，他开始怀疑所谓即将来临的“世界末日”[①]（Armageddon）。他也阅读了朱利安·西蒙（Julian Simon）的《终极资源》（*Ultimate Resource*）。这本书为里德雷的质疑提供了一个框架。（西蒙认为所有的物质资源都是可以替代的。当资源开始耗尽或者制造成本变得昂贵时，我们会找到替代品。唯一不可替代的资源——所谓终极的资源——是人类的智慧。智慧越多越好。）

在“深度乐观主义”的演讲中，里德雷用一个案例全方位解说了进步，他的案例条理清晰、完整并且全面到让人惊讶。里德雷找了一个最容易具象理解的衡量标准：获得固定收益所需要花费的工作时间每年都在变少。比方说，夜晚1小时的人工照明。1800年的时候，一般要劳动6个小时才能买得起可以用1小时的蜡烛，所以劳动人民很少会去购买。到了1880年，需要工作15分钟才能买得起点1个小时灯所需要的煤油。1950年，8秒钟的工作就可以支付一个电灯1个小时所需要的电力。1997年，只需要半秒种——一眨眼工夫——的工作，就可以让一盏荧光灯亮上一个小时。

除了里德雷之外，还有其他一些极端乐观主义者也传布着“进步是真实”的讯息，比如已故的朱利安·西蒙自己，或者雷·库兹韦尔和比约恩·朗伯格（Bjorn Lomborg）。但是里德雷不像库兹韦尔那样“技术近视”，库兹韦尔主要关注技术的发展，里德雷并没有流露出他这种“技术奇点论式[②]”的狂喜。比起西蒙，里德雷能在更多领域中拿出更多坚实的证据来证实进步的存在。虽然我承认朗伯格也比较严谨，但是我认为里德雷比朗伯格预想并且承认了更多已知的问题。里德雷还有一种记者的才能，他把一个极端的想法（“所有的东西都随着时间不断变得更好。”）表述得让普通的西方人都觉得很有道理。你也许不会完全认同他，但是你至少可以接触一下他的想法。

关于进步的好消息在很多地方都可以看到，但是我们常常没有留意到。《纽约时报》曾经刊登过一个关于进步的图表，这个图表来自经济学家查尔斯·肯尼（Charles Kenny），他最近出版了一本新书《变得更好》（*Getting Better*）。在《外交政策》（*Foreign Policy*）杂志的一篇文章中肯尼写道，事情从未像现在那么好，他并不是在开玩笑：

> 虽然有很多问题，但是21世纪的前10年事实上是人类历史上最好的时期。比起以前任何时候，更多的人都过着更好、更健康、更和平、更繁荣的生活。
>
> 1990年，差不多有一半的世界人口生活费低于每天1美元。到了2007年，这个比例缩减到了28%，现在这个比例还会降低。发展中国家营养不良的人口比例从1970年的34%降低到2008年的17%，虽然这段时间同时也是全球食品价格的高点。农业生产力也是如此，持续攀高：从2000年到2008年，发展中国家的谷物产量增速差不多是人口增速的两倍。像津巴布韦这样的地方还是面临饥荒，但是几亿的人口每天都能吃到更多东西——并且能吃得更好。
>
> 武装冲突的数量及其死亡率在冷战结束后持续降低。世界范围来看，从2000年到2008年战争伤亡降低了40%。在撒哈拉沙漠以南的非洲地区，2000年大约有46000人死于战火，2008年这一数字减少到了6000。军费开支占国内生产总值的比例大概只有1990年水平的一半。在欧洲，最近被划分成两个武装阵营，每年的军备预算从1988年的7440亿美元降低到2009年的4240亿美元。我们并没有更早的统计资料，所以并不能确定无疑地说这是史上最和平的十年，但从人均暴力死亡数这个标准来看，最近十年的确是过去50年中最低的。
>
> 如果你可以选择生活在历史上的某个时期，那么21世纪的最初这十年无疑是最好的选择。更多人的生活都比以前有更多自由，并且更安全、更长寿、更富有。现在，几十亿人还可以在Twitter上面发布好消息。

还有一些极端乐观主义的要点并没有在里德雷的演讲里提到，但他在书和谈话当中进行了强调：

1）乐观主义不是单纯基于乐观情绪（里德雷说他并不是情绪上的乐观）。它是，

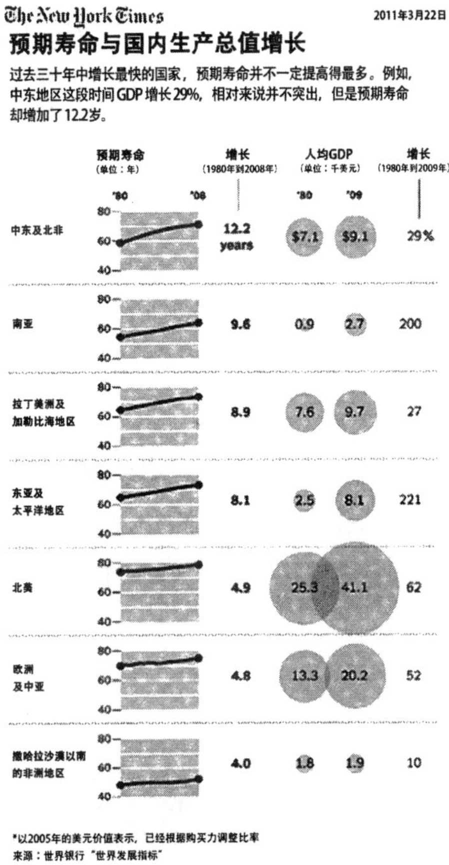

并且应当是，基于证据和事实的一种视角。它是一种理性的形式，可以用也应当用事实来检验。如果不能被证实，大可抛弃它。

2）当我们乐观的时候，我们的行为也会表现得更好。进步信赖于创新，而创新需要乐观主义。乐观主义盛行的地方，创新也会盛行。不管当时的社会风气是悲观还是乐观，历史上创新聚集的热土总是乐观主义盛行的地方。我们相信的东西会影响到未来的轨道。

3）许多悲观主义是正确的。如果事情这样发展下去，我们注定灭亡。就像里德雷所说："如果世界这样继续下去，所有人类都会在灾难中灭亡。如果所有的运输都依赖石油，而石油耗尽，那么运输将会中止。如果农业持续依赖于灌溉，而蓄水层枯竭，那么随之而来的便是饥荒。但是请注意这些观点的前提条件：'如果'。世界不会如此继续下去。这就是人类进步的所有要点，文化进化的全部信息。"世界不会保持原样继续下去，游戏会被改变。

然而很多人，特别是那些觉得世界不公的人，却很难长久保持对世界乐观之情。根据前面提到的三点，我想提议大家做下面这个思想实验：如果你觉得今天的极端乐观主义者提供的证据还不够令人信服，那么什么样的证据才会让你信服?

对于普通人类来说，进步确实存在吗？只是发生在一个区域还是全球范围内？如果可以用10年时间对比，哪10条衡量标准会让你确信进步确实存在？让我们现在就挑10条标准开始衡量吧。

2011年3月23日

---

① 根据《圣经》，末日之时会有一场大决战，Armageddon将是这场大决战进行的地方。这个词现在通常被用来指称一种"世界末日"的景象。

② 技术奇点论认为通过技术手段，未来会出现比人类更伟大的智能，这将会导致超级智能的大量出现。因为雷·库兹韦尔的推广，这个概念被广泛使用，虽然对于"奇点"何时出现的意见不一，但普遍认为这个奇点将在21世纪的某一个时间发生。

THE PRO-ACTIONARY PRINCIPLE
支持–行动原则

目前测试新技术的默认计算法则，是“预防原则”。预防原则有许多不同的公式，但这个原则的各种变化有一点是共通的：在接受新的技术之前，必须确定它是无害的。只有证明是安全的技术才能传播。如果不能证明一个新技术是安全的，那么应该禁止它、削减它、修正它、废弃它或者对它视而不见。换句话说，对于新的想法，第一个念头应该是不去用它，直到我们可以证明它的安全性。当创新出现的时候，我们第一步应该先暂停下来，第二步进行隔离测试——用模型或者一种不产生重要影响的、安全的、最低风险的方式来进行。只有通过了这样的步骤，我们才开始尝试着把它带到实际生活中。

可惜预防原则并不总能提供完全可靠的保障。任何一个模型、实验室、仿真环境或者测试都会有内在的不确定性，所以评估新技术唯一可靠的方式是让它在真实环境里面运行。充分使用之后，它的附属作用才会表现出来。一个技术诞生之后马上就进行测试的话，我们测试的只是它的主要效果。但通常大多数问题产生的根源是技术当中始料未及的附属作用。附属作用在高密度的、接近普遍使用的环境才会显现出来。早期汽车的主要关注点围绕着使用者：引擎不会熄火，刹车不会失灵。然而汽车带来的真正威胁是对于全社会的——我们越来越多地了解到汽车不断产生的微小污染、高速行驶时可能会夺去别人的生命，更不要说汽车瓦解了郊区的概念，以及长途通勤——这些都是附属作用。

附属作用是社会的不速之客，很难在各种预测、实验室实验和白皮书里预见他们的到来。科幻小说家亚瑟·C·克拉克（Arther C. Clark）观察到，在马车时代就有很多普通人迫切地想象有朝一日会出现没有马的马车。汽车的出现众望所归，因为它延伸了马车的主要功能——一种可以自已前进的交通工具。汽车可以实现马车的一切功能，而且还不需要马匹。但是克拉克也注意到，马车时代的人很难想象没有马的马车带来的各种附属作用，比如汽车电影院、交通堵塞或者“路怒症”①。

这些始料未及的后果，常常来自于这个新的技术与其它技术的互动。2005年有一份报告分析了前美国技术评估局② 影响力有限的原因，这个研究总结道：

虽然对某些特定的比较成熟的技术（比如，超音速运动、核反应堆、某种药剂产品）它可以出具比较合理（虽然通常也不太确定）的预测，但是技术剧变的能力并不是从单个物件中来的，而是来自于遍布社会方方面面的各种技术彼此互动。

小规模的精确实验无法揭示附属作用，加上我们使用技术时会有集体的冲动对它进行调整，所以几乎无法建立可靠的模型来评估先进的技术创新。新兴的技术必须在行动中测试，并且必须实时得到评估。换句话说，一个特定技术的风险必须通过现实生活的试错来确定。我们可以把这种用行动来审查的计算法则称作“支持行动原则”。技术通过行动来测试，而非通过“不作为”。这样的话，对于一个新的想法，该有的反应是：立即来试一下。

只要这个技术存在，就需要不断尝试，不断测试。事实上，和预防原则相反，我们永远不可能宣称一种技术拥有“已经证实的安全性”。因为技术不停地被使用者重新设计，也不停地与周遭的环境一同演化，所以我们必须时刻保持警惕，不断地对它进行测试。今天的汽车已经深植在高速公路、汽车餐厅、安全带、卫星定位、改装这些网络之中，和一百年前的福特T型汽车相比，今天的汽车是一种不同的技术。引起这些变化的原因与其说是内燃机的变化，不如说是因为众多附属的发明。今天的阿斯匹林亦是如此，它和其它的药物一起改变了我们的寿命、服药习惯、价格等等，和从柳皮提取精华的民间药方或者100年前拜尔人工合成的版本相比，现在的阿斯匹林也不是同一种技术了，虽然他们都是相同的含有水杨酸的药品。技术一边生存一边演变，技术一边被使用一边被重新创造。在扩散的过程中，技术会释放出所附带的第二阶、第三阶的力量。当一种技术被普遍使用而无处不在的时候，几乎都会产生完全未曾预计的效果。

因此，技术必须在行动中被行动来评估。理想的过程是，我们先在实验室里测试新技术，我们建立原型来尝试，我们把新技术应用到一些试点项目中，我们调整对于技术的预期，我们监控技术的改变，我们修改技术并且重新为它们定义目标，接着我们再次用实际行动重新测试，如果我们还是对技术的效果不太满意，我们可以把它们用到其它新的工作上去。

当然，我们仍然需要一开始就预测、预想并且让已知的问题最小化。

所有的技术都会产生问题。没有技术会没有问题。并且所有的技术都有社会成本。所有的技术都会给周围其它的技术造成颠覆，并且可能会减少别处其它技术的收益。我们必须去权衡并且最小化一个新的技术带来的问题，但是问题是不可能彻底消除的。

此外，“不作为”（预防原则引发的默认反应）的成本也需要与采取行动的成本一起进行权衡。“不作为”也会产生问题和一些不可预料的后果。在日新月异的环境中，维持现状的沉重代价往往随着时间推移才会显现出来。因此“不作为”的这些成本也应该计算到评估的等式中去。

最初版本的“支持行动原则”是由著名的技术永生党人[③] 马克斯·摩尔（Max More）首先提出的。2004年他为这个想法撰写了初稿，并在2005年进行了修订。正如他最初理解的那样，这个原则是一个方向，差不多也是一种哲学。我在下面这些片断中把摩尔精深的哲学进行了简化，这个简化可能他自己并不认同。为了不和摩尔的版本混淆，我把我的总结称作“支持-行动原则”。摩尔的第二版中有十条组成原则，我在我自己的版本中将其减少为五个。

这五个“支持-行动原则”是：

1. 预想

所有预想的工具都可以使用。使用的方法越多越好，因为不同的预想方法适应于不同的技术。想象情节、预测、科幻故事会展示技术的部分面貌。科学测量（如客观的建模、仿真环境和控制实验）应该占有更大比重，但是他们也只是其中的一部分。在预想过程中既需要想象光明的一面，也需要同样多地去想象不美好的一面。可能的话，还需要预想一下这个技术一旦被普遍使用而无处不在的情况：如果每一个人都免费拥有这个技术将会怎么样？预想不应该变成判断。预想的目的是为后面四步准备基础，它对未来的行动进行预演。

2. 持续评定

我们有越来越多的方法可以对正在使用的一切进行量化的测试。嵌入式技术可以把技术的日常使用变成大规模的试验。无论开始的时候一个技术进行了多少测试，它都需要在真实环境中不断重新被测试。我们也有更多精确地进行小规模测试的方法，所以我们可以关注容易受到影响的街区、亚文化、基因库、使用图谱等等。测试应该持续不断全年无休，而不是遵循传统的一次性的模式。另外，新技术可以让公民的关注以自行组织评估的方式，成为科学验证的对象。测试是主动的，而不是被动的。系统应该内建有持续保持警惕的机制。

3. 为风险（包括自然风险）进行排序

风险真实存在且不计其数。不过并不是所有的风险都是等价的。必须权衡各种风险，区分轻重缓急。比起假设会发生的风险，对人类和环境健康的已知已证的威胁需要优先处理。

此外，“不作为”的风险和自然系统的风险也必须同等地纳入到考虑之中。用摩尔的话来说：“和对待自然风险一样对待技术风险，避免低估自然风险而高估人类-技术的风险。”

4. 迅速从损害中恢复

一旦出了错——这是再所难免的——需要尽快补偿实际造成的损失。但是不要因为假想或者潜在的危害做出责罚，这并不公平并且会削弱系统，那些好意办事的人会因之丧失积极性。要有一个主动修正现存技术中危害的机制，这样可以让错误更快被修正，这样也可以间接辅助未来技术的发展。任何一种技术都会带来某种程度的危害（不仅仅是小差错），这些危害必须被补救——这一想法应该成为技术创造的一部分。

5. 引导而非禁止

对于技术而言，禁止是无效的。绝对的禁止绝对会被违背。回顾历史上那些禁止技术的先例，我们发现大多数技术只是被临时换下，他们要么转移到地球的另外一个角落，要么进入另外一个小众领域。当代对于核武器的禁止并没有从根本上把核武器从这个星球上禁绝。对于转基因食物的禁令只是让转基因玉米涌入其它大洲。对于枪械的禁令也许对普通公民有用，但并不适用于士兵和警察。从技术的观点来看，禁令只更改技术出现在何处，却不改变技术的本质。事实上，如果我们希望技术不再做恶，比禁令更好的方式是为技术寻找一些新的用途。比如，我们可以把DDT从一种用在庄稼上的杀虫剂转变成为治疗疟疾的家居药物。如果把技术看作儿女的话，社会就是技术的父母，需要不断地为技术寻找有益的伙伴，让他们组合起来，使每一个新发明最好的那一面得以发展。通常我们为一个技术分配的第一个工作并不总是完全理想的，但是我们可以多试几次不同的工作，直到为这个技术寻得一个伟大的归宿。

人们常常会问，人类在一个极端智能极端自主的技术世界里面可能扮演什么角色呢？我认为答案是我们会成为家长，为技术指出新的方向，引导它们找到更合适的工作、更好的朋友，并且为他们注入正面的价值。

这样的话我们还得不断寻找更成熟的工具，来协助这个“支持-行动原则”。我们想要获得：更好的工具来进行预想，更好的工具来进行没有终点的监控与测试，更好的工具来帮助风险确认和排序，更好的工具从危害中复原，更好的工具和方法为技术的成长指引方向。

2008年11月11日

① 路怒症（road rage）指的是司机在行驶的过程中对其它车辆发怒，并且采用侵犯性的行为，甚至可能引发恶性的交通事故。

② US Office for Technology Assessment，简称为OTA。美国国会1972—1995年间设立的一个部门，主要的职责是为国会议员和各类委员会提供对于复杂科技问题客观权威的分析。

③ 原文为uber-extropian。Extropian，来源于熵（entropy），技术永生党人相信科学的技术的发展有一天会让人获得永生，他们希望能够为这个目标作出贡献，比如参与研发或者自愿参与测试新技术。

BORN DIGITAL
数位人生

生于一个数位世界到底意味着什么？下列来自我的朋友们和读者们的轶事可能会给你一些线索：

我的一位朋友有个不到五岁的女儿。和大多数现代家庭一样，他们家有数台电脑却没有电视。有一次，我朋友带着他女儿拜访另一位朋友，这位朋友家的每个房间里都有一台电视。小家伙直奔电视，在它后面找了好几圈，然后问："这东西的鼠标呢？"

另外一位朋友家的娃娃非常内向，可她掌管了我朋友的iPad。学会走路之前她就已经可以轻松而优雅地在iPad上作画并玩转各种APP，以至于这台iPad看起来更像是小家伙的所有物。有一天，我朋友打印了一张高分辨率的照片，并把它放在了咖啡桌上，过了一会，他发现小朋友在对着照片比比划划，好像在操作iPad并试图将照片放大。她试了很久都没有成功，于是她扭过头对爸爸说："这东西坏了！"

一位在主题公园打零工的21岁的读者告诉我，有一次，一个小女孩拍了张她的照片，拍好之后对她说："这个不是真的照相机，你看，它背后没图像显示。"

另外一位读者贡献了这个小故事：她儿子从2岁开始接触电脑。某次她和儿子在杂货店采购，当她停下来找产品标签的时候，她儿子建议道："用鼠标点一下！"

另外一位有个8岁儿子的熟人跟我说，有一次，他和儿子聊天，谈及我朋友那些没有电脑相伴的成长岁月，他的儿子对于那些旧时光相当难以理解，于是小朋友问了这么个问题："那，如果你们没有电脑的话，要怎么上网呢？"

从这些娃娃那里我认识到以下两点：第一，如果某物是非交互性的、没有鼠标或者没法上手操作，那它一定是出故障了；第二，互联网其实跟电脑设备没什么关系，事实上，它犹如神话，外延更大，攸关人类。

2011年4月24日

TECH SHOPPING RULES OF THUMB
科技购物经验法则

面对科技产品，人们很难做出明智的购买决策。萨姆·格罗巴特（Sam Grobart）在《纽约时报》上将许多来之不易的复杂智慧总结为七条经验法则。这七条经验法则给我留下了非常深刻的印象，因为我认为他的建议很好，而且他能够把它们精简成为简短的经验法则。以下列出了格罗巴特总结的七条经验法则，每一条都是在进行购物权衡选择，我都逐一进行了注释。

购买高科技产品时……

- **为内存花钱，而非速度。电脑芯片的速度并不重要，内存才要紧。**
- **为短信套餐花钱，而非通话时长。手机短信比语音通话更贵。**
- **为电子元件花钱，而非数据连接线。买最好的电子元件，最便宜的数据连接线。**
- **为网速花钱，而非频道。对有线电视网络来说，只要速度足够，你就能在网上免费收看电视频道。**
- **买苹果延保服务，别买Mobileme。对果粉来说，苹果的保修服务值得拥有，但是苹果的云服务则没必要。**
- **为屏幕尺寸花钱，而非刷新率。在电视屏幕上，尺寸不同带来的体验差异**

更大，而刷新率不同则没什么区别。

- 为传感器花钱，而非像素。现在的相机像素都足够高；传感器越大，质量才越好。

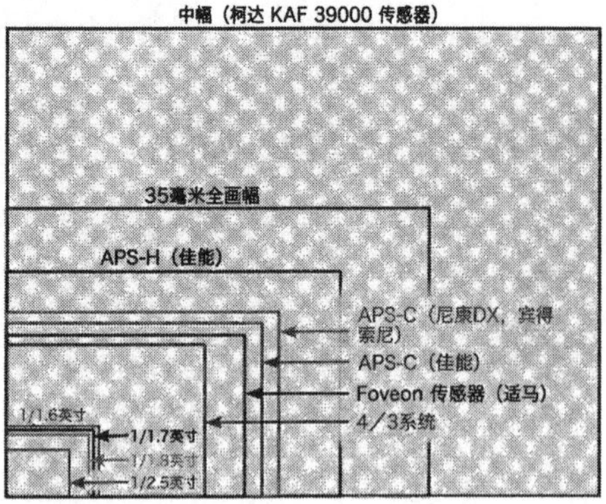

图注：图为不同相机品牌系列所对应的传感器尺寸。

这七条让我想到了购买科技产品时一些其他的经验法则。以下列出了几条我所想到的：

- 为可靠性花钱，而非里程数。终其使用寿命，汽车维修费用比多跑一点花的油钱要多。
- 为舒适度花钱，而非重量。算上水瓶、背包，以及身上穿的多余衣服，自行车轻如鸿毛也没有意义；但这些都不会影响自行车的舒适性。
- 为泡沫花钱，而非羽绒。睡袋温暖程度的最大区别在于你身下的泡沫隔层，而非盖在身上的羽绒。
- 为镜头花钱，而非快门。一台专业相机，即便机身变形、已经过时，高品质的镜头依然耐用。

读者们还有什么建议呢?

（目前为止）来自评论的建议：

为扬声器花钱，而非功放。音响系统中，与更好的功放相比，更高品质的扬声器所带来的影响更大。

2011年5月13日

TECHNO LIFE SKILLS
科技生活指南

如果你现在还是学生，也就是说，你成年后将要使用的技术现在还未出现。那么，你最需要的生存技能并非掌握具体的技术，而是掌握技术本身——科技如何运作。我喜欢将这种应对任何类型新技术的能力称为科技素养。要想在现代生活的技术变迁中游刃有余，那么你就需要学会科技语言，并掌握以下原则。

- 无论买什么，都要学会维护。每个工具都需要你花费时间来学习如何使用、安装、升级或维修。购买只是开始。维护一项技术所耗费的精力、金钱、时间，可能和你获得它的花费一样多。
- 科技进步非常快。因此，面对某种科技产品，等到需要到迫在眉睫时再去买吧。任何你买到手的东西都已经过时了，你要接受并习惯这个事实。因此，不到最后一刻不要买。
- 你永远都是菜鸟。学着适应初学者模式，学习新的程序，问些白痴问题，犯些愚蠢的错误，寻求帮助，并用自己学到的东西帮助他人（这是最好的自学方法）。
- 通常，学习使用新的工具则意味着要抛弃旧工具。座机的使用习惯并不适用于电子邮件和手机。电子邮件的使用习惯，放在Twitter上也不适合。

Twitter的使用习惯也无法适用于今后出现的东西。

- 科技休假。每周抽一点时间，放下自己的工具。每年过一次没有任何工具的生活。一辈子要体验一次完全远离各种工具的生活。"休假"归来的你将拥有全新的热情和观点。
- 更换工具的成本有多高？不久的将来，你就会废弃自己现在使用的工具。抛弃旧工具谈何容易？如果弃用旧工具就意味着你的所有数据也一并离你而去，或者要学习新的打字方式，或者要连带放弃其他几种仍在使用的技术，那么这个新工具或许并非最好的选择。
- 质量与价格并不一定相关。有时候，价格昂贵的设备比较好；有时候，最便宜的东西最适合你。参考并衡量参数及评价应该成为习惯。
- 在网上每找到一条专家意见，就应搜寻其他专家的相反意见。必须全面了解各种意见以后再进行购买决策。
- 很好的运用一项技术并不一定要了解它如何运作。我们并不十分理解生物如何运作，但是我们仍然活得很好。
- 工具是隐喻，塑造你的思维方式。新的工具当中有哪些内在的预设？它是否预设使用者是右撇子或会读写，默认需设密码或使用者会在什么地方丢掉它？工具的默认设置能反映其偏向哪一方面。
- 你放弃了什么？我花了很长时间才学会这一条。采用一种新技术的唯一途径，就是减少已经在使用的旧技术。如果我要使用Twitter，就得牺牲其他事情，即使只是做白日梦这样的事。
- 每项新技术都是一把双刃剑。一项技术所蕴含的力量越大，也就越可能被滥用。所以要注意它的潜在危害。
- 新技术的风险必须与旧技术的风险或不使用技术的风险进行比较。新的口腔核磁共振成像（MRI）技术必须与X光进行风险比较，而口腔X光必须与不用口腔X光和蛀牙的风险进行比较。
- 对任何需向防火墙请求访问权限的技术保持怀疑和警戒。如果你能自己解决、修理或破解问题，那可是个好兆头。

- 面对一项愚蠢的技术，合理的应对方法是自己创造一项更好的技术；正如面对一个愚蠢的观念，合理的应对方法并非取缔它，而是用更好的观念代替它。
- 谁都不知道一项新发明会有什么益处。若想鉴定其用途，不要坐着空想，去尝试，去使用。
- 通常，只有当某项技术人人都拥有或随处可见时，其二阶效应[①]才会显现。
- 一项技术存在的时间越长，就越可能继续发挥作用。
- 用最少的技术让自己拥有最多的选择。

2011年4月28日

---

① 结果都有原因，而一个结果通常会成为其他结果的原因。这样，以一个单一原因事件为基础，就成了一个由很多原因和结果组成的“因果链”：原因1引发结果1；结果1成为原因2，引发结果2（二阶效应）；结果2成为原因3，引发结果3（三阶效应）。

TECHNOLOGICAL SUPERSTITION
技术迷信

在高科技的世界里，迷信依然盛行。在我们的科技产物面前尤盛，有些科技产物甚至被当作中世纪遗物。最近，超自然迷信已经悄悄进入美国911事件的治疗环节中。

机器不同于匠人们不均匀的手艺，它具有制造任何发明的廉价相同副本的能力，这是现代化大生产最大的贡献。我们摸索出如何制造大块钢铁，然后我们的工厂就能生产千百万的钢块。我们造出打字机的样品，然后工厂就能生产几千台甚至几百万台一模一样的打字机。

然而，如果某位知名作家使用过这些打字机中的任意一台，那么这台打字机就具有了某种非特定的特殊性。例如，海明威的个人打字机（他拥有很多打字机）就被当作文物，它们被隔离开来，禁止触碰。作为朝圣的对象，它们已经赚取了超过十万美元。但事实上，当这些令人崇敬的打字机还在生产线上的时候，与其他打字机毫无区别。唯一能证明这台机器是海明威所有物的证据来自机器以外——别人说它就是海明威的打字机，而你必须相信。其特殊性源于某种与古老文物的合法性相类似的方式——因为某人说它是，所以它就是。

世界上主流宗教都有圣物。伊斯兰教崇拜阿里的佩剑和摩西的拐杖。佛教的大金字塔形舍利塔中藏有佛祖的舍利和佛牙。耶稣被钉在其上的十字架在中世纪被广泛崇拜，这些看似普通的木头碎片被认定是拥有魔力的，因为它们被耶稣接触过——唯一能证明耶稣确实碰过这些木片的证据是长久以来口耳相传的断言。木片本身是不起眼的——即便它真的来自耶稣受难的那个“真十字架”[①]。

圣物的逻辑是超自然的。据专家介绍，圣物的神力来源于“神圣的人或物散发出的神秘潜能”，这种潜能反过来被传送到某些客体上，再通过这些客体传递到那些触碰或看见客体的人身上，这些客体也就是圣物。

圣物的魔力在现代名流收藏界广为流传。2010冬奥会冰球冠亚军比赛中造价3美元的冰球，由于其比赛中的独特性，最终以13000美金的价格售出。巴里·邦兹[②]在守备时打出第762记本垒打打破了他的个人纪录。那个被打飞的棒球在赛后受到了球迷的热切搜寻，并最终以376000美元的价格售出。但是，这个球实际上与美国职业棒球大联盟所用的，任何人能以17美金购买到的任何一个棒球都没有丝毫区别——由于联盟所用的本垒球没有任何特殊之处，所以赛前有个为棒球做记号的精心程序，让人们可以分辨确切用球的出处。

出处是文物和藏品的关键词，它建立了物品之间的所有权链。信徒和收藏家之间经常展开关于特定文物的特别出处的争论，但人们从不质疑出处属实的情况下该文物是否具有特殊性。收藏名人所用之物的人相信，这些名流所用的物品，与其他类似物相比，在某种程度上确实包含并散发着源自那些名人的超自然的、神秘的精神。就好像名望和崇高会传染一样，运动员、电影明星或艺术家的超能力会通过接触的两端之间传播。

但出处本身并不能解释为什么我们会为某些器物或复制品指定任何特殊的意义。为什么仅仅因为某个名人触摸过、睡过、或曾击打过，就使这件复制品与其他物品截然不同了呢？这里并没有什么非神奇的因素。签署过《独立宣言》的钢笔、鲍勃·迪伦演奏过的吉他或者巴里·邦兹打过的棒球，这些科技标本只有在我们赋予它们超自然的神奇感染力时，才变得真正与众不同。

然而，911恐怖袭击十周年在即，官方组织了一次为世贸中心遗骸赋予超自然力的活动。双子塔废墟中挖掘出的已压毁的钢材被当作圣物，进行长期公众展出，而灾难现场则被称为“圣地”。

《每日邮报》采访了一些纽约人，报道者满不在乎的使用了“遗物”这个词，让我们听听他们是怎么说的。

> 尊重的标记：肯尼迪机场17号机库内，圣詹姆斯纽约消防局的警官们悬挂了一块来自世贸中心的钢铁，向它致敬。
>
> 近600英里以外的加利福尼亚，数百人夹道欢迎由布朗市立消防局的七位消防员带回的911遗物。
>
> 由纽约港务局和新泽西港务局联合组织的世贸中心钢铁计划，旨在将911遗物分发到美国各州的消防站和博物馆。港务局副执行董事比尔·巴罗尼（Bill Baroni）这样告诉《波士顿先驱报》的记者说：“这是鄙机构的神圣使命。”
>
> 未来几周内，各地消防部门轮流将世贸遗物带回家的场景可能在全国范围内反复出现。

但是，生锈的钢就是废钢，跟所有在垃圾场生锈的废钢梁没有任何区别，它没有任何明显的独特气质。是的，确实存在一条长而复杂且具有仪式性的证据链，它证明了这些钢梁的来源，同时鼓励我们相信这些钢梁在某种程度上具有科学所无法揭示的独特属性。但它们与其他扭曲、崩塌、生锈的钢梁毫无区分度。比如说，一些缺少良知的小丑用取自其他倒塌建筑的钢梁替代了911世贸遗址的钢梁，并把替代品送入全国的游行活动——比方说没有人发现他的破坏行为——它会造成任何区别吗？

对很多人而言二者是不同的，并不仅仅因为替代物是个谎言，而是因为他们真诚地相信文物可以传输其使用者的灵晕。911世贸遗址的钢梁传递的，是消防救援人员的勇气与平民死难者的无辜。但文物同时也传递虱子——人们相信穿希特勒穿过的毛衣是坏主意，而睡在林肯曾经睡过的的房间（即便这个房间现已被完全改造过）却是好主意，这完全是奇幻思维。

保留旧物品确实有一定价值。博物馆收集文物，比如计算机历史博物馆中既藏有原始的计算机原型，又有任意的生产运行元件，这二者包含着巨大的历史信息和教训。但与以前谁接触过或使用过它们并没有（或不该有）关系。人工制品不能成为文物——它们都是副本。

很少有人能不受有关人工制品的奇幻思维的影响。谁能不保存父亲的手表、母亲的项链，且不把它们当成家庭纪念品呢？如果有人用同一生产线上的相同物品把它们调换了，谁会没有被骗的感觉？即便它们长得一样，但毕竟是不同的，因为你爸爸手腕上和你妈妈脖子上戴的东西，必然以某种方式沉淀他们的那些无形的、精神的、无法形容的特质，这些是同生产线上的其他产品所不具有的。

当然，它们外表看来没什么区别，这也是为什么我们如此强调出处的原因。（这东西是，且将永远在我们家族留存！）归根结底，一个历史性的科技产物是现代世界的水库之一。在这座水库里，迷信仍然能自由流动。

2011年6月30日

---

① 真十字架（True Cross），即耶稣受难十字架，基督教圣物之一。
② 巴里·邦兹（Barry Bonds），美国著名棒球员，以本垒打、盗垒及守备出名。

SCROLL BACK MEDIA
可回放媒介

聆听别人演讲的时候你需要全神贯注，因为一旦一个字被演讲者讲出来，它也就消逝了。在录音技术问世之前，演讲是没有备份的——你不能倒带回去再听一遍你漏掉的部分。

从口头沟通发展到书面交流，这个伟大的历史进步使观众拥有了返回卷轴第一页或重读某段的机会。

书籍的主要特质之一是它能够反复阅读，只要读者愿意，多少遍都行。事实上，对作者而言，最高的褒奖就是称赞他的作品值得一读再读。作者在写作过程中会采用多种技巧，使其作品具有可重复阅读性，比如他们会在情节中设置具有二次阅读意义的小节点，隐藏那些只有在二次阅读中才能品出来的反讽意味，或者使作品中充斥各种需要仔细阅读才能辨认出的小细节。

就在上个世纪，书籍的文化中心地位被电影和电视取代。这些屏幕的媒介与书籍有很多共同之处，比如它们都是由故事驱动的、线性发展的。但与书籍不同的是，从前，想在屏幕媒介上重播电影电视节目是很困难的，因为电影在电影院大银幕上播放一次就结束放映了。人们对某部大片充满各种期待，之后特定的某天，该片首映，然后在本地院线放映一个月，再然后，你就几乎不能再看到它了，除非它在数十年后的深夜电视节目中播放。电视也一样，一档节目按节目表播出了，你要么按时收看，要么再也别想看到它。以前，多次观看首轮播放的影片是昂贵的，而且很少有人会这么做。只有很少的电视节目会在夏季重播档重新播出。在这种情况下，如果你想看某个节目的话，你就得仔细安排你的时间，以便某节目在某日某时段播出的时候，你已经等在电视机前了。

由于电影和电视这种类似口头沟通的特性，所有的节目在设计时被假定为只限观看一次。这种假定对任何创作而言都是明智的，因为它迫使节目在与观众第一次接触时就要表达得尽可能的丰富，但这同时削弱了节目的叙事——如果允许重播，节目中就可以精心制作进更多的内容。

VHS① 及随之而来的DVD② 和TiVo③为人们观看银屏重播提供了极大的便利。想要重复观看某个节目？把它录下来！想要重复观看电影电视节目的某个片段？随时把它录下来！广告和新闻也一样。更为重要的是，我认为，重播功能是把广告变为艺术的关键。这种特性把电视节目从短暂表演的匆匆掠影中解放出来，它使电影电视节目变得像书籍一样，可以反复观看、借阅、讨论、分析和研究。

我们亲眼目睹了电视新闻的重播功能。电视新闻曾经只被用作短暂的信息流，绝不用来进行记载或分析，它只吸纳信息。如今，它变得可重播了。当我们重复播放电视新闻的时候，我们可以比较其真实性，辨别其动机，分析其假设；我们可以分享它，研究它，还可以与其他新闻进行整合。

重播功能使前后长达100小时的系列影片比如《迷失》(*Lost*)、《太空堡垒卡拉狄加》(*Battlestar Galactica*)成为可能，并使之易于观赏——观看这样一部系列剧需要耗费太多年头，在最初播放的部分中，往往巧妙地安排了非常多的细节，因此能够任意回放就变得非常重要，它使我们能够更好的理解影片。

当音乐被录制成唱片的时候，它就被转化且可回放了。现场音乐会的美妙之处就在于其即时性以及每场演出中的变化。唱片时代之前，多数人终其一生也没有听过一场伟大的交响作品演奏会。能够重播并从头欣赏某一场特定的音乐会，这种变化给音乐带来了永久的改变——唱片使音乐变得更精准、更密集、更短暂且更精心设计。

游戏现在也具有“再玩一次”的功能，它使玩家可以重玩关卡或获得额外生命，这是“重播”的相似概念。玩家可以反复重刷某关卡积累经验，当然每次重刷都会有些略微变化，直到冲关为止。

我们现在的确可以重播任何东西，但它改变了我们对媒介的鉴识和使用。生活中仍然有很多经验是不能回放的，比如享用一顿美食，我们并不能真正地“重播”一顿美食的色香味，即便可以，其烹调也会有所区别。

媒介的完美复制就其拷贝而言已经被仔细考察过了，但就其重播性而言却很少有人关注。当我们在记录下我们的日常活动，拍摄我们的日常生活影像资料的时候，我们生活的大部分就已经变得可重播回放了。我经常反复登陆我的邮箱，回忆我生活中的某个片段。如果我们期待生活真能回放，那么也许就会改变我们之前所做的事情。判断我们现在的“Flickr化”和“Facebook化”的人生是否会被重新审查还为时尚早，但这种回放人生的能力必将改变未来的生活方式。

2011年4月3日

---

① VHS，Video Home System，家用录像系统。
② DVD，Digital Video Disk，数字视频光盘。
③ TiVo，可选录电视节目的数字录像设备。

SYMMETRICAL AND ASYMMETRICAL TECHNOLOGIES
对称与非对称技术

当通信技术变得无处不在，并被强大的机构所用时，就能让我们感到恐慌，因为它们看起来似乎是用来控制我们的技术 。全球定位信息非常便利，但也可能用来随时追踪我们。网络摄像头很酷，但也时常把眼睛转向我们。数字版权技术可以防止非法翻录，但也可以捕捉到我们所做的一切。

让我们感到恐慌不安的是，在这些例子中传播是不对称的。每一种技术都把我们的信息传送给一些我们不了解的实体。它们看着我们，我们却看不到它们。它们知道我们，我们却不知道它们。这使得确保信息准确适当相当困难。当然，不论从经济的角度还是信息的角度，我们自然从中得不到什么东西。

信息的不对称推动产生了对冲基金运营商、房地产经纪人和各种中介。他们知道更多我们想让他们帮我们做的事。他们从这种不平衡里获得利润，而我们通常会为物有所值而付钱。

但有时这种不对称不是被并入一种行业，而是被并入了技术本身。能够挖掘琐碎日常数据模式的大型计算机就是一个例子。在这里，现有知识水平之间的内在失衡，造成了不确定性、恐惧和怨恨。如果非对称技术进一步发展和蔓延，那些知道的少的人就会造反，并逃避它、破坏它、颠覆它。而有了支持对等信息的更好的技术，对称性就可以恢复。我们可以观察那些观察者，而当我们观察的时候，别人也在观察着我们。

就我自己而言，我不在意我的动向被跟踪、我的习惯被保存在聚合数据库里，如果（这大有可能）：

1）我知道什么信息、在哪里、为什么、被谁收集。

2）不管他是明着还是暗着收集，我都同意，我也知晓。

3）我有机会来纠正它，并使这些数据为自己所用。

4）我这样做得到一些好处（建议、协同过滤、经济支付）。

现在，如果能满足这四个要求中的三个，我就赞同这样的技术。如果这四个条件都满足，我很高兴有人监视我的一切。只要给我一些报偿或赠品，我枯燥的生活就随你怎么监视。去掉这些条件，我就怒了。我发现政府监督很是邪恶，这些条件它都不满足。

大卫·布林[①]（David Brin）在《透明的社会》（*The Transparent Society*）一书中对这个主题探讨得比我更深入。他认为，我提出的对称性，也可以被看作相互问责（RA）。我们甚至可以把它称之为对称问责。

人们发现小镇是个舒适居住的地方，在某种程度上这是因为它有对称问责制。是的，马路对面的老太太是一个爱管闲事的人。她监视着是谁在什么时候拜访了你的公寓。但她也在你度假时帮你收信件，如果你不小心忘了关水管她会来帮你关（她知道你的日程安排）。最重要的是，你知道她监视着你，所以如果需要的话，你可以让她给你帮忙。反过来，你也监视她的来来往往，你也可以亲自跟邻居说你的事情，省得她老去八卦。这是个双向交流。你不信任楼上的家伙，但他知道如果他太吵或如果有人试图闯入他的房间，你会打电话给警察。这种相互监督是可以容忍的，甚至是可取的，因为问责是透明的。这种感觉很好，而不对称的监视则让人感觉毛骨悚然和压抑。谁在监视着？他们知道些什么？他们为什么要监视呢？还有谁分享这些？如果他们错了呢？这种单向关系的好处几乎为零。只有当它恢复成双向交流，我们才感到相互联系，而不是相互窥探。尽管从拓扑关系上看两种行为差别不大。

一流管家是他主人的一流间谍，他监视主人的一举一动来预测主人需要什么。我们付大钱让管家监视我们，因为这种关系符合我说的四项要求。由于通信技术寻求成为我们的管家，希望能够预测我们的需求和愿望，它就必须遵循相互问责制和信息对称性。我发现亚马逊对我的购物行为密切监视，近于管家而非间谍，因为我知道他们收集什么、为什么收集，我能加以纠正，因为从他们基于对我的观察结果而提供的服务中，我能获得很多好处。

监控技术不是信息对称至关重要的唯一领域。随着技术元素更多是由通信和信息这些无形资产所主宰，信息对称将必不可少。通过恢复创造者、决策者和用户之间的信息对称，对新技术的不确定性和恐惧可以得到部分缓解。

对称的必要性不仅适用易于监测的技术，如计算机网络、数码相机和数字版权，而且适用于所有的技术。总的来说，技术只有透明才能获益。每一种技术都能通过以下这三个准则得到改善：

1）用户对技术的了解应当和技术的创造者一样多。创新需要庞大的知识量。一些实用知识中包含了关于无效操作的信息。在医学研究中，这被称为阴性结果。阴性结果、已知的错误、预计的副作用、可能发生的危险，都应该尽快向用户披露。此外，创新工作的机制和逻辑也应该透明。出于我们自身的巨大利益，专利权鼓励这种披露，但许多技术还隐藏在所有权的面纱背后。这是开源技术有优势的原因之一，因为它们是透明和对称的。用户同创造者拥有一样多的关于该技术的信息。

2）技术信息应该随技术一起传播。这些元信息包括有关其机制、阴性结果的透明信息，也应包括它的产地、零部件来源、卖方供应线、材料对环境的影响及妥善处理或存放的必要工作。通过嵌入标签或用某种方式（如无线条码）应该就可以获取这些信息，将其完全呈现给任何只有少量技术操作能力的人。鼠标多点一次都是多余。

3）其他技术也应该了解它的一切。技术越来越多地与其他技术相接，而不是人类。同其它技术系统的互操作性是必不可少的。元信息必须是机器能够读懂的，技术应采取尽可能多的标准协议。这不仅是技术的良民身份，它也让大型复杂系统得以保持信息对称。从理论上讲，任何节点都可以知道其他节点在做什么。

新技术的透明度并不能解决所有问题，也不能阻止它们被滥用，但能减少这种可能性。恢复发明创造对称性可以帮助我们更好地评估和管理它们。

2006年2月28日

---

① 大卫·布林（David Brin，1950—），美国当代著名科幻作家，毕业于加利福尼亚大学圣迭戈分校，获空间物理博士学位。布林最著名的代表作是他的“提升系列”太空歌剧。该系列由《潜日者》、《星潮汹涌》、《提升之战》、《光明礁》、《无限的海岸》和《天空的距离》六部小说组成。其中，《星潮汹涌》获得了世界科幻大奖星云奖和雨果奖，《提升之战》获得了雨果奖。

THE AMOUNT OF INFORMATION IN THE WORLD
世界上的信息量

这个世界上到底容纳了多少信息？根据最新的统计数字，已发动的信息化浪潮正以超出我们预期的速度喷涌。这些如潮水一般的信息如今看起来像是一场长期的海啸。

计算容量、电信和信息存储每年分别以58%、28%和23%的涨幅变化着。计算容量的增长速度几乎接近摩尔定律的速度，即每18个月翻一番，电信的翻番周期是34个月，而信息存储则维持在40个月的水平。在过去的十年间，信息已经在以这样的速度增容（参见我的另一篇文章“信息的速度”）。

这些最新的指数来自马丁·希尔伯特（Martin Hilbert）和普里西拉·洛佩斯（Priscila Lopez）2011年2月发表的论文《世界上的存储、通信和计算信息的技术能力》。

我们到底制造了多少信息？其整体规模难以估测。以人类现有能力而言，大概可以存储300EB的信息，这相当于一个人DNA中存储的信息总量；或者如希尔伯特所言，相当于这个星球上的每个人拥有80个亚历山大图书馆，再把它们的藏书统统加到一起所得到的数字。需要注意的是，技术元素的容量每隔一年半就会翻番，而我们的DNA却是恒量的。

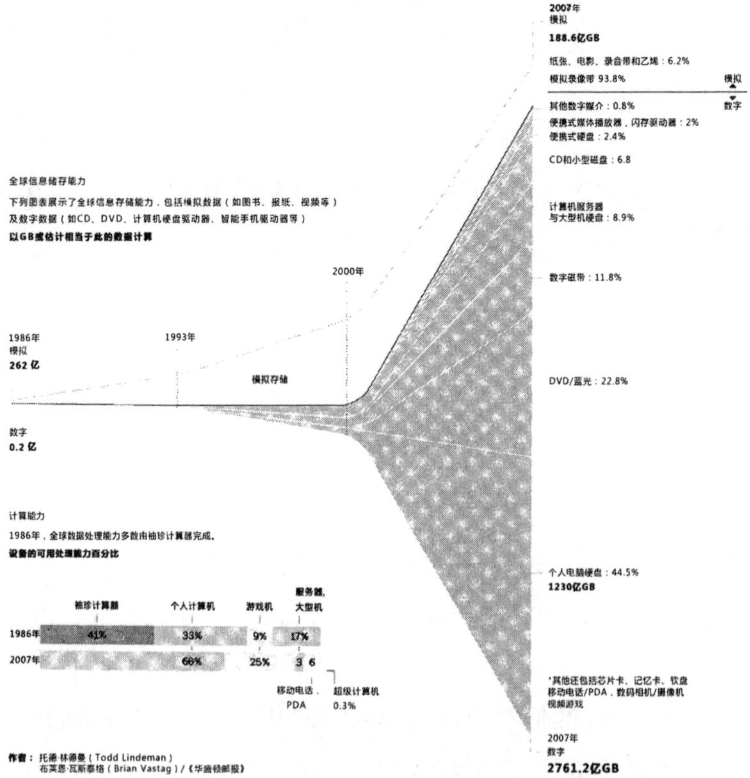

图注：图片来自《华盛顿邮报》。

下列文字可供参考：希尔伯特在他的个人主页中提到：

> 信息传播的速度与世界GDP的增长速度一样，但信息存储容量的增长速度要比它快4倍，而通信能力的增长速度比世界经济实力的增长快5倍。

《信息：历史、理论、洪流》（*The lnformation: Histong, a Theary, a Flood*）一书中，詹姆斯·格莱克（James Gleick）引述了一段杰伦·拉尼尔描写信息洪流规模的话：“它是那么的快——就像你跪着种下一棵树的种子，然后在你还没来得及抬脚起身的时候，它就已经茂盛到吞没了整个村庄。”

2011年3月12日

THE SPEED OF INFORMATION
信息的速度

这个星球上数量增长最快的是我们正在生产的信息。其增速快于且一直快于我们近几十年来所创造且能衡量的任何东西。这意味着在所有最富于变化的变化之中，信息遥遥领先。信息的累积速度远远超过其他任何材料、任何造物以及任何人类活动的副产品。其生长速度甚至快于同等规模的任何生物。

最近，加州大学伯克利分校的两位经济学家估算了一年中全球信息化生产的总量，在哈尔·瓦里安和彼得·莱曼（Peter Lyman）名为“有多少信息？”的调研中，他们分别测量了2000年和2003年世界上各种信息渠道生产的信息总量，包含所有模拟媒介如纸张、胶片和磁带，数字媒介如硬盘和芯片，以及宽频媒介包括电视、广播和电信。其调研焦点高度集中在独立信息而非信息的数据存储量，其原因在于，歌曲或图片、数据库的副本中并不包含任何真正的额外信息。也就是说，他们将新录制的歌曲计为新信息，而这首歌的副本就不算，即便那些额外的副本也需要存储空间和传输宽带，。

瓦里安和莱曼估计2000年新信息的生产总量在1.5EB字节，他们解释说这相当于整个美国国会图书馆藏书量所含信息的37000倍，而这仅仅是一年的信息量而已！之后三年的全年信息总量达到了3.5EB，这意味着每年的信息增长率是

66%。与之相比，2005年增幅达到600%的iPod出货率简直就是天文数字。iPod那种爆裂式增长并不能持续数十年，而信息的增长在过去的一个世纪里却一直很稳定。

例如，以科学论文的数量计算，科学知识的数量自二十世纪以来每15年就会增加一倍。如果我们单纯以出版的期刊来衡量，那么我们就会发现，自十八世纪现代科学开端之日起，它就已经开始成倍增长。通过美国邮政系统递送的邮件每二十年增加一倍，这种增长已经持续了近80年。胶片拍摄的图片影像自十九世纪五十年代影像媒介被发明之日起也在成倍增加。电话通话时长在过去的一百

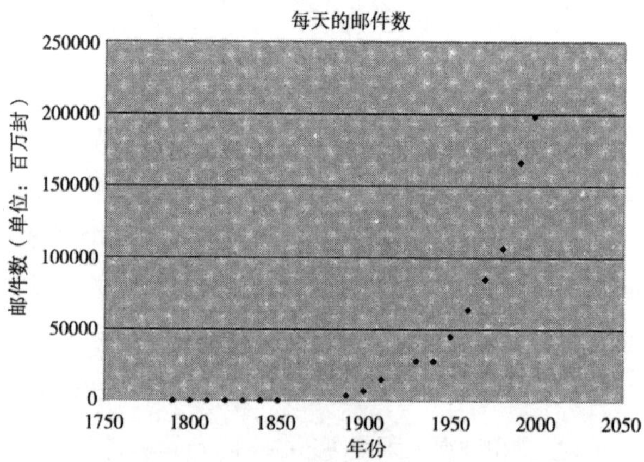

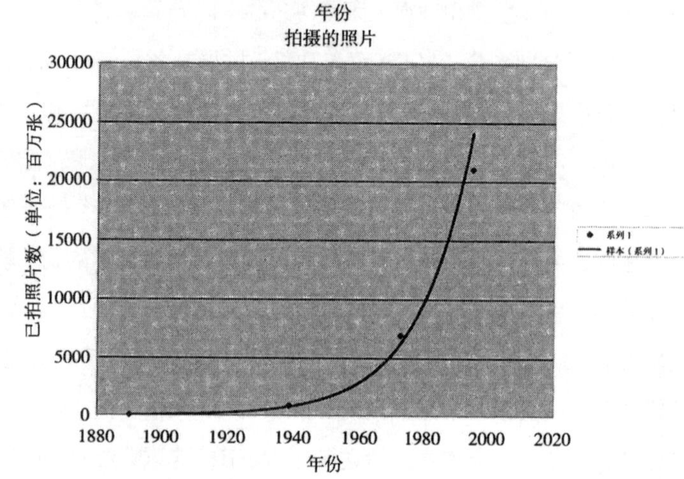

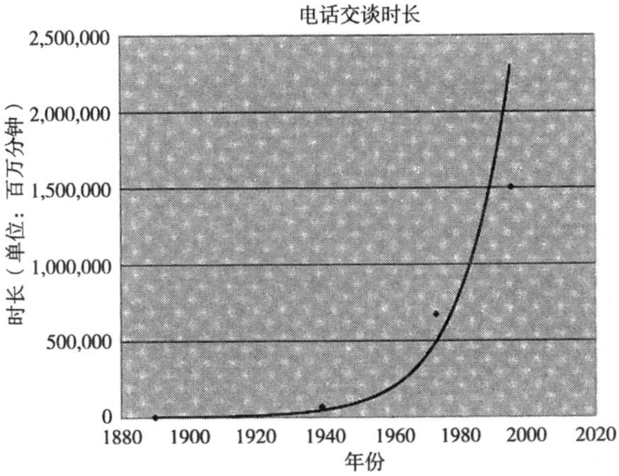

年间也在按照同样的幂曲线增长着。这里仅仅列举了四条加速信息涨潮的细流，我知道没有一条信息的支流在干涸。

信息数量的爆炸性增加产生了很多奇特的影响。首先，信息看似没有效率。几个世纪以来，我们一直稳步推进着这样一种想法，即用更少的时间、金钱和材料创造更多的东西——这被称为生产力。凭借几乎所有行业的所有措施，生产力一直在稳定、适度的增加着，我们认为这就是进步。但通过使用更多信息，我们提高了效率和生产力。不论我们大量生产什么——哪怕是水泥——都要求并且相应产生大量生产和销售该产品的信息。每吨新制造出的水泥在其存在链中都必需一份更新K次的、记载着其制造商、经销商、客户等信息的新记录，而信息扩展速度也将增加K倍，因此它与生产速度是成比例的——既不多，也不少。信息的生长速度并不会比最快速的生产更快。

但这并不是故事的全部。随着时间的推移（以十几年计），事实上每项活动都将有K+1次的记录。这一增长是由以下事实造成的，即无论我们以更大数量生产什么产品，它都将产生新的信息，因为在我们增加信息的过程中，材料和服务的价值也被加入其中了。让我们回到超新星iPod上来。在iPod出世之前，“音轨”数据库（相对专辑而言）和歌曲数据库很少在线上出售，当然就更鲜有类似

iPod的这种组件。更重要的是，那时并不存在这些数百万的播放列表，更别说上百种共享、编目、索引和发展播放列表信息的新方法。哈尔·瓦里安称之为“数据的民主化”。事实上，消费者的普通消费制造了与传统生产资料一样多的信息。

所有这些追加记录的数据库被添加进了现有的K量数据库中，而它们的增长速度必然快于iPod——对于iPod和其功能，我们这些消费者和生产者们总是会不停地涌现出关于它们自身及其价值的很多新想法。

其次，相比我们捕捉和记录到的信息而言，我们制造的信息要多得多，这些未加阐释的新生信息是“原始”信息，同时也是非获利增长的。博客圈和社交网络的域名中，我们可以察觉很多信息是不明确的。在日常生活中，我们所做的一切，比如对话、抉择，包括那些无聊的举动，统统都制造信息，这些信息几乎不亚于线上信息。“原始信息”开疆扩土的速度远远超过了经济的增长速度，事实上，商业的努力成果在于通过正式获利来“驯服”这些信息，但驯服的速度总是赶不上原始信息的增速。

长远趋势很简单：关于和源于某一进程的信息将比进程本身发展得快。信息生产力产生过剩，我们的发展也一样，信息的增长速度将比其他任何生产的东西都要迅速。

我们可以从另一面来探讨这个问题：如果不是信息的话，那么，几十年间，这个世界上还有什么可测量物的增速是最快的？如果不基于信息，有什么东西数十年间的增速能够超过66%？经济学家们紧盯的物质生产，在先进国家每年可增长3%，而在中国这样的超新星国家则可能达到7%——这意味着信息的增速要比物质生产的增速快十倍。

很难想象这个世界上还有其他任何东西的增长速度能够快过信息，即便如此，也很难想象它能以这种年增速增长，因为人类毕竟不能以同样的速度进行繁殖。信息如何在数十年间持续每年增加66%的？答案在于人们使用的机器。多数人在一小时内消耗的信息多于其生产的信息（比如看视频就比拍视频简单得多），但机器正好相反。在人的视野之外，嵌入式传感器、照相机、网页上的机器人甚至电脑运行系统，都生产汪洋般的数据。可见，对数据生产实现机械化时，全球范围内信息成倍增加的预测是合理可信的。

我的结论是：几十年或更长时间以后，信息将是这个星球上生长最快的东西。

2006年2月20日

THE ART OF BURNING MAN
火人节的艺术

1999，火人节的艺术。

“火人狂欢节”本周末即将引燃。十三年前我写过一篇关于“火人狂欢节”中的艺术的文章，发表于鲜有人知的《全球概览》杂志，如今读来，它仍然言之有理。

所有图片由我于1990年拍摄。

无论火人节到底狂欢什么，它的规模都在扩大。前年夏天，超过23000人把自己拖到内华达州的沙漠，造出了一座即兴城市。前一年，14000人参与了狂欢；再之前一年，参与人数是8000人。那么明年呢？

与赛博空间一样，越多的人参与建设，即兴城市就越发达。虽然每年只能存在一周，但以火人节出名的黑岩城如今是内华达州第三大城市，而且它可能也是世界上规划最好的城市。黑岩城运行良好，对于天体上街的女士而言它非常安全。这里充满了各种神奇而真实的艺术，城中主要通过自行车进行运输。它还有个世界一流独特荒地景观。总之，低消费，高创造。

我自己对火人狂欢节着迷的原因在于，每年火人节诞生了大量令人难以置信的、各色各样且地道的艺术，它用这种独特的方式，填充这座即兴城市的心脏。

火人节艺术范围包括从营帐前的手制标语，到荒野游牧建筑实验，再到竖立在道路两旁的个人创意报告，以及自发的剧院和需要耗费一年时间搭建的庞大而复杂的装置艺术。如下几个特质使火人狂欢节成为近日最好的艺术：

1996年火人狂欢节鸟瞰图。

首先，它是坐落在真实地点的艺术。多数艺术作品，包括民间艺术，都源生于碱性平地特定的气候和地形。火人节是环境艺术、地点艺术，它所有的要素充分利用了黑岩城的空旷、乏味和平坦，以及夜晚城市灯光的缺席。艺术家们利用广袤的粘性干盐湖本身进行创作，那些在房间里不能实现的艺术概念在这个满是风沙的荒凉之地却能熠熠生辉。

其次，这里的艺术是无处不在且毫无台阶的。黑岩城是如此广阔，它的容纳能力远超于仅限一人观赏的艺术。可能你在城中走了好几天，却无法完全欣赏到每一个创造、每个即兴剧场的每场表演，或每个奇异的装置，（我亲身试过），但其实你也不会打算这么做。有些杰作建在远离喧嚣之处，你碰巧路过，就停下欣赏，那感觉真是太棒了！火人节里没有路标引导，没有广告，没有兜售东西的小贩，没有地图，它也不是旅游，没有让你感觉是在观光的艰难尝试。在这里，艺术是那样的慷慨，它甚至不要求你看见它。艺术家们的创作通常仅出于创作的乐趣，如果你偶尔发现它并且喜欢它，那会更好。

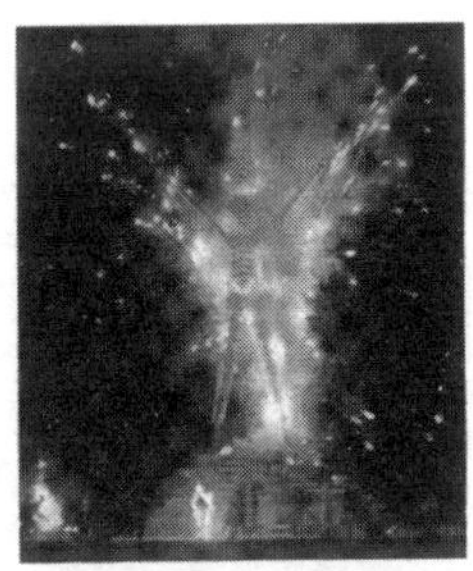

两个“火人”——燃烧的火人塑像是被一个身披石棉的燃烧着的人引燃的，他跑到木制人像的腿下，用自己燃烧着的手臂引燃人像之后再跑下来（如图所示）。消防员随即跑向该人，并用毛毯将他覆盖以灭火，而燃烧的“火人”则在空中喷发着熊熊火焰和眩目礼花。

第三，所有的艺术都是不署名的。包括那些最优秀且耗时的艺术作品在内，所有的作品上都没有任何标签和标记。最雄心勃勃的作品需要耗费数月时间斥资数千美元来创作，有些作品（少部分）是由知名艺术家创作的，而有些作品（大部分）是由无名小卒创作的。但不论创作者身份如何，人们也不会，甚至没有企图对这些艺术作品区别对待。少了名声所累，艺术创作变得更具欣赏性。一位不愿透露姓名的艺术家甚至鼓励别人进行创作，比如创作一件艺术品、一个艺术场地或一场艺术事件。火人狂欢节的官方使命就是“没有旁观者”，观众变成了艺术家（至少在为期一周的狂欢节中），而艺术家同时也是观众。

南瓜头——火人前夜会举办化妆舞会和时尚秀，每个人都会做异常丰富的准备。如果你有好想法，那就秀出来——越诡异、越神秘、越荒谬，越好！

最后，整个狂欢节并不涉及金钱。也许火人狂欢节中最激进的设计就是它有一个几乎完全禁止在黑岩城内进行商业活动的禁令。这并不是一种社会主义的冲动，毕竟进城票价100美元。相反，专门为创作开辟一块区域是一项杰出的举措，它使人们聚焦于创作激情、表达和天赋。例如，向参观者免费派送柠檬水、果味冰和免费煎饼是可行的，现场也确实如此。艺术被免费派送的效果远远好于售票参观，因为这使人们进行艺术创作来转赠他人。以现在的情况来看，我不相信禁止（至少在黑岩城范围内）任何类型叫卖、广告、买卖的禁令改变了城内的艺术氛围。禁令使人们必须自力更生地生存（由于不能买任何东西，你得在入城前就准备好所有必需品），同时，它也使艺术必须自力更生。

BT路标——1998年，各种神秘的路标开始在整个城市紧急道路和交叉口边出现。图中是一个表示前方有BT出没的简洁的警示牌。

保持这一美好的品质，火人节的规模还能扩展到多大？也许它能发展到典型美国小镇的规模，并继续用这种充满活力的方式运作，很少有人会质疑这一点。但它的创办者，艺术家拉里·哈维（Larry Harvey）认为，火人节能够容纳10万甚至更多的居民，并仍以艺术之城的方式运作，而这也正是他一直以来的计划。我开始慢慢相信这个可能性了。如果你也想“没有旁观者”地加入，可以从浏览burningman.com开始。

人像——火人节本身的伟大天才之处在于，每年所烧的火人像的规模和结构是完全相同的。每一天，每一年，黑岩城内其他所有的营地都在以奇妙的创造性改变着自己的形貌，但人像却创造性地维持着不变。在最后一天的引燃之前，它邀请任何人在它的祭坛上检阅并舞蹈。

许愿台——白天，这个装置不断地发射出数百万小气泡，它们能随风飘散数里。到了晚上，它就像微火一样闪耀着柔和而温暖的光，低声呢喃着关于希望和乐观的话语。

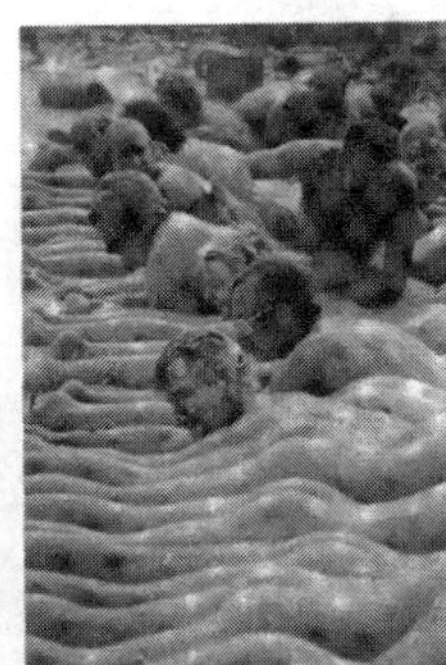

PP们——碱性干盐湖加点水就变成了可能最粘的泥。有些艺术家会当场做些泥塑，而另外一些在这些粘稠的泥汤中打滚。还有一些有想法的人干脆推一车水来打造一个泥浆泳池。在这个池子里玩的游戏是，从PP肉垫的一端爬到另一端，然后自己趴下来做别人的肉垫。

曙光中的火人——玫色黎明取代繁星之夜的破晓时分，数百名狂欢群众聚集在霓虹闪烁的火人塑像之前，举行每天的日出仪式。当第一缕阳光照射在火人塑像的时候，人们开始齐声呼喊，半英里外都能听见人们的喊声。

骨拱——上百块漂白过的动物骨骼和头骨（以牛头骨居多）被以哥特式拱形结构连接在一起。骨拱在市中心圈附近。

梯形装置——这个修剪过的金字塔形装置里有个暗箱。内部的阁楼里一团漆黑，内有一个挂在屋顶的旋转镜头，镜头下是一台旋转的圆桌。360度旋转镜头，你就能在桌子上看到营地的生活全景。

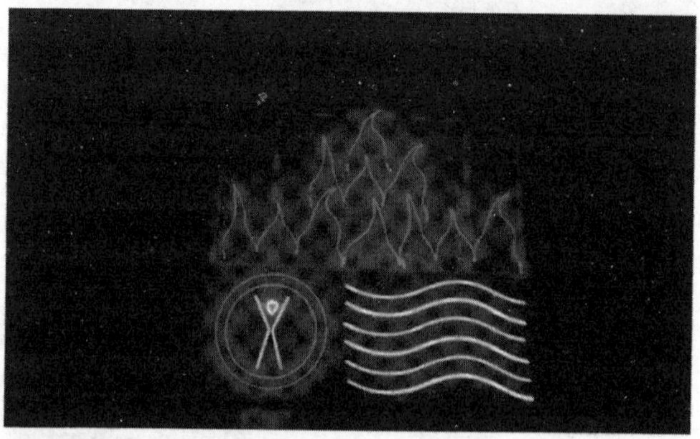

霓虹标志——这是火人节官方邮局的霓虹标志。你可以在营地里购买火人节官方邮票邮递信件。

鲨鱼轿车——火人节周末的艺术含量在它举办艺术车展的时候翻番了。图中这辆车就是一件经典艺术——泡沫彩绘轿车，它正在沙漠里缓慢游动。

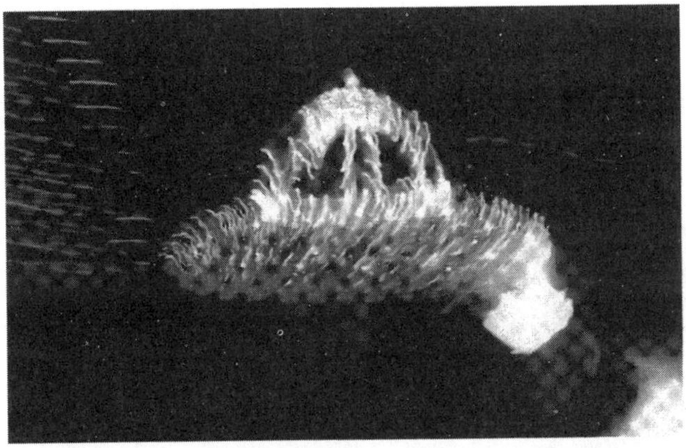

点亮的飞碟——火人节的主要活动时间是夜晚。在电网边空旷而漆黑的空地中胡乱摆放了很多极具效果的霓虹灯。比如跳袋鼠灯、奔腾的马灯、自行车上的飞鱼灯、绿激光灯、光纤斗篷、发光线条组成的奇装异服，以及如图所示的圣诞彩光飞碟。

彩绘小屋——火人节有它独特的乡村图案风格：干净、大胆、充满亮色、富于乐观精神，相较自然风格而言更具机械感和异域风情。

自行车女郎——她们称之为“自行车上的小麻雀”[①]。这是姑娘们的盛会。女士们脱下自己的上衣，鼓励其他姑娘也这么做，然后大家一起环绕火人塑像骑车巡游。在这欢乐时刻里，姑娘们边巡游，边狂欢。

航行之花——其实我也不知道这个装置是什么。狂欢节的某站活动中，它被放在很多音响设备中间。狂欢的音乐震耳欲聋（至少五英里以外的沙漠里你都能听到它），通宵达旦，直到第二天太阳升起时才会结束。

灯具——每天黄昏，“灯人”志愿者就会穿上长袍，举行一个亮灯仪式。然后他们就携带着一个煤油灯支架，把煤油灯放置在街道边的灯台上。

街道——从中央营帐到火人塑像主台之间的主干道。根据黑岩城相关限令，汽车禁止入城，因此这个有着23000人的即兴城市就成为现今拥有最大规模行人和自行车的城市之一。

魔幻巴士——这辆彩绘校车使肯·克西[2]（Ken Kesey）的老嬉皮巴士“更远号”相形见绌。这辆车有更丰富的色彩、更古怪的彩绘、更多的楼层，而且装载了更多人，无论哪个方面而言，它看起来都更可乐。

2011年9月1日

① “自行车上的小麻雀”（Tits on Bikes），tit在美俚中亦指女性的胸部。

② 肯·克西（Ken Kesey）：美国小说家，著有《飞越布谷鸟巢》等作品，《飞越布谷鸟巢》一书被改编成电影《飞越疯人院》。

INTERNATIONAL BURNING MAN, 2008
2008 年国际火人节

我是火人节的常客，自1995年以来，我经常参与其中。第一次去的时候，我带上了我的两个女儿，那时候她们分别只有六岁和八岁，自那以后，我就常带她们去。去年，我带的是我的一个女儿和她的高中朋友。不论跟谁去，这都是令人愉快的经历。

每一年的火人节都有个主题，今年的主题是民族主义。拉里·哈维，火人节的原发起人，已经揭幕了今年的火人基座——一个非常奇怪的、有点丑陋的但是极为出色的方尖碑。我觉得今年的国际主题很恰当，因为我注意到这样一个很显著的事实：几年以来，火人狂欢节的"外国"游客人数陡增。每年的参与者中，非美国人都占据了非常大的比例，他们中的大部分来自欧洲。

这些欧洲人是这样盘算的：他们在洛杉矶或拉斯维加斯租一辆休旅车，然后他们就会开始一次为期一个月的、由其所在公司支付的"八月假期"自驾游，在整个八月期间他们游历美国西部和其中的许多国家公园——这是很多北欧人，尤其是德国人最爱的梦幻之旅。由于美元汇率暴跌，整个假期的费用便宜得就像去第三世界旅游一样。西部游历之后他们会来到内达华州北部。在那里，他们将迎来整个旅行的最高潮，这是对于欧洲人而言一生难求的地道的美式假期盛典——

火人狂欢节！

我的同胞们，全世界所有别的国家都来享受我们的国家宝藏，这种感觉是美妙的，而你更应该身处其中。火人狂欢节能让你充分体验异域风情，而且它的票价是最便宜的。

我每年都去的主要原因在于以下几点：

第一，火人节提供了全美最好的艺术体验，我说的并不仅限于沙漠干盐湖中的委托艺术，而是产生于狂欢节营帐中的成千上万的艺术创作：建筑、雕塑、服装和表演……艺术创作在黑岩城里全天候的进行着。在这里，每分钟都有惊喜，整个城市就像个惊喜制造机。我甚至无法告诉你我在火人节能看见多少让我微笑创作或手势，它们让我觉得，能活着是件多么让人高兴的事。

第二，火人狂欢节提供了在任何地方进行城市规划和社区设计的最佳课程。这是个自由主义社群，这里虽然有规则，但只是最低限度的规则。随着这些年参观人数的增长，我见证着火人节规则的成长。当只有2000人参与狂欢时，每个人都有机会参与捆扎火人塑像，对街道的需求量也不大；但当参与人数上升到40000人时，仅协调卫生间一项就需要一个部门的工作人员、一套单独的预算和管理机构；更别说那些禁止汽车驶入主城区、改造自行车道和步行城区的规则，它们已初显成效。夜晚露宿在黑岩城内变得很安全，因为现在车道被划分得很清楚，没有人会骑着自行车压过你的睡袋。枪支禁止入内是个很好的想法，除此以外，还有很多其他的事情等着被规则化。

每一项新规定都会受到激烈的抵抗，因为人们已经习惯了混乱。在火人狂欢节中发生的，是当你只有少数基本规则、且允许无序自组其他规则时，会发生的事情。到目前为止，火人节运行的非常出色，这其中的一部分原因在于它有个“删除按钮”：每一年，这座城市都会被删除和撤销——就像被用橡皮擦擦掉一样，彻底消失，然后新城再在第二年从零建起。这种特性为这座城市（全世界仅此一家）提供了绝佳的学习速度，使它可以即刻应用它在上一个版本中学到的经验，并在下一个升级版本中进行改良。黑岩城是永恒的数据之城，它是根据软件逻辑运行的市中心区。

第三，火人节为礼品经济的蓬勃发展提供了良好样本。如果你想了解“礼品经济”和开发性资源在现实生活中是如何运作的，那就要关注火人节。除了在中心营地（把人们引入城中心的营帐）的冰块和咖啡之外，商业交易在城中是被禁止的，所以其他的一切都只能以礼品形式交换。不是以物易物讨价还价，而是交换礼物，你送我这个，我送你那个。比如，请享用免费的果味冰、免费啤酒，或者免费修理自行车。这是真正的免费经济，而且它很有效。我相信维基百科和Linux操作系统的创建也是出于同样的动机，而且这也是人们愿意花上一个星期在沙漠里免费修自行车、或者早上做免费煎饼的原因。礼品经济是令人耳目一新的、神秘而又强大的。我有一种预感，在火人节亲历礼品经济的经验具有深远影响，它将指引人们创建和编码新的经济理念。

第四，再有就是火人节的极端环境。盐碱荒原，飞沙走石，尘土漫天，泥浆遍地，日出酷暑难耐，日落寒气沁骨，街道杳无人迹，群星漫天闪烁。这是一次漫长的朝圣之旅，需要开启必要的生存模式。所有思虑被抛诸脑后，你能意识到的只有自己的身体。人们在这里建造一座巨城，在其中狂欢，而后不留一丝痕迹。这是最具实践意义的环保主义和生态实用主义，但人们心中充满矛盾（所有狂欢物品的运输），却依旧怀着对这里虔诚的敬意。

有生之年，你起码应该来一次。火人节是有趣的，至少不比迪斯尼乐园和巴黎差。

2008年1月11日

THE EXPANSION OF IGNORANCE
拓展无知

当今增长最快的实体就是信息。信息的膨胀速度是这个星球任何其它人造或天然品增长速度的10倍。根据谷歌经济学家哈尔·瓦里安和我所做的测算，几十年来，全球信息每年以66%的速率持续增加。相比之下，就连最多产的人造产品，如混凝土或纸，几十年来的年均增长率也仅为7%。

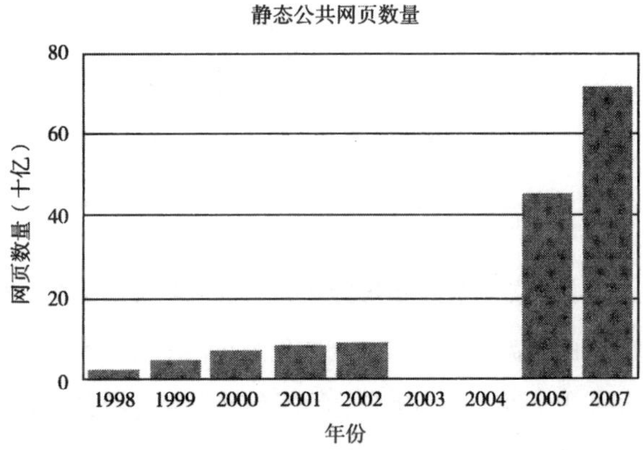

信息膨胀随处可见。虽然不那么明显且更难追踪，但知识的扩展同样在爆发。过去50多年来，每年发表的科学文章数量一直在稳步上升。过去150年以来的专利申请数量也在增加。据此粗略测算，知识正呈指数级增长。

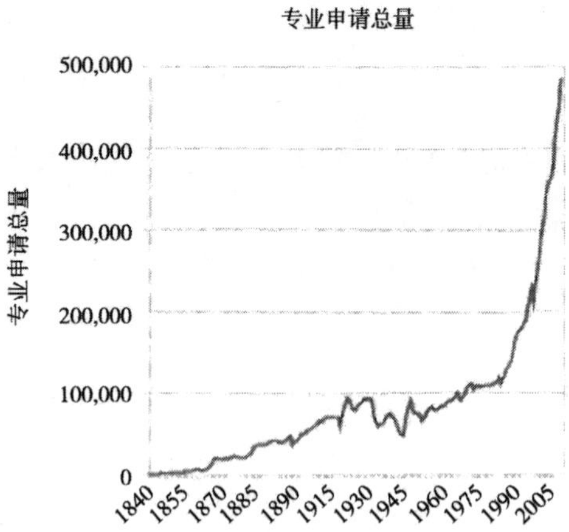

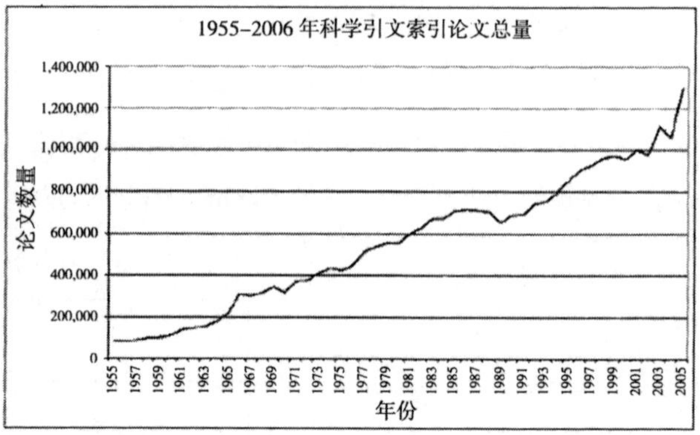

如果知识在呈指数级增长，我们将很快解决所有难题。鉴于我们学习能力的速率的提高，一些作家宣称我们必将进入“科学终结”的时代。鉴于当前的物理学认识，即宇宙中96%的物质和能量都是我们所谓的暗物质和暗能量，这一观点连一纳秒① 都难以维持。显然“暗”这个词是无知的委婉说法。我们真的不知道浩瀚宇宙的主体究竟由什么组成。深入探索细胞、大脑甚至地球，我们发现自己也处于相似的无知状态。我们一无所知。

而同样明显的是，与一个世纪以前相比，我们现在对宇宙的认识要多得多得多。这些新知识已经被投入到消费产品的实际使用之中，如GPS和iPod，并且在我们的有生之年一直处于稳定增长状态。我们在知识上的有益进步来自工具和技术。例如望远镜、显微镜、荧光镜、示波器，让我们能以新的方式去看世界，而当我们用新工具去观察时，我们一下子便有了许多新答案。

然而科学的矛盾在于每一个答案都会带来至少两个新问题。答案越多，问题也就越多。望远镜和显微镜所拓展的世界不仅包括我们已知的事物，也包括我们未知的东西。它们让我们能够窥探我们的无知。更好的新工具让我们产生更好的新问题。关于亚原子粒子的全部知识都来源于我们发明粒子加速器后产生的新问题。

因此，即便我们的知识在呈指数级扩展，我们的问题也在呈指数级扩展，而且更快。数学家会告诉你，两条指数曲线之间不断扩大的差距本身就是一条指数曲线。问题与答案之间的空白就是我们的无知，它正呈指数级增长。**换句话说，科学这种方法，主要在扩展我们的无知而非知识。**

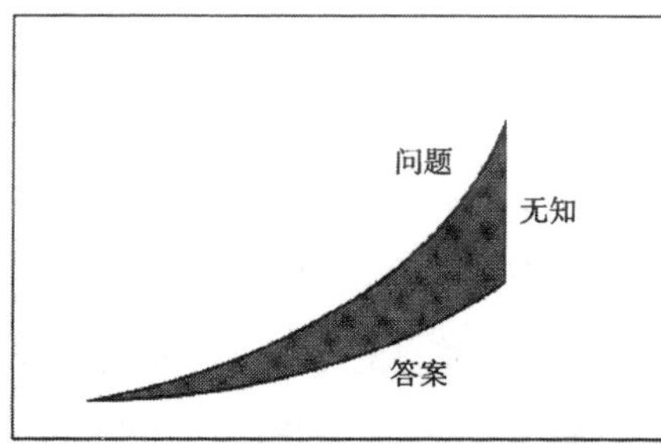

我们没有理由指望未来这种情况会逆转。技术和工具越是具有颠覆性，它产生的问题就越具有颠覆性。可以想见，未来技术如人工智能、受控核聚变、量子计算（举几个已经出现在地平线上的例子），将会带来新一轮海量问题的狂轰滥炸，这些问题我们以前可能从未想过去问。其实可以肯定地说，我们还没有问到我们最大的问题。

或者换句话说，我们还没有到达无知的顶点。

2008年10月2日

① 纳秒，又称毫微秒，即十亿分之一秒。

AMISH HACKERS
阿米什的工匠

在所有拒绝采用新技术的人中，阿米什人“卢德分子”① 的恶名其实名不符实。众所周知，他们中最恪守教条的人，也只是不使用电和不开汽车，而是使用手工工具，以马和马车代步。在一切有关采用新技术的利弊之争中，阿米什人都以其诚实的拒绝姿态而引人注目。然而，阿米什人的生活绝非反技术。事实上，在对他们的多次访问中，我发现他们其实是一些能工巧匠，终极创造者，动手爱好者，令人惊讶的是，他们同时也是技术专家。

首先，阿米什人不是一个单一群体。他们的做法在不同教区各不相同。俄亥

图注：自制的气动冰刀为非电力冰箱切冰。

俄州一个教派这样做，纽约另一个教派则未必，爱荷华教区则可能做得更加彻底。其次，他们与技术的关系是有差异的。仔细检视后可见，大多数阿米什人既使用古老的工具，又使用全新的技术。第三，阿米什人的做法从根本上看受宗教信仰驱动，科技、环境、社会和文化后果都是次要的。他们往往没有什么逻辑性的理由来解释其行为策略。最后，阿米什人的做法随着时间的变化而改变，在这个时候，以自己的生活节奏适应着世界。从许多方面来看，把阿米什人视为旧式的卢德分子的观点，不过是个现代城市神话。

像所有的传说一样，阿米什人的神话也基于一些事实。阿米什人，特别是遵循旧秩序的阿米什人——挂历上画的那种模式化的阿米什人——接受新事物的能力真的很慢。在当代社会，我们对新的事物的默认机制为“是”；在遵循旧秩序的阿米什社会，他们的默认机制为“否”。当新事物来临时，阿米什人立刻自动启动拒绝机制。因此，许多遵循旧秩序的阿米什人从来就不接受汽车，当汽车还是新事物的时候，这个法则就已确立。相反，他们四处游历仅仅靠一匹马拖着的轻型马车。有些规则规定马车必须是开放式的马车（这样，驾车的人，比如青年人，就不会经受不住私密空间的诱惑在封闭的马车里鬼混）；而其它法则又允许用封闭的马车。有些法则允许在农场里使用拖拉机，前提是拖拉机必须使用钢轮，这样拖拉机就不能“作弊”被当作汽车在道路上行驶；而有些教派又允许农民用柴油发动机为联合收割机或脱粒机提供动力，前提是发动机仅用于驱动脱粒机而不得用于自驱动，所以这个冒着油烟、闹哄哄的玩意儿是由马拉动的。一些教派允许使用汽车，前提是他们都被漆成全黑（而非铬黄）来解除升级到最新款的诱惑。

图注：马拉柴油压捆机，图片出自《守旧的阿米什人》(*Old Order Amish: Their Enduring Way of Life*)。

所有这些变化的背后动机，是阿米什人想要稳固他们的社区。在上个世纪之交，当汽车首次出现的时候，阿米什人就注意到，开车的人会离开社区去其他市镇购物或观光，而不是在本地购物和拜访朋友、家人以及在星期日探望病人。之所以禁止不加约束的流动，目的是使居民难以远行，从而把精力集中在当地社区。有些教区比别的教区在这点上更加严格。

类似的社区动机来自遵循旧秩序的阿米什人没有电的生活。阿米什人注意到，当镇上的发电机传通过电线给他们的家通上电时，他们便更加受制于镇上的节奏、政策和关注点。阿米什人的宗教信仰建立在“活在世界，而非囿于世界”的原则上，所以他们应该尽可能保持独立。受制于电力让他们被束缚在世界里，因此他们放弃了那点好处，只为了能与这个世界保持距离。即使在今天，在许多阿米什家庭里都看不到一根电线。他们的生活不需要电网。

生活在没有电和汽车的世界，消除了我们对现代性的大部分期待。没有电意味着没有互联网、电视，也没有电话，所以阿米什人的生活一下子与我们复杂的现代生活形成了鲜明的对比。

但是，当你拜访一个阿米什农场后，这种简朴就消失了，甚至在你到农场之前就会消失。沿路巡视，你可能会看到戴草帽、穿背带裤、踩轮滑鞋的阿米什孩子。我发现在一所学校的房前停放着许多滑板车，这就是孩子们到达学校的工具。不是Razors牌的，而是数量可观的阿米什变种。但在同一条街上，也有脏兮兮的微型汽车络绎不绝地经过学校，每辆车的后排都挤满了一脸大胡子的阿米什男人。这又是怎么回事呢？

原来阿米什人把使用它和拥有它分得很清。这些遵循旧秩序的阿米什人没有自己的卡车，但他们会乘坐卡车。他们不会取得驾照、购买汽车、支付保险金，也不会依赖汽车和工业汽车联合企业，但他们会叫出租车。鉴于阿米什的男子比农场要多，许多男人在小工厂工作，这些人将聘请外人开的面包车来接送他们上下班。因此，即使有马和马车的人也会根据自己的条件来使用汽车（也是相当节俭）。

阿米什人也把工作时使用的技术与居家时使用的技术分得很清。我记得之前拜访过一个在宾夕法尼亚州兰开斯特附近经营木工店的阿米什人。这座黑色建筑的室内大多是靠从窗户外透进来的自然光照明。但是在杂乱不堪的房间里的木制会议桌上方，挂着唯一一盏电灯泡。屋子的主人看着我盯着它发呆，当我把目光转向他时，他只是耸耸肩说，这是方便像我这样的游客用的。

然而，当他的其它大车间除了这孤零零一盏灯泡之外就不使用电力时，这里却不缺动力机械。这个地方回响着电动砂轮、电锯、电动刨床、电钻等震耳欲聋的噪音。不论我转到哪儿，总看到一些满身木屑的大胡子男子把木料推进发出刺耳噪音的机器。这不是一圈文艺复兴时期工匠的手工工具的杰作。这只是一个小工厂，用机器动力制造木制家具。但机器的动力来自哪儿呢？这可不是来自风车。

工厂的老板阿莫斯（不是他的真名：阿米什人不喜欢别人对自己过于关注）带我来到后面，那里有一个自卸卡车一般巨大的柴油发电机，它真够大的。除了燃气发动机，还有一个非常大的油箱，据我所知，是用来贮存压缩空气的。柴油发动机燃烧燃料来驱动压缩机，后者使储气罐里充满满压力。从油箱里伸出来许多高压管，弯弯曲曲的连接着工厂的每一个角落。每个工具通过一根硬橡胶软管连上高压管。整个车间都通过压缩空气来运转，每件机器都是靠气动动力来运行。阿莫斯甚至给我展示了气动开关，你只需像电灯开关一样轻轻一按，就可以打开油漆干燥风扇了。

阿米什人称这种气动系统为“阿米什电力”。刚开始，这种气动装置是为阿米什的车间设计的，但它看起来那么好用，空气动力就走入了每个阿米什人的家中。事实上，整个村子有一个针对阿米什电力的改进型工具用具产业。进行翻新改进的人购买比如重型搅拌机，然后把电动马达抽出来，用一个大小合适的气动马达替换，并加上个气动接头，就大功告成了。阿米什的妈妈们现在可以在电动用具比较少的厨房里使用搅拌机了。你还可以弄一个气动缝纫机、气动洗衣机、烘干机（靠丙烷热量制动）。为了显示纯蒸汽朋克的天才派头，阿米什工匠们试图通过创建电气化玩意儿的气动版本来相互超越。其机械技能相当精湛，特别是他们没有一个念书超过八年级。他们喜欢炫耀其空气朋克的极客范儿。我遇到的每一个机械修理迷都声称气动装置比电力设备要好，因为空气更强大、更耐用，比用得过头几年就烧坏的马达更耐久。我不知道这是真的，还是只是为自己辩护，但它已经成了他们的口头禅。

我参观了一家由严谨的门诺派教徒管理的车间。马林是一个没有胡子的矮小男人（门诺派教徒不能有胡须）。他使用马和马车，没有电话，但他家后面的车间是靠电力运行的。他们用电力来制造气动元件。像他们社区里的大多数人一样，他的孩子和他一起工作。他的几个男孩使用有金属车轮的丙烷动力叉车（没有橡胶，所以你不能开到路面上去）搬走一堆堆的重金属，因为他们在为气动马达和煤油烹饪炉灶制造打磨得非常精细的金属零件，这是阿米什人最喜欢的。许可的误差范围是千分之一英寸。所以几年前，他们在他后院的马厩后面安装了一个巨大的、价值 40万美元的电脑控制铣床（CNC）。这个数十万美元的庞大工具有送货车那么大。由他14岁的女儿在引擎罩里面操作。用这台计算机控制的机器，她为没有电网、只依靠马和马车的生活制造零件。

你不能说他们完全“无电”，因为在阿米什家庭中我总是能发现电的存在。一旦你在谷仓后面放了一个巨大的柴油发电机来为贮存牛奶（阿米什的主要经济制品）的制冷机组提供动力，那么对于充电电池来说，坚持用一个小发电机供电就是件小事情了。你可以在阿米什农场里找到电池供电的计算器、手电筒、电围栏和发电机供电的电焊机。阿米什人也使用装电池的收音机和电话（在谷仓或车间外），或用电池为马车的大灯和转向灯供电。一位聪明的阿米什人花了一个半小时告诉我，他用一种巧妙的方式发明了这样一种机制：当马车拐弯之后，它的转向灯就会自动关闭，像你的汽车所做的一样。

如今的太阳能电池板在阿米什人中正大受欢迎。有了这些，他们就可以不用依靠电网而获取电力了，这正是他们最担心的问题。太阳能主要用于实用性的事务，如抽水，但它会慢慢向家庭渗透，正如大多数创新普及的过程。

阿米什人使用一次性尿布、化肥、杀虫剂，并且是转基因玉米的主要拥趸。这种农作物也就是欧洲人口中的转基因食品（Frankenfood）。就最好这个问题我问了几个阿米什长老，为什么要种植转基因作物呢？他们的答复是，玉米易受玉米螟的侵扰，它一点点啃咬作物的底部，偶尔还会把作物的茎弄垮。用现代的五百马力的收割机是不会察觉到的，这收割机只会把所有的作物收进去，然后再把稻谷吐进箱子里。阿米什人收割稻谷是半手工操作的。作物先经过切割机的切割，然后进入脱粒机。但是，如果碎秸秆多的话，它们就必须手工拣拾了。这是一项很辛苦的工作。所以，他们就种植Bt转基因玉米。这个基因变种携带了玉米螟的天敌——苏云金杆菌的基因，它产生能让害虫致命的毒素。被破坏的秸秆越少，收获就越能半机械化，产量当然就提高了。我见到一个老阿米什人，由他的儿子们管理他的农场。他告诉我，如果种植Bt转基因玉米的话，他就只需要帮助他儿子收割了。他说，他告诉儿子自己太老了不能拣拾秸秆了。另一种选择是购买昂贵的、现代化的收割设备，但可想而知，没有一个人愿意这么做。因此，转基因作物技术能让阿米什人继续使用古老的、成熟的、价格低廉的设备，这也成全了他们想共同维持家庭农场的目的。虽然他们没有这么说过，但在他们眼里，转基因技术是非常适合家庭农场的技术。

人工授精、太阳能发电和网络，是阿米什人仍然争论不休的技术。他们在图书馆使用网络（仅仅使用它，但不拥有它）。在公共图书馆的小小隔间里，阿米什人有时还会为他们的业务建立网站。因此，虽然阿米什人的网站看起来就像一个笑话，但网站的数量还是可观的。那他们使用后现代的新技术吗？比如信用卡？有少数阿米什人使用它，大概刚开始是为了生意上的方便。但随着时间的推移，教区的主教发现他们有超支的现象，以及由此产生了严重的利息率负担，农民们便债务缠身。这不仅影响他们自己，还影响了整个社区。因为他们的家庭必须帮助他们偿还债务（这就是社会和家庭存在的原因）。因此，在尝试了一小段时间后，长老们坚决抵制信用卡。

一个阿米什人告诉我，电话、寻呼机和掌上电脑（是的，他知道这些东西）的问题是，“你得到的是消息而不是对话”。这是对我们这个时代最准确的概括。亨利有着长长的白胡子，这和他年轻明亮的眼睛形成了鲜明对比。他告诉我：“如果我有一台电视，我就会看它。”还有比这个更简单的吗？

但没有什么迫在眉睫的问题像是否应该接受手机这样的问题一样吸引着阿米什人。此前，阿米什人会在自己的车道尽头建一个简陋的小木屋，里面安置了答录机和电话，供邻居们共同使用。小木屋能为打电话的人遮风挡雨，让电网远离他们的房子，但由于小木屋太远了，大家只是重要电话才去，而不是聊些八卦和琐事。手机的出现是一个新的转折点。你有了一个不需要电线的电话。你可以不用接电话线，就能连接到整个世界。正如一个阿米什人告诉我的，“我站在我的电话亭用无绳手机与站在外面

图注：霍姆斯县，阿米什人的太阳能电话亭。

用手机，这两者有什么区别呢？没有区别嘛。”没过多久，手机就受到想与遥远家庭保持联系的女性所青睐，因为她们不会开车。但主教也注意到，手机是如此之小，随时能够藏起来，所以成为了反个人主义者的困扰。十年前，当我主编《连线》杂志的时候，我曾派霍华德·莱茵戈德调查过阿米什人的手机使用情况。他在1999年1月公布的报告里清楚地表明，阿米什人在手机使用上尚未作出明确的决定。十年后，他们仍然在考虑，仍然在尝试。这就是阿米什人确定技术是否为他们所用的方式。不是采用预防性原则，也就是说，除非你能证明没有什么坏处，否则就不采用新技术，阿米什人依靠早期采用者的热情来尝试新事物，直到它被证明是有害的。

远离电网，没有电视、互联网和书籍，阿米什人却出奇的消息灵通。我都没有什么可以告诉他们了，很多事情他们都知道，而且还形成了自己的观点。更令人称奇的是，就算是教会里的人，也没有多少新东西是他们没试过的。典型的采用模式是这样的：

伊万是阿米什顶级极客，他总是第一个尝试新玩意和新技术。他觉得新的流量调制器非常有用。他想到一个这个新工具符合阿米什人生活定位的正当理由，于是，他就去向他的主教建议：“我想试试这个。”主教便对伊万说：“好吧，伊万，你想用这个干什么就干什么吧。只是，你要做好放弃使用它的准备，如果我们最终认定它帮不了你，或者会伤害别人。”于是，伊万在他的邻居、家人和主教的注视下，很快掌握并提高了这个新技术。他们一起权衡新技术的优缺点、对社区的影响。阿米什人就是用这种方式开始尝试使用手机的。据传，最先请求使用手机的阿米什顶级极客是两个牧师，他们同时也是承包商。主教们刚开始不同意，但后来还是妥协了，并提出一个条件：手机只能放在面包车里的司机那儿。面包车充当着移动电话亭的功能，然后整个社区都会监督这两个承包商。看起来挺好用的，所以其他敢于尝试的人也开始使用。但是，在任何时间，甚至几年后，主教也可以随时禁止使用。

我参观过一个车间，生产阿米什著名的马车。从外面看起来，这些推车简单而老式，但在参观车间的过程中，我发现他们使用的是相当高端的新技术和令人惊讶的复杂设备。这些用轻量级玻璃纤维制成的工具是手工铸造的，配备有不锈钢硬件和LED冷光灯。主人十几岁的儿子大卫也在车间工作。像许多阿米什人一样很小就随父母一同工作，他有着难以置信的稳重和成熟。我问他，他认为阿米什人会拿手机做什么。他把手插进裤兜又掏出来一只，笑了笑说："他们可能会接受吧"。然后，他很快补充说，他在当地消防队当志愿者，这是为什么他也有一个手机。但他的父亲插话说，如果手机被大伙儿接受，"也不会有电线从街上连到我们家了。"

他们的目标是不要电网，但要现代化。一些阿米什人已经在他们连接着电池的柴油发电机上装了逆变器，在没有接入电线的情况下，提供110伏的电力。电源首先为特殊电器供电，如电热咖啡壶。我看到一个家庭里装着电动复印机，办公室是客厅的一部分。对现代家电的缓慢接受是否要像蜗牛一样爬上100年，阿米什人才会接受我们现在已经在使用的东西？（即使接受，那也已经被远远甩在后边了。）汽车呢？当人们都在使用个人喷气包的时候，这些遵循旧秩序的阿米什人是否还会用老式内燃机的老爷车？或者，他们会接纳电动车吗？我问这个叫大卫的18岁阿米什人：你预料未来阿米什人会使用什么？令我相当惊讶，他脱口而出一个很青年人的回答："如果主教同意不再使用马车，我知道我会得到什么——一辆黑色的福特460 V8。"这是辆500马力的大马力跑车，但它是黑色的！他的爸爸，那个马车制造商，再次插话说："即便是这样，总有些阿米什人还是会骑马和坐马车的。"

大卫承认，"当我决定是否加入教会的时候，我想到了我未来的孩子，以及他们是否会在没有限制的环境下成长，我无法想象。"阿米什人之间常说的话是"保持底线"。他们都承认底线在不断改变，但必须有一个底线。

我的印象是，阿米什人的生活落后我们约50年。他们不采用所有新的技术，只使用他们青睐的技术。他们在人们使用了半个世纪后才开始使用。而那个时候，好处和代价都很清楚了，技术也稳定了，而且还很便宜。下面这个图表是我在《没有电的生活》(*Living Without Electricity*) 一书中发现的。你可以在表中看到阿米什人使用技术的延迟模式。

美国古老的农场技术与如今的阿米什农场技术的对比

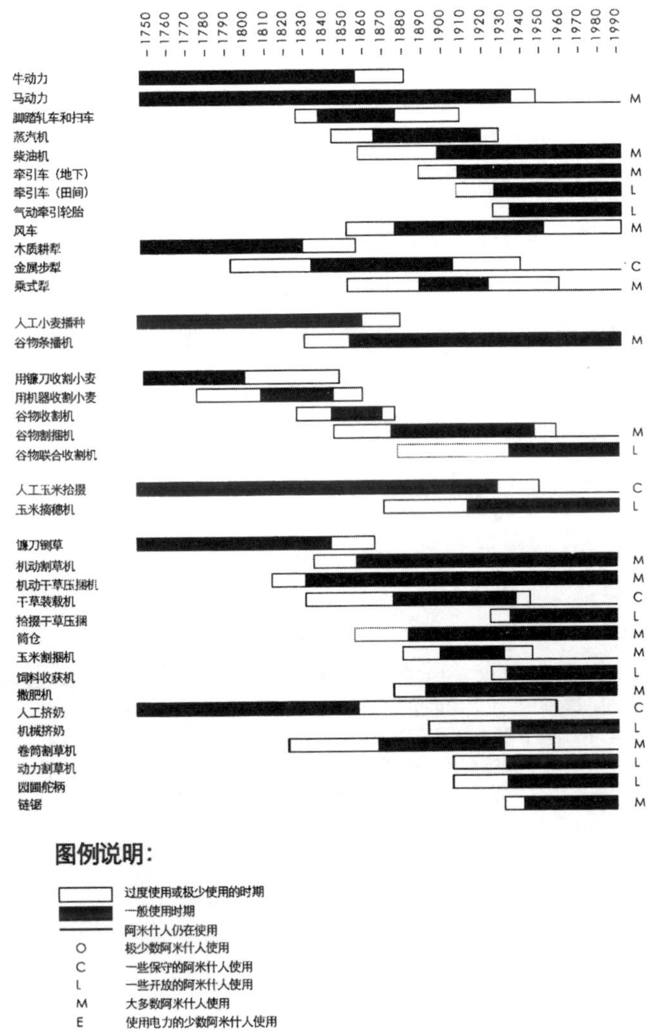

阿米什人正在以自己的节奏逐步采用技术。他们是缓慢的怪才。正如一名阿米什男子告诉霍华德·莱茵戈德的，“我们不是要停止进步，我们只是想慢下来”。他们缓慢的接受方式还是很有启发性的。

1）他们是有选择性的。他们知道如何说“不”，不害怕拒绝新事物。他们拒绝多于接受。

2）他们靠经验而不是理论来评估新事物。他们让早期采用者在众目睽睽下尽情开拓新的东西。

3）他们有选择的标准：技术必须巩固与增强家庭和社区，并与外界保持距离。

4）选择不是个人的，是社区的。社区构建和推动技术的发展方向。

这个方法对阿米什人很管用，但对我们这些人有用吗？我不知道。目前尚未真正尝试过。如果阿米什工匠和阿米什早期技术采用者教给了我们什么，那就是你必须先尝试。先尝试，如果必要的话，再放弃。我们擅于尝试，却不擅于放弃（除非作为个体）。要践行阿米什模式，作为一个群体，我们不得不学会放弃。社会放弃，不仅仅是数量上放弃很多（如在社会运动中），还是依靠互相支持的放弃。我还没有发现有这种事情发生，但如果这真的出现了，它将是一个显著的标志。

2009年2月10日

---

① “卢德分子”是卢德运动的主体，主要反对广泛被使用的、造成众多有技术的纺织业者失业的自动织机，这些织机可以由廉价雇佣而没有技术的劳工操作。卢德运动于1811年始于诺丁汉，在1811年与1812年在英格兰迅速蔓延。许多工厂及其中的机器被手摇纺织织工焚毁。在短短的一段时间里，卢德分子集结成了一股强大的势力与英国陆军发生了冲突。在英国政府对卢德分子的镇压运动开展前，众多羊毛和棉花工厂已被摧毁。（来源：维基百科）

第五章

未来

The Future

SCREENING
未来的一天

不远的将来，我的一天将是如此：

早晨还没起床，我就开始使用屏幕。我伸手够向枕头边的屏幕查看时间，它是我的闹钟，也是我浏览滚动新闻的地方。小平板上显示着朋友发来的信息，我用大拇指轻滑一下，这些信息就消失了。起床后，我走进浴室，墙壁上的屏幕显示着一幅艺术新作——它们比昨天的那副艺术作品更阳光、更令人愉悦。梳洗完毕，我穿好衣服，站在衣柜的屏幕前，它显示红领带和我的衬衫比较配。

在厨房里，我开始细读新闻。我喜欢水平的桌面显示器。我挥舞手臂，控制屏幕上的新闻滚动。我转向橱柜上的屏幕，寻找我最爱的麦片。漂浮在冰箱上的屏幕显示里面有新鲜牛奶。于是我打开冰箱拿出牛奶，牛奶盒侧面的屏幕邀请我玩游戏，不过我关掉了它。从洗碗机里把碗拿出来后，我点击了碗上的屏幕，以确认碗是干净的。吃麦片的时候，我只要点点头，新闻就会自动滚动。当我密切关注某条新闻的时候，那条新闻就会变得更详细具体。随着我阅读得更深入，文本上就会有更多链接，更密集的说明。这时，我开始阅读关于当地市长的一篇调查性长文，但该送儿子去学校了。

我冲上车，继续在车上“读”厨房里未看完的新闻。我开着车，车上的屏幕则把新闻读给我听。公路两旁的建筑本身就是屏幕。它们通常会显示只针对我投放的广告，因为它们能识别出我的车。我一般都无视这些广告，除非它们显示着与我正在听的新闻有关的说明或图表。我通过车上的屏幕查看今天早上哪条线路最顺畅。我的车能获知其他司机的路线，因此它通常会选择最好的线路；但这也并非万无一失，因此我喜欢自己在屏幕上查看交通状况。

在儿子的学校，我开始使用走廊上的屏幕墙。我面对屏幕举起手，露出手掌，屏幕就识别出了我的身份。屏幕上显示出我的个人界面，我可以在上面查看我的信息。我看了一眼自己想要了解详情的信息，屏幕就把它们展开。我挥动手臂把一些信息挪到前面，把其他信息存档。有一条信息比较紧急。我做出缩捏的手势，就开始进行虚拟会议。身处印度班加罗尔的合作伙伴正通过屏幕同我说话。

之后，我来到办公室，用手摸了下椅子，办公室便识别了我的身份。房间里和桌子上的所有屏幕都已准备就绪，待我使用。我在办公室工作的时候，屏幕的眼睛会密切地注视着我。它看着我工作已经16年了，能够预测我的很多行为。屏幕上的符号序列对其他人毫无意义，同样，同事的符号序列也让我迷惑。当我和同事在同一个房间一起工作的时候，我们各自的屏幕内容完全不同。我们在房间里手舞足蹈，凝视或抓着不同的工具。我比较老派，仍然喜欢拿着更小的屏幕。我最爱的屏幕还是大学时套着皮套的屏幕，现在屏幕换了新的，但皮套还在。那部关于在商场里睡觉的移民的纪录片，就是我用这个屏幕创作出来的。我已习惯了它，而它也习惯了我的手势。

大约只需一个小时的时间，我就能完成一篇文章的实时编辑，随着我删除、修改、批注等操作，文字在屏幕上飞舞。回到家后，我想要放慢节奏，放松自己。我喜欢在屏幕墙上放松紧张了一天的双眼。虽然儿子喜欢玩冒险游戏，但我们把这项活动限制在晚饭前一小时。晚饭时，我们会让屏幕调节出适宜的情绪颜色，以便将注意力都放在吃饭上。有时候，我们会在屏幕上查询学校作业、食品成分，或一些琐事。但是我们尽量让这些屏幕保持在比较小的尺寸。晚饭后，我最喜欢躺在床上，在天花板屏幕上阅读我最爱的故事，直到进入梦乡。

本文描述的情景载于《走到哪读到哪》（*I Read Where I Am*）一书中，这本合集里收录了80多篇对未来情景的短篇描述。里面的情景多种多样，非常有趣生动。这本书在荷兰有售，由Valiz出版社出版。

2011年6月2日

THE FUTURIST'S DILEMMA
未来学家的两难困境

在《BBC地平线》(*BBC Horizon*)系列纪录片1964年的一部影片中，阿瑟·C·克拉克[①]做出了一个非常精确的预测，不过他只说对了一半。“未来，我们不再在城市里上班，”他说道，“我们将使用远程交流的方式。”他还表示：“而且我是说真的，以后你根本就不知道通话对象在哪，也许是塔希提岛，也许是巴厘岛，也有可能在伦敦。”这一点他说的没错，现在手机随处可见，但是就一般情况来说，我们仍然在城市里上下班。

不过，这只是克拉克预言的开场白，他为自己的预言留了余地，在这一点上，我认为他的见解最为深刻。克拉克说，如果你觉得某个预言很靠谱，那么它很可能是错误的，因为未来是不靠谱的，未来是荒诞离奇的！但是，如果你从未来穿越到现在，你明确知道未来会发生什么，但不会有人相信你，因为你所说的未来太荒诞离奇了！他这里所说的荒诞离奇来自幻想和想象——即超出我们所期望的范畴。

这就是未来学家的两难困境：任何可信的预言都是错的。任何正确的预言都没人相信。无论如何，未来学家都赢不了。他要么错了，要么没人相信。

除非，未来学家能游走于两者之间，正好介于合理和幻想之间，这样得来的预言在离奇的未来便几乎能够成真。科幻作家便瞄准了这一点，偶尔有人能正中圆心，如阿瑟·克拉克。

做出正确的预言非常非常难。大多数人，尤其是最聪明的人，就连大多数科幻作家，也会犯下幻想不足的错误。因为谁都希望别人相信自己。如果没有人愿意听你说，那预言又有什么意义呢？因此，99%对未来的预测都缺乏正确预言所必需的不合理性。

2011年8月27日

---

① 阿瑟·C·克拉克（Arthur C. Clarke）：英国作家，发明家；主要作品有《2001太空漫游》、《童年的终结》等。

THE BINDING UNCERTAINTY OF THE PRESENT
绑定在此刻的不确定性

“预测非常困难，特别是对于未来的预测。”尤吉·贝拉① 这样说。

但是评价过去一样困难，这样一来也就无法确定你之前的预测“正确”与否。我们所见的东西和形成的概念——即使是在当下——也经常是模糊的、不精确的并且肯定是不完整的。这还是对那些就在我们面前的东西。就像对于今天的普通人是不是生活富足这一点，我们很少很达成共识。对于此时此刻，我们也有很大的不确定性。

要说到未来，不能不提现在。我们首先是被现在的语汇所限定。

举个例子，30年前位于帕罗奥图（Palo Alto）的未来学会（the Instiute for the Future）起草了一份关于2000年的预测，并且国家科学基金会在1982年出版。当时的《纽约时报》对这份预测做了个摘要，它的标题正说明了这个问题：“美国的电子图文和可视图文。”“可视图文”是一个准确的还是失败的预测？我们现在有“可视图文”吗？

这个研究关注了新兴的可视图文行业，它由两个成熟的技术，通信和计算机技术联姻而成。这项研究估计，这个世纪末的时候将有40%的美国家庭会拥有双向的可视图文服务。

根据定义，通信和计算机的联姻便有了可视图文。但是这个“双向”的可视图文意味着什么？如果它指的是我们可以读并且可以写，可以下载也可以上传，那么我们肯定会说它是“双向”的。但是1982年关于双向的概念指的是可以从大内容供应商那里获得内容，并且可以向上与维亚康姆或者时代-华纳再或者是迪斯尼互动，通信是双向的，但是仅仅在两端发生，你和他们。这个概念没有包含1990年代的重要事件：互联网。互联网是点对点，多对多的通信，是“几百万向”[②] 的传输。而且不仅仅是文本，还有视频。从某个角度来说，我们现在拥有的网络不仅仅是“双向”的，也不仅仅是文本性的，虽然从另外一个角度来说，它的确也同时是双向的、文本性的。

这的确是很难判断。我们姑且认为现在仍有可视图文吧。

国家科学基金的报告中这样说道，这个技术的广泛应用将会带来许多东西，其中包括有这些发展：

- 住宅会更多地作为工作场所，男人和女人在电脑终端前进行大部分工作，这会改变住宅的建筑结构和地理位置。它也会模糊居住地点和商业地点之间的区分，对于区域规划、出行方式和邻里社区都会有不确定的影响。
- 在家进行的购物会让消费者直接控制生产，订购恰好能满足他们需要的“按需生产”的产品。
- 人们会远离传统的工作场所和学校的社交。朋友、同辈群体和同僚会由电子化的形式确认，人们根据兴趣和技能组成群体，而不是以年龄和社会阶层。
- 信息“经纪人”和“经理人”这样新的职业会出现，来充当“把关人”、“监查政客”和“企业”并且选择性地将信息发布给有兴趣的人。
- 也许会重新创造出“大家庭”的形式。如果老人可以使用电子工具在家工作自食其力，子女会更希望有老人在身边。

这份报告指出，家庭和工作日益模糊的界线也会产生一些难解的问题，比如工作时长。它还指出，新的技术会催生出一种新的商业领袖。“网络连接办公室和家庭，带来复杂的沟通问题，管理这样的问题需要和现在的经理人有非常不同的风格。”这个报告总结道。

这个研究也预测了美国政治权力结构将会有更大的多元性。“可视图文也许会终结两党制，投票者的网络会团结起来支持不同的候选人——这样的投票者网络也许会有几百个。”

我会给这些预测打一个“还可以”的分数。家庭的确成为了工作的一个场所，不过只是一部分。虽然“在家工作”的形式一直都有，实际上过去30年间自由职业和自主创业的比例一直在上升。对于这些先驱来说，工作和玩乐的界线正在模糊。可以参阅丹尼尔·平克（Daniel Pink）的《自由工作者的国度》（*Free Agent Nation*）一书。但这显然还还没有成为主流。

家庭购物，比如说网络购物已经非常巨大。但是规模仍然比不上前去商场的实体购物。这个预测准确吗？

大多数预测的现象的确发生了，不过比较零散并且程度较小。“未来不是平均分布的。”我们可以这样复述伟大的吉布森所说的意思。当然这份报告没有宣称这些预言会实现到什么程度，它只是说：它们会发生。

好吧，从现今的网络我们可以得到一个经验，任何可能的行为在世界的某个地方都已经发生过至少一次。未来的长尾已经到来了。某个孩子与六个父母一起庆祝生日。有人用自己的大脑直接控制游戏。有人的住房和办公室里都没有纸。每一个未来，在今天都有预兆。不过如果我们没有感知到，那么这还算是预兆吗？在成为一个“真正的”潮流并且产生影响之前，有多少潮人生活中只有100件物品[②]？

未来明朗前，它的信号会有多明显？当然并不一定，这就是为什么预测如此困难，特别是预测未来。

2011年6月29日

---

① 尤吉·贝拉（Yogi Berra）：美国棒球运动员、教练。尤吉除了打球出名外，他的谈话简洁而有深意，被称为“尤吉体”（Yogiisms）

② 原文为“million way tex”，是戏仿双向图文（two-way tex）造出来的词，意即互联网不只是如双向图文那样大内容商和用户的“双方向”，而是因为有“多对多”产生几百万个方向的交互。

③ “100件东西的挑战（The 100 Things Challenge）”是戴维·布鲁诺（Dave Bruno）发起的一个极简主义运动，他希望通过这个运动打破美国式的消费主义带来的浪费习惯，倡导一种极简的生活方式。

THE MAES-GARREAU POINT
梅斯－加罗点——奇点“临近”

对未来事件的预测受当前环境的深刻影响，这就是为什么预测常常是错的。超越当前的假设总是很难。随着时间的推移，这些假设渐渐失去成立的基础，其结果往往令人意想不到。大家都“知道”人们不会免费工作，如果他们真这么做，那工作质量也不行。因此，一般认为，可靠的百科全书不可能依靠志愿者劳动来完成，而这使我们对维基百科的意外成功缺乏预见能力。

预测本质上囿于当前藩篱并不是什么新鲜事，但是与最初看上去相比，预报可能更加受到预测者个人生活的束缚。讲个故事吧。麻省理工学院媒体实验室的研究员帕蒂·梅斯[①]（Pattie Maes）注意到同事的一些奇怪行为。他们中有部分人对把自己的大脑内存下载到电脑这个硅制机器中非常感兴趣。他们相信如果能做到这一点，他们就能成为某种永生的存在。据此推测，一旦下载完成，他们的灵魂就能轻易从一个硬件转移到另一个硬件。如此等等，永无休止。

实现这个奇迹的技术似乎还很遥远，但是人们都认为，一旦第一个超人类的人工智能（简称AI）出现，它可能会立刻决定研发下载人类大脑的技术。这一刻被命名为奇点，因为此后发生的一切几乎想都不敢想。但是如果有人能到达奇点，或者说，活到超人类心智实现那个时候，那么他就能通过下载获得永生。这样的话你离永恒也就不远了。办法嘛，就是活到“桥梁”被跨越那一天。

相信这些的家伙都是些，呃，男人。帕蒂把它看作男性的渴望。她猜想：“女人没那么想要以硅的形式获得永生，因为女人怀孕和分娩这个过程本身就是‘下载、更新、自我复制’这样更具生物性的过程。当然男人也参与了生孩子这件事，但是对女人来说，这种体验更加具体、更加切身，就这点而言，可能更加真实。”

尽管如此，她的同事们真的期待这座通向永生之桥很快就出现。多快呢？神奇的是，他们所预测的奇点日期好像都正好集中在他们可能死亡之前。这是巧合吗？

1993年梅斯在奥地利林茨（Linz）的艺电大会②上发表了题为“为什么永生是一个死命题”的演讲。罗德尼·布鲁克斯（Rodney Brooks），她的一位男同事，在其新书《肉体与机器》（*Flesh and Machines*）中这样总结了梅斯的演讲：

> （梅斯）找了尽可能多的公开预测将意识下载到硅元件中的人，标出他们的预测日期与其满70岁的年份。不出所料，每个人这两个年份数据都相吻合。从他们个人出生时起70年，技术将成熟到能够让他们把自己的意识下载到电脑里。还真巧！他们每个人在脑子里都觉得自己会很走运，能在正确的时间恰好出现在正确的地点。

梅斯没有记录自己的演讲，也没有保留数据。之后14年里，更多的人公开了他们对奇点出现时间的预测。因此，在一位研究人员的帮助下，我收集了我能找到的关于奇点何时到来的全部预测，以及预测者的出生日期，并在表格中一一对应。

姓名	出生日期	预测日期	预测日期对应年龄
亨利·亚当斯	1838	1921	83
詹姆斯·保罗·韦斯利	1921	2075	154
马文·明斯基	1927	2070	143
理查德·科伦	1933	2040	207
让·沙林	1937	2050	113
弗诺·文奇	1944	2030	86

续表

姓名	出生日期	预测日期	预测日期 对应年龄
汉斯·彼得·莫拉维克	1948	2040	92
雷·库兹韦尔	1948	2045	97
劳伦特·诺塔尔	1952	2050	98
迪迪埃·索尔内特	1957	2040	83
罗宾·汉森	1959	2150	191
约翰·斯马特	1960	2060	100
尼克·博斯特罗姆	1973	2004	31
安德斯·约翰森	1977	2040	63
艾列泽·尤多斯基	1979	2005	26
尼克·霍加德（2000）		2001	1
皮埃尔·格鲁（2000）		2050	50

如果发现在这些例子中有一半，尤其是那些近50年出生的人所预测的奇点时间都在他们死亡之前——假定他们能活到100岁，你就不会觉得奇怪了。约尔·加罗（Joel Garreau）是一位新闻记者，报道有关奇点的文化和类宗教信仰。他在其《突变》（*Radical Evolution*）一书中与梅斯一样注意到同一个现象，但是加罗把这种渴望的范围扩展到其他技术领域。他认为当人们开始想像那些貌似可行的技术时，往往将其放在不远的将来——其寿命期限内。

我认为梅斯和加罗确实很有想法。我把他们的直觉构筑为一个一般假设，为表敬意，以他们的名字命名。

如果预言可能成真并且终其预言者一生始终不变，那么它的最近时间点就是“梅斯－加罗点”。这个时间等于人的预期寿命n-1。

这提出了一个定律：

梅斯-加罗定律：大多数关于未来技术的有利预测都落在“梅斯－加罗点”范围内。

我还没有研究过其他预言来证实这个一般定律，但有一个事实会损害其正确性。无论有没有奇点，人们都很难想象自己死后生命会是什么样。变化似乎在加速，因此下一个生命周期注定不同于我们的时代，甚至也许不可想像。那么很自然，在预测未来时，我们会描述一些自己能想到的东西，进而在我们的有生之年里把它们琢磨出来。

换句话说，我们都有自己的个人迷你奇点，它会在我们死时出现。过去我们无法想像自己死后是怎样一种存在。现在我们无法想像自己死后任何人的存在细节。超出这个个人奇点，生命就是不可知的。我们倾向于把自己的想象和预测放在我们自己的“梅斯－加罗点”前面。

因为真正的“未来”—— 那个遥远的乌托邦，一定是无法想象的，一个社会真正的“未来”总会距离我们至少一个“梅斯－加罗点”。这意味着，只有社会中个人的平均寿命结束后，真正的未来才会开始。

婴儿潮一代（这是一个世界性现象）的预期寿命为大约为80年。他们出生于1950年左右，因此至2040年其中大多数人应该都已去世。然而到2040年各种其它巨大的变化将会发生。中国经济预计将在2040年超过美国。2040年也是通常假定奇点将要发生的日期。2040年，根据摩尔定律进行预测，台式电脑将达到人类计算能力。2040年，世界人口预计将彻底达到顶峰，环境压力将减小。不要惊讶，一个全球性颠覆性事件的大汇聚恰好出现在我们这一代的“梅斯－加罗点”：2040年。

如果就像许多人希望的，我们的寿命每年都在增加，也许我们的寿命可以延长至超过80岁。这时候，我们的“梅斯－加罗点”就会滑向更远的未来。上表中先生们的希望（以及我的希望），是将个人迷你奇点延长至超过大奇点，实现永生。

2007年3月14日

---

① 帕蒂·梅斯（Pattie Maes）：著名软件工程师，创业家，Firefly Network的创建者。现为麻省理工媒体实验室教授，从事人工智能的研究工作，指导学生进行可穿戴计算机系统的研究，目的是将网络变成人类的数字“第六感”。

③ 或称奥地利电子艺术节（ARS Electronica），是一个国际顶尖的科技艺术家在一起竞技、交流的盛会。自1979年在林兹创立以来，每年都在那里举办。

THE MISSING NEAR FUTURE
缺失的不远的未来

科幻故事是一种为现在担扰的娱乐方式。它用设定在未来的故事思考今天的问题。即便它提到了很多现在仍没有发明的神奇物品，但是只有通过现代读者的理解，这些未来的东西才能彼此产生联系。只要看一看几十年以前的老科幻故事就知道，当时对于今天的想象（无论是电脑还是别的什么东西）是多么过时。这些昨天对于明天的看法，让我们不禁哑然失笑。过去的人们能够想象出来新的东西，却想象不出新的环境。现代最前卫的科幻故事也会有相同的命运，未来会有人觉得它们很可笑。可惜，创作时期带来的这种偏差是无法避免的。

最好的编剧懂得这一点。当代著名的科幻作家威廉·吉布森谈及自己的科幻故事流行的原因时，很诗意把这个原因称作“完全不同的现在”：

> 我一直这样认为，现时现刻比我所能想象的任何“未来”还要无限陌生和复杂。取自于这个“完全不同的现在”的诡异碎片，会组成一个个科幻故事里面我们所谓的“世界”，这些世界就是我们口中的“未来”。我的作品（暂时）也正是这样一种重组。

当然，并不是所有的人都对“完全不同的现在”感到满意，也不是所有人都渴求某种“完全不同的未来”。对他们来说，最好的是非常遥远的未来，在那里会有一些真正的完全不同的“他者”生活着，在那里我们可以真正地重新考问今天的信念和假设。在好莱坞这个科幻故事的文化中心，人们就更喜欢把遥远的未来搬上屏幕，所以我们经常看到的是发生在遥远的未来的科幻电影，比如《星际迷航》、《太空堡垒卡拉狄加》、《星球大战》、《萤火虫》等等。然而现在的各类科幻故事却为“不远的未来”留下了一点空白。

作为观众，我们会相信有一个“不同的现在”，它和今天差不多但有些不一样，也许那是另一个版本的“今天”。我们也会很容易相信存在着一个遥远的未来。终有一天人们会通过某种方式拥有漂浮的城市、天空中的高速公路、速食食品及其它很多东西，我们对此深信不疑。然而回到今天的现实生活里，我们却不会支持投资城际高速铁路，不会放行转基因的防虫玉米，也不会向着大规模的21世纪发展迈出统一的一步。就连未来十年人类重返月球似乎也是遥不可及的事情。

不远的将来——假设说是2020年之后——却是一个空白，这是因为几乎没有一个关于不远未来的愿景会让我们既向往又觉得可能实现。大多数的故事、“世界”、和剧情，都将2050年视作一个糟糕的世界。核自我毁灭、致命传染病、全球大洪水、机器人暴乱、外星人入侵或者法西斯死灰复燃，随便哪一个都可能发生，但都不是我们希望看到的。

把故事设定在“遥远的未来”的好处是我们不需要交待这一路的变化，也不需要交待我们如何度过了“不远的未来”。“遥远的未来”足够遥远，作者完全可以把“不远的未来”一笔略过。于是“不远的未来”成了个大麻烦，以至于它消失在了我们的文化里。

计算机科学家兼发明家丹尼·希里斯生于1956年，他注意到，当他还是一个小孩子的时候，未来就意味着“遥远”的2000年；在他逐渐长大的过程中，未来却始终根深蒂固地被设定在2000年，就好像新的东西不会跨过这个界线。他说这种感觉就好像是未来在一年一年地不断“缩水”，到了1999年的时候，未来好像只剩下一年了。当我们跨过了2000年，除了真正遥远的未来之外，未来就真的消失了。

许多著名的科幻故事家、未来学家，还有那些平时忙着构思未来，既聪明又呆板的人们，让未来的“消失”变得更加真实。这个圈子有个共识，那就是一切发展得太快太诡异，所以我们完全无法想象2050年及之后的未来。这些未来学家中，许多人都相信，这样一种“不连续性”（他们将之称为“单一性”）是一种理想的状态，因为它带来更卓越的智能、更多的财富、更健康的身体，甚至永生。但是这个预言的基础，是彻底粉碎我们现在对于人类的理解，所以也有很多人不惜代价来阻止这样的未来。也有人认为这样具有单一性的未来既不是理想的未来，也不可能到来。

无论是哪种观点，都没有关注到“不远的未来”。关于下个世纪应该要有什么进步，我们全无头绪。关于今后50年，也没有一种愿景是地球上几十亿人都会说，嗯，这就是我所期望的。发展中国家的几十亿人知道他们明天想要什么——干净的水、免费的教育、民主、便宜的消费品以及对于他们孩子的希望。但是除此之外呢，还有什么？发达国家的十亿人想要什么？干净的环境、有意义的工作机会，还有……？

过去的一个世纪中，我们被迫学到每件新的事物都有其内在的副作用、副产品以及没有预期到会产生的后果，所以我们很难畅想这个世纪会发生什么进步。现在我们看不到进步，是因为我们满眼都是进步的代价。

技术的代价现在越来越高，我们不清楚这是技术新的复杂性所致，还是因为技术的复杂性使得技术代价变得更加显而易见了，抑或是两者兼而有之。

矛盾之处在于，现在一个关于进步的路径和愿景（无论是技术的、社会的或者是道德的），如果其中不包含代价的复杂性，我们一定不会信服。但是如果其中真的包含了代价的复杂性，我们又不再那么想要得到它。

这让我们的社会盲目。即便没有亲眼所见，人们还是假定进步是存在的。他们的一举一动，都似乎把进步当作是真实的，他们投资未来、创新事物、寄希望于明天，就像明天一定会比今天更好一样——不过，对于“未来会向何处发展”甚至“我们希望未来向何处发展”这样的问题，我们还没有共识。正是因为我们没有预期的方向，所以我们自然也没有统一的办法来确定我们的行动是不是与预期的方向一致。盲目度日是不远未来的常态。我们跌跌撞撞，没有更大的目标，走一步看一步。一些哲学家宣称这是后现代的立场。我们也只能过着这种没有目标的生活，所以我们最好接受现实。

这个立场的危险之处在于，如果没有进步或者改善的愿景来团结一个社会，领导者就会利用恐惧来团结社会。BBC的纪录片《梦魇的力量》提出，最近美国就是如此。当“技术能够解决一切问题”的希望（进步的光荣时代）渐渐消失，对共产主义的恐惧取代了它，成为了团结这个国家的方式。当共产主义腐败崩溃的时候，对于恐怖主义的恐惧又取而代之。这种被夸大的恐惧主宰了过去十年。但除非出现一个可以实现而又令人向往的愿景，让亿万民众都可以接受，恐怕我们还得去寻找另外一种恐惧。

这样的话，我觉得要有一种“道德律令[①]”来为我们辨明道路，指引我们通往更美好的东西，而不是像后现代主义者所说的那样含混度日。这个律令便是：

不要逃避代价的复杂性和现实性。更不要指望获得每个人的赞同。

我不知道这是否行得通。这也许正是后现代主义者坚持的：归入过去的愿景。但是我认为如果我们能够为80亿人类以及这个星球上无数的自然邻里描绘出一个关于不远未来的进步场景的话，那么我们会更善待彼此和子孙后代。

如果你有一个既让人向往也可能实现的进步愿景，我非常愿意倾听。

2008年11月17日

---

① 道德律令指的是源于人类心智中的一种准则，它督促人们去行动，而不仅仅是理性思辨。来源：维基百科。

COLLECTIONS OF THE MATERIAL SUBCONSCIOUS
潜意识材料的收藏

我做了一些研究，以了解人们想要在“时间胶囊”中给未来的自己装些什么东西。有一个时间胶囊被埋放在旧金山，而我当时就在现场，说实话有点让人失望。我那时领悟到一个道理：可能在未来存在的，是那些我们现在认为无关紧要的东西，而非那些我们当下认为重要的东西。未来人打开时间胶囊时，最有可能出现的反应会是这样的：“他们为什么要把这东西装进时间胶囊？为什么不保存像X、Y、Z那样的东西？”

我认为，我们试图收集或保存的，是那些我们自认为有价值的东西，但我们往往忽略了那些具备潜意识文化特征的材料。我们随手丢掉那些日常用品，因为我们没有意识到它们在日常生活中的首要位置，我们看不到它们的价值。其实，只有这些无形而典型的“潜意识”物，才能生动地描述我们这个时代。

考古学家在垃圾坑里进行研究，因为只有在这里，他们才能考察那些失落的文化。

所以，如果你想要收集一些可能在未来会发挥重要作用的东西，那就去收集那些被无视的、看似毫不起眼的、别人认为完全没有收藏价值的东西吧。这些潜意识之物在未来会具有无与伦比的价值。

图注：忘了星球大战的人偶吧，水果上的贴纸才是你该收集的东西。

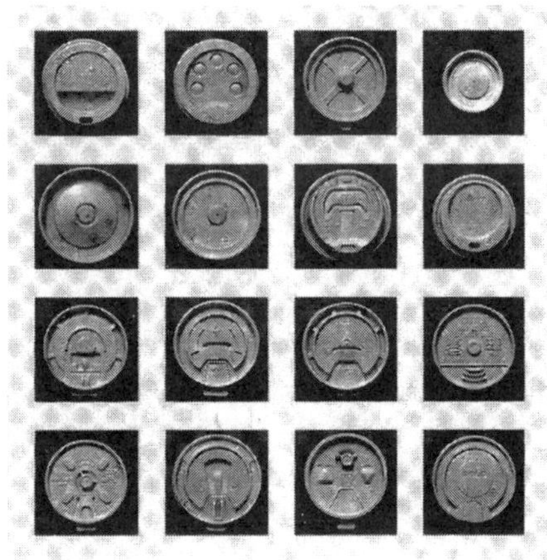

图注：芭比娃娃是没意义的，重要的是那些拔下来的饮料盖儿。

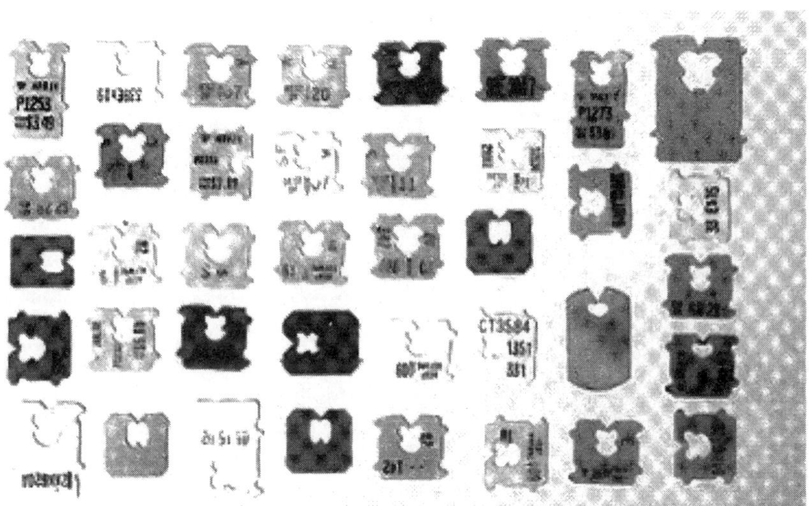

图注：全新的雪弗兰轿车？不，束面包袋的小玩意儿才是好东西。

上述这些小物件的收藏价值在于，它们忠于自我——它们所具有的所有美感来源于它们的功能，以及它们传递的时代意义。饮料盖儿上的隆起和小孔的意义在于它们揭示了这些饮料在哪里及如何被销售和消费的，与达斯·维达[①]小巧的模型相比，这些设计能更清楚地告诉未来的人们我们今天的生活是什么样的。

如果历史是某种指引的话，我们就会发现，这些物件的功能之美会比那些故意迎合时尚的设计更为永恒。

2010年4月17日

① 达斯·维达（Darth Vader）：《星球大战》中的著名角色，即黑武士。

MCLUHAN AT 100
麦克卢汉诞辰100年

7月30日是马歇尔·麦克卢汉诞辰100年。如果他还在世，会做些什么呢？和公众进行简短的聚会？或是重新刊发《花花公子》1969年的那段采访？

对于麦克卢汉的激昂演说，我从未厌倦。以下摘录了上述采访的一部分。记住，这是1969年的采访：

> 在即时电子通讯的软件世界里，政治从旧模式——通过选举代表推出政治决策人，转变成为一种新模式——人们可以随时并即时共同参与到所有决策领域中。
>
> 社会鼓励个人多样性，但同时，每个人都在同一时间与每一种刺激进行反应和互动。
>
> 现在的计算机可以通过编程控制媒介，让其根据受众的整体需求来决定人们应该听到什么，创造出一个由所有感官吸收并塑造的完整媒介体验。
>
> 我不认为全世界的卢德分子将粉碎所有机器。因此，在控制论[①]的世界，我们或许不妨坐下来，看看在发生什么，会发生什么。对新技术的愤恨不会阻止其发展。
>
> 因此，人和机器本质上是一种共生关系。一直都是如此。只不过在电气时代，人类才有机会认识到自己同技术这种密切结合。
>
> 我只是在“预测”已经发生过的事情，并只是在当前进程的基础上得出合乎逻辑

的结论。

可以想见，在千禧年，电子媒介会让人的意识进一步延伸，但这也可能会让人产生反基督的意识。

新人类在超越时空的宇宙自然和谐之中相互联系，将充满热情地轻抚、复制并制作地球上的人工制品，就好像它们是艺术品一样。而人本身，将成为一种有机的艺术形式。前路漫漫，星星只是沿途小站，但我们已启程。

2011年7月20日

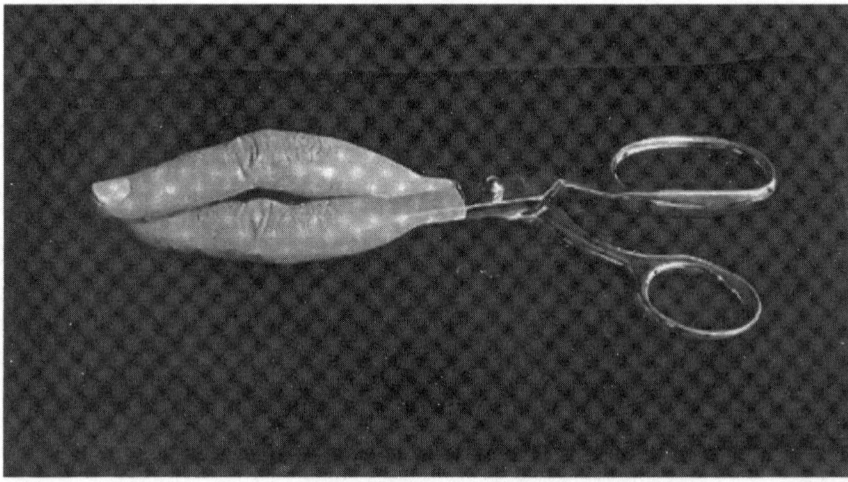

图注：图片来自Joseph Barbacia

---

① 控制论是研究动物（包括人类）和机器内部的控制与通信的一般规律的学科，着重于研究过程中的数学关系。自从1948年诺伯特·维纳发表了著名的《控制论——关于在动物和机中控制和通讯的科学》一书以来，控制论的思想和方法已经渗透到了几乎有的自然科学和社会科学领域。

THE FOREVER BOOK
永恒之书

当冯·诺依曼[①]（Von Neumann）试图弄明白最小的自我复制机器可能会是什么样时（尽管他从未发表这一研究结果），控制论的一个重要时刻来临了。虽说不乏大量大型自我复制机器的实例——所有生物都是，然而能够自我复制的最小东西会是什么样呢？循着这条调查路线，他提出了开创性的细胞自动机[②]的模型，它最后会生成大量人工生命。近来，生物学家已开始问同样的问题——我们能想到的最小生物是什么样的？生命能有多小？循着这条思路，外太空生物学家和生命起源研究人员对自我复制核糖核酸[③]（RNA）可能的最小编码进行了实验，它比我们在地球自然环境中所发现的RNA要小得多。

我一直把文明看作一种生命形式，一种自我复制结构，并开始对包含最少文化"基因"的文明种子会是什么样感到好奇。它要能再次发芽结果，直到长出另一颗种子。或者说，可能存在的最小的技术种子会是什么样？它一定是一颗能够长到繁殖年龄并成为一种成熟文明的种子，而且有自己的后代——另一颗有复制能力的种子。

这颗种子很可能会是个充满知识或许还有工具的图书馆。现在许多图书馆都包含许多关于文化和技术的知识，甚至还包括一点如何重建知识的知识。但是这个图书馆必须精确记录文化自我复制的全部基本知识。这个种子图书馆并不是囊括所有知识的寰宇图书馆，意识到这一点很重要。相反，它是一粒果核，包含了不能被复制的东西和一旦展开便能使知识复原的信息。

种子有很多用处。它们启动下一季的新生，也能为某些物种处于休眠模式，从而有助于长时间断层后的种族延续。它们还是其他项目的食物（输入）来源。我们知道，橡树可以简化成橡子，鲸可以追溯到受精卵，因此我认为文明可以被压缩成某种形式的图书馆（库）。这颗种子的解压还原需要有适合的环境和时间尺度（受精卵长大成为幼鲸需要鲸妈妈，橡树需要森林和土壤），因此生物虽没有完全被压缩进这一颗种子中，但这颗种子还是够用了。

而且我相信有不止一颗种子，但还不能证实。压缩并封装技术元素这个复杂事物的方法可能不止一种，正如蛋白质折叠④的方法不止一种。我们可以设想各种种子（库），它们通过重新种植、重新发现或完全重新开始就能延续文明的某些方面。其中一些种子可能比其他的大。包含最基本的自启动概念和文明知识的最小图书馆（库）是什么样呢？它必定只包含信息，因为有了正确的信息，就能造出任何需要的工具。

技术元素的种子一定是一个自启动设备。基本信息能够指引人们打造工具，有了这些工具就能解锁更多知识，而这些知识又用于理解其余的信息，掌握了这些信息又可以创造更多工具，理解更多信息。这样无尽地递推下去。

显然，与所有其他东西不同，这样一个图书馆必须能传授建立一个全是书籍的图书馆的知识，因为从许多方面来看这都是文明不可或缺地重要部分。这样，我们就有了能够自我复制的图书馆，也就是永恒图书馆。能够自我复制的最小永恒图书馆可能是什么样呢？在数字技术的帮助下，以后它或许就跟今天一本书一般大。由于它包含的主要是信息，因此我们可以把自我复制的永恒图书馆看作一本自我复制的书——“永恒之书”。

我一直在思考，如果做个试验，怎样才能创建这么一本永恒之书。

首先，这是一本告诉你如何创造永恒之书以及更多东西的书。在沉思中我领悟到，我的项目实际上是一系列的丛书。每个版本都会在基本理念上进行改进，直到最后一版包含了重启文明的工具包，成为一本能不断自我复制的书。

这一系列书籍是这样的：

第1版是一本激光印刷的书，它重新印刷了古老手册中关于如何造纸、如何进行活字印刷、如何装订书籍等内容。因此它包含了如何制作和自己一样的另一本书的基本信息。（我的实验正处于这一阶段。）它主要涉及概念层面，但是可能很实用，也可能不怎么实用。制造纸和墨水没有多难，但是造活字很难。

第2版是一本激光印刷的书，它包含如何从零开始制作书的类似信息，而要完成亲手制作几本书的计划，这些信息就要进行专门改进、综合与测试。用第2版的书你能制作一本书，但不是开始那本书。

第3版是一本按此基本过程完成的全手工制作的书。这本书讲的是如何制作出和它一样的书。在手抄纸的部分会向你描述如何制作你正在阅读的纸张，讲墨水的章节将用按其所列方法造出来的墨水印刷，如此等等。这是一本真正的永恒之书。

下一步将是一本扩充版的永恒之书，它会更像一个永恒图书馆。

第4版是一张DVD或类似东西，讲的是如何从手工制作书籍的技能开始制作DVD（或类似东西）。我不确定你用硅、铝、石油和铜这样的基本原料就能重新制作出DVD。要涵盖制作DVD的完整知识，可能需要一整个书架的DVD。

这样扩展下去，我们就需要一个囊括DVD、硬盘、电脑和网络的图书馆，这些软件和硬件就包含了复制这个软件和硬件知识库所需要的全部知识。这个图书馆本质上是一个重启文明的工具包，拥有能够自我复制的知识，它记录着一些基本的文明技能。它可以很大。大到极致，现在地球上所有书籍和文献所构成的元图书馆，就是一个永恒图书馆。我们所知道的一切必定包含如何重建它的知识。

但是真正的绝技是将重启文明到我们现在的文明程度需要的最小知识量装进一个信息源中。用三代人的时间重启技术元素需要的最小知识量是多少呢？一代的时间呢？

人们对技术和文明的定义不同，因此有许多方法可以得到这个种子。这颇为有趣，就像做备份。不同的需求会催生不同的策略。一些人希望这个自我复制的图书馆“种子”能够快速重启——一个十年瞬间启动包。也许你想在太空船上也放一个文明种子。或者希望这个文明种子能够深刻而缓慢地展开，虽需经常呵护却能产生非常稳健的技术元素。一些永恒的种子或许专门用来创建某种特定类型的文明，比如某个拒绝或欢迎宗教的文明，或是转变女性观念的文明。这个种子的另两个版本："野生"版是一个能够在荒野之地茁壮成长的种子，无需哺育，无需土壤，这是世界末日后的版本。它几乎无需扶持便能够重启文明。这个版本必须能够完全自证，并且能与愚昧无知相抗衡。第二个版本必须在与涌现出来的其他永恒种子甚至是已有文化的竞争中迅速成长到成熟阶段。它必须像野草一样坚韧顽强，对由其它种子造成的破坏有很强的恢复力。打开一本永恒之书的方法也可能成千上万。

我想除了我没有人会对制造一本第1、2、3版本的永恒之书感兴趣，它们由桑树皮和油墨制造而成。但是我可以想象，许多人对制作一本第4版永恒之书感兴趣。他们愿意用多年时间仔细研究、选择和权衡书籍、视频、音乐、知识及网站的内容，这需要把自我复制图书馆嵌入现代媒介之中。亚马逊网站书目、文献书目及博客和其它链接列表的流行，证实了建立最基本知识大名单的吸引力。它们的最终信息源名单必须能让任何研究这些材料的理性的人至少能重建该列表工具并复制列表内容。这是一项艰巨的任务，随着媒介变得越来越复杂，它也变得越来越困难。(想象一下需要多少说明细则来教人制作DVD)。当然我们的知识图书馆每天都在扩展。

然而，据我推测，创造一本高深的技术元素永恒之书的真正挑战在于，重建技术所需要的大多数知识甚至还没有被记录下来。各类专家头脑里数量庞大的隐形知识虽然在工厂和办公室里被不断传承，却没有都记录下来，尤其没有记录在图书馆里。提炼这样的基础知识对外行来说不太可能。

而我可以想见，永恒之书计划会点燃狂热爱好者的热情，会有个人版本让大家共享并获得赞誉。"想看看我做的永恒之书吗？"还有谁会如此跨学科地关照人类知识呢？还有谁愿尝试再现我们走到现在所需的每一步？

永恒之书还可以作为教学设备。正如斯图尔特·布兰德⑤所说："其吸引力在于，每一个新人类通过接受永恒之书的教育，实际上就可以重启或者至少重新发现文明。”尝试通过组合并完成文明重启手册的中的每个元素，这也许就是可能出现的最好教育了。

我能想到永恒之书联盟，一个精英阶层，一个俱乐部，所有成员都完成了下述工作：

1）每个成员都创建了他或她自己版本的永恒之书，书中包含创造至少100个永恒之书副本的知识。

2）这些副本的接受者中，至少有一个已经制作出一个第二代副本。

这样推测下来，图书馆之间会存在“竞争”。取胜之道是在创建自己的永恒之书时做到清晰明了、合乎逻辑以及条理分明，这样其他人便可以遵循它来重新制作你的“永恒之书”。这是争夺第二代人的竞争，看第二代人会先做出谁的永恒之书。

这会激发跨代信息交流，因为只有某个第二代参与者成功复制了一个人的永恒之书以后，这个人才有资格进入永恒之书联盟。（第二代创造者可能需要额外的动力来与第一代创造者沟通交流。）我很想成为永恒之书联盟的成员。如果你也对这个主意感兴趣，请告诉我。

2006年2月22日

---

① 约翰·冯·诺伊曼（John von Neumann，1903—1957）：匈牙利—美国数学家，电子计算机之父，20世纪40年代和50年代，他在数字计算机设计和人工智能领域做了很多开创性的工作。而在经济学方面，他也有突破性成就，被誉为“博弈论之父”。

② 细胞自动机（Celluar automaton），冯诺伊曼设想的按一定的规则运行的自动机器。诺依曼细胞自动机是最早的、最基本的自动机。

③ 核糖核酸（缩写为RNA，即Ribonucleic Acid），存在于生物细胞以及部分病毒、类病毒中的遗传信息载体。

④ 蛋白质可凭借相互作用在细胞环境（特定的酸碱度、温度等）下自己组装自己，这种自我组装的过程被称为蛋白质折叠。蛋白质折叠问题被列为“21世纪的生物物理学”的重要课题，它是分子生物学中尚未解决的一个重大生物学问题。

⑤ 斯图尔特·布兰德（Stewart Brand，1938—），美国未来学家，早期网络文化的推动者，《全球概览》创始人，“全球电子链接”（The WELL）和全球商业网络（GBN）的创办人之一。斯图尔特于1996年创办了“恒今基金会”（Long Now Foundation），以推动人们养成“长线思考”的习惯。

WHEN HARD BOOKS DISAPPEAR
当纸质书消亡的时候

纸质书正在日趋消亡。

生物学家们有一种“模式标本”的观念。每个生物物种都会有很多个体，每个个体都会有一些差异。举例来说，在美国有数百万只知更鸟，每一只都表现出“美洲旅鸫（Turdus migratorlus）”这个物种的共性。但是当我们看到另外一只鸟，要如何才能科学地描述说它是“有点像知更鸟”或者判断它“就是一只知更鸟”呢？我们应该拿数百万只知更鸟里面哪一只作为参照来进行比较呢？

生物学家的解决方式是，主观指定一个从自然界里发现的个体，并认定它对于整个物钟来说是有代表性和典型性的。这就是所谓原型，也就是“模式标本”。被挑选出来这个个体并没有什么特别之处，事实上，这正是关键所在：

> 这个样本应该是典型的。但一旦选择了这个普通而典型的样本，它就成了用来参照和比较的权威范例。植物界和动物界的每个物种都有实体的标本，保存在某处的博物馆之中。

对于书籍和其他媒体上的产品现在也将会有自己的“模式标本”资料库。备份了互联网（没错，是整个互联网！）的人，也就是那个和谷歌竞争也正在把所有书籍扫描成数字文件的人，他最近开始担心一件事情，这些所有被数字化了的书籍缺少实体的存档。这个人叫布鲁斯特·卡尔（Brewster Kahle），他是互联网档案馆（Internet Archive）这个网站的创始人。布鲁斯特留意到，谷歌、亚马逊和其他正在扫描书籍的国家，他们都会把一些非珍藏的书籍拆开来扫描，有些书扫描完就被丢弃了。他觉得这种破坏，对于文化来说非常危险。

我们正处在这样一个特殊的时期：

> 纸质书籍数量庞大、价格低廉、随处可见。无论是在机场、杂货店、图书馆、书店，还是在千家万户的书架上。这样的状况最多持续到本世纪末。所以作为一个纸质书爱好者，现在是黄金时期。但是很快，纸质书的生产基本上就会停止，家中的藏书将会变少，甚至地方图书馆也将不再继续存放书籍，尤其是畅销书。那些珍藏本的书籍会被存放在少数几个珍藏本图书馆里。总的来说那些普通的纸质书籍，一般不会再被存档。这些现在看来还难以置信，但是过不了几代，对大多数人来说，想看到一本纸质书，就像亲眼看到狮子一样是件稀罕事。

布鲁斯特决定，他应该为他们扫描的每一本都保存一个纸质版本，这样的话，世界上的某处至少还有一个纸制版本可以代表数以万计的数字复制品。这本随机找到的书将被悉心保护起来，并且成为这部作品的“模式标本”。有人要是对数字版本有所疑问，至少还有一个纸质版本在某处妥善的保存着。

五个纸箱堆在一个货盘上，并且用塑料包裹起来，这样的话一个集装箱可以存放四万册书籍。这些集装箱现在被放在一个金属仓库里，它位于加州里士满火车铁轨附近的一条工业街上。在这座毫不起眼的建筑里，布鲁斯特打算收藏一千万册图书，这相当于一所世界一流大学图书馆的馆藏。集装箱堆了两层，湿度控制在30%，并有三层防水保护（塑料、钢化集装箱、钢制封顶），即使短时间内不去管它，仍然能够保持干燥。

他收藏的不仅仅是纸质书籍。书籍的电子版本从某种意义上来说也是有形的。所以互联网档案馆也在这些集装箱里存放磁带（早期数字扫描的版本）以及硬盘（现在的扫描），并且还空出了一些地方，来存放将来会出现的新介质。一定会有新的介质出现，布鲁斯特说：“当他们制作书籍的微缩胶卷时，就以为再也不用重新扫描了。后来他们用300dpi的精度对书籍进行扫描，也以为再也不用重新扫描了。我们现在知道总有一天这些书还是要被重新扫描的，而书就在这里的纸盒中等待着。”

任何数字形式的东西，最终必定要用实体方式保存下来。这个想法包含着意味深长的真理，但是还没有被更多人所理解。布鲁斯特在项目摘要中写道：

> 随着互联网档案馆将藏书数字化，并将之存入电脑磁盘，我们渐渐发现，数字版本与纸质书籍的共性日益凸显。电脑硬盘能够存储数字化的数据资料，但它仍然是一种物质实体。这样的话，磁盘过了3到5年的使用寿命之后，我们也将它们保存归档。同样，我们也保存微缩胶卷，这是上一代人的存储媒介。因此，硬盘设备不过是另一种信息存储的介质罢了。这一联系告诉我们，在数字时代，实体存档仍然是一个重要的部分。

这个系统的初衷不是为一本一本来检索书籍，而一组一组来检索，比如说，一整个货盘的书。但是他们被存储是因为总有一天有人会需要用到它们。这个多层系统的规格如下：

> 所有图书都被编目，并插入了无酸纸，上面注明了每本书信息和存放位置。每个箱子大概能放40本书，箱子外面贴注了标签。每个货盘能放24个箱子。改装过的40寸集装箱保证了安全性，并且可以提供独立控制的储存环境，箱体内的温度控制在10~15摄氏度，相对湿度控制在30%。大楼里存放集装箱，设有环境监测系统，非营利组织拥有并保护这幢大楼和里面存放的内容。

就在上个星期日，这个纸质书档案馆向访客开放。目前馆藏图书大约50万册。其中大多数都是在旧书市场上很便宜的买来的，还有一些则是来自书籍爱好者的捐赠。这个档案馆目前正在寻找更多的书籍进行扫描存档。一本书从寻回、编目、扫描，大概每页要花10美分。档案馆自己拥有扫描版本的纸质书，这也带了一个小小的好处，他们可以主张对于数字拷贝有合理使用的权利。他们尽量只扫描自己拥有的书籍。

一个审慎的社会，对于任何自身创造的东西，至少会留下一个“模式标本”，并且永久保存。20年以来，唯一一个对公众开放的互联网备份竟然是来自于私人出资的“互联网档案馆”，这一点仍然让我觉得不可思议。他们同时是唯一一个大规模的广播电视节目的档案馆。目前他们正在备份那些书籍的备份。总有一天，我们会意识到这个举动的远见卓识，布鲁斯特也将被视为一个英雄。

2011年6月10日

THE LIBRARY OF UTILITY
实用图书馆

我想象，有一个图书馆坐落在偏远僻静的山顶上，里面收藏着重建文明所必不可少的实践知识。它向所有来到此处的人开放，是文化领域的斯瓦尔巴特（Svalbard）全球种子库；斯瓦尔巴特全球种子库位于北极圈，贮藏着来自全球的农作物种子。这个图书馆中的所有实用文献便是"文化的种子"，如果需要，它们会再次萌芽。这是实用图书馆，作为文明的备份而存在。

现今大部分大型图书馆都非常具有包容性。它们包罗"一切"。谷歌和其他机构将这一切知识复制成为数字形式，组成了人们渴望已久的寰宇图书馆。但是，位于山顶的这个图书馆有所不同。它非常具有选择性，不收藏世界最伟大的文学作品，不收录各种历史，也不包括对民族奇观的深入了解和对未来的猜测。这个图书馆里面不记录过去的新闻，没有儿童书，没有大部头的哲学著作。它只有种子，实用知识技能的种子，教你如何重建现在的文明基础和科技。这个图书馆将收集一切重建自己所需的知识——砖块、砂浆和玻璃的机械构造——图书馆本身。有人或许会认为，这是一个类似手册一样的图书馆，告诉人们如何用书和纸张创建实体图书馆。或将其视作重建文明基础的手册。一本重启文明的手册，恒今基金会和各种科幻故事也已经探讨过它。有了这里所贮藏的知识种子，人类就可以重新发展印刷、金属加工、塑料制作、胶合板生产和镭射光碟的艺术。

这些信息通常不会出现在图书馆中、书本里和网络上。现在，教学性质和实用性信息通过YouTube视频传播。之所以会出现这种现象，部分原因在于视频是展现如何做某事的好方式。同时，也由于录制视频比用文字和图表说明一件事要更容易。不过，这种方便简单往往会降低教学的质量。如果要依靠寰宇图书馆来学习如何用矿石炼制金属薄板，发现和提炼矿石，或如何用石油制作塑料，用硅制造芯片，那将是非常困难的。通常，这种实用知识不会出现在书本中。而即便图书馆里有这类知识，它们也很浅薄，分散在许多书籍和期刊中。很多这些实用知识都是隐性知识[①]，通过书面记录以外的形式传播。而就算记录在书本上，这些文献也通常不会进入图书馆。

实用图书馆不必很大。可能只需要一万卷左右的书籍，就足以囊括重建文明基础的必要信息。与谷歌的寰宇图书馆不同，它收藏的是纸质文献。再过一个世纪左右的时间，纸质书就会成为稀有物品。不过，纸质书会比任何数字平台更持久，且使用纸张所需要的科技最少。在任何时期，纸质文本都将可以在任何地方阅读。但软盘、光盘和PDF格式文档则不尽然。

不过，实用图书馆不仅仅包含许多书籍，它还包含书的序列。你想要了解不同的内容，就需要查阅不同的文献。如果已经知道如何制作胶水，那你就可以立即开始学习制作胶合板。但是，如果你不知道如何制作防水胶，就要从制作防水胶开始。如果你知道如何制作胶水和木头纺纱机，但不了解液压机，那么就需要另一套不同的教学指南。这种多分支的形式看上去挺有超文本的感觉，用数字形式不是更好吗？确实，数字化会更好，但还是会保留纸质文献作为备份。

或许实用图书馆通常会在整个冬天都处于密闭状态，每年会开几次或几个月，用以添加图书和研究工作。这是一个万年图书馆，墙壁坚不可摧，如果真的到了人类自顾不暇的那一天，它也能够在没有人类维护修理的情况下，屹立数百年不倒。实用图书馆将用来贮藏最基本的一万卷书籍，安然度过一万年，任何时候只要需要，都可以利用其中贮藏的知识重启人类文明。

没必要等到在山顶建造实用图书馆。现在，在自家的车库就可以开始。如果可能，你会在里面放什么书？

2011年4月24日

① 隐性知识（Implicit knowledge）是迈克尔·波兰尼（Michael Polanyi）1958年从哲学领域提出的概念。波兰尼认为："人类的知识有两种。通常被描述为知识的，即以书面文字、图表和数学公式加以表述的，只是一种类型的知识。而未被表述的知识，像我们在做某事的行动中所拥有的知识，是另一种知识。"他把前者称为显性知识，而将后者称为隐性知识，按照波兰尼的理解，显性知识是能够被人类以一定符码系统（最典型的是语言，也包括数学公式、各类图表、盲文、手势语、旗语等诸种符号形式）加以完整表述的知识。隐性知识和显性知识相对，是指那种我们知道但难以言述的知识。

WHERE THE LINEAR CROSSES THE EXPONENTIAL
线性与指数的交叉

弗里曼·戴森[①]（Freeman Dyson）是我最喜欢的大趋势思想家。他一心用计算机来解决世界性问题。他热衷于思考异想天开的“旁门左道”，只为看看能否从中学到些什么。他会随便挑选一个极端观点进行推算，看看如果它是对的会出现什么结果。这些推算出来的数字与我们所知的其他信息是否相符？

戴森刚刚写了篇关于全球变暖问题的分析，这是我见过的最好的一篇——尽管以《纽约书评》的书评面目出现。他有无与伦比的才能，通过对现象的物理过程进行估算，每每能得出新奇的见解。他的“评论”给我们提供了三个全新的视角。

1）一个理论性全球变暖解决办法。他提出了采用生物工程技术的“超强食碳植物”，因为他基于著名的基林曲线[②]的计算表明，植物能在十年内吸收多余的碳。我认为这种生物技术是可行的。但我怀疑我们不能像他估算的那样把它们移植到“占据四分之一”地球陆地的野生物种，因为这些经过改变的物种的行为和相互作用，不会特地与其野生先祖相同。它们之所以如此另类，正是基于这样一个事实，它们能析出的碳比野生植物多得多。如果像农产品一样大规模种植，这些超强食碳植物没准儿能起作用。但是要做出这个推测，戴森的问题概要也要修订。

2）更有趣的是，戴森对新的全球宗教做出了最好的描述，一个此前几乎没人注意到的新兴宗教。我认为他在这一点上百分之百是对的：

有一种可称之为环境主义的世界性世俗宗教，认为我们是地球的管家，用奢侈生活的废弃物品来掠夺这颗星球是一种犯罪，正义之路是尽可能节俭地生活。环境主义伦理正被灌输给全世界幼儿园、中小学乃至大学里的孩子们。环境主义已取代社会主义成为最重要的世俗宗教。环境主义伦理本质上是合理的。对自然栖息地的无情破坏是恶，对鸟类和蝴蝶的细心保护是善，科学家与经济学家和佛教僧人与基督教活动家在这一点上应该是一致的。环境主义者的世界性团体——多数都并非科学家——占据着道德制高点，正领导人类社会走向一个有前途的未来。作为一个对自然充满希望和敬畏的宗教，环境主义已进入到我们的生活。这是一个为我们大家所共享的宗教，不论我们是否认为全球变暖有害。

3）但是最重要的，他这篇文章之所以值得长期思考，是因为戴森以非凡的清晰度解释了代际思考的一个主要难题——这一代今天应当接受多大"惩罚"来确保未来的繁荣？这是戴森的答案：

如果我们能在2010年花1美元在节能减排上，从而免去2110年由气候变化造成的M美元损失，M必须多大，才能让这钱花得值得？或者以经济学家的说法，气候变化对未来造成的损失有多少能被今天投资于节能减排的钱抵减或者"贴现"[③]？

这叫做"贴现未来"。任何长期计划都必须面对这样的估算。

经济学家对这个问题的常规回答是，如果2010年以平均复利率把钱投资于世界经济一百年，M必须大于2110年的预期盈利。比如，1美元以4%平均利率投资一百年，其价值将是54美元；这是1美元在一百年后的未来价值。因此，现在为阻止全球变暖的特定战略花的每一个美元，必须在一百年后使由全球变暖造成的损失减少54美元还多，从而增进良性的社会经济效益。如果一个碳排放税收战略的结果是每投资1美元盈利仅仅为44美元，为此付出的代价将超过采取这个战略的好处。但是如果这个战略带来的是1美元盈利64美元的结果，其好处就不言而喻了。这时问题就成了：在创造超过现时成本的远期利益方面，应对全球变暖的不同战略做得有多好。

未来贴现率的选择对每个制定长期计划的人来说都是最重要的决定。贴现率是未来一美元的现值在进入未来的过程中的假定年损耗率。

戴森接着回到全球变暖问题。他评述了斯特恩④和诺德豪斯⑤关于未来贴现率的两个对立观点。

在斯特恩看来，贴现是不道德的，因为它把当前一代和后代区别对待。也就是说，斯特恩认为贴现将过重的负担强加于后代身上。而在诺德豪斯看来，贴现是公平的，因为今天人们少花一美元，一百年后我们的子孙就能多花54美元。

同样的困惑，可以有许多方式来重新表述。如果能使今天成百万的人摆脱贫困，那么大量燃烧煤而不是减少烧煤，把减轻贫困搁置到以后，这是否妥当呢？今天，是繁荣、污染，还是环境健康、贫困，带给后代的更多？如果你生在未来一代，你想要什么？贫困的世界还是干净的世界？

难道我们不该把繁荣和健康都传下去吗？当然应该，这是我们的目标。但是戴森对贴现未来的解释说明了一点，总要有所取舍的。实际上就定义来看，我们也绝对不可能同时满足当前一代和后代。现在和未来的需求可能重叠但不会同时发生。

每个人都有非常明确的时间偏好。几乎每个人都宁愿在今天得到1千美元而不是在50年后再得到1千美元。但是如果你在今天1千美元和50年后3万美元之间做选择，两者就争起来了。现在和未来两个数额之间的差异，驱动产生了我们所说的利息——某人为现时所得而愿意支付的金额。有些人会为现时报酬支付过高代价，往往会陷入永远无法还清利息的困境。因此面向未来的利率和贴现率需要明智地制定。

社会似乎也有时间偏好。如其所愿的话，他们宁愿要眼下的繁荣而不是以后的。他们愿意为现在就得到报酬付出多少呢？他们会为了得到眼下的繁荣而为空气污染、气候变化和长期债务付出代价吗？可能会，而且可能还愿意付出过大的代价。即刻繁荣的“利息”可能是任何未来一代都不愿偿付的。

此外，技术的推动突显了贴现未来的不可思议性。在某些项目，延迟大大增加了未来的成本。等着维修道路和桥梁等基础设施意味着需要越来越多的钱去升级它们，因为腐朽引起腐朽。忽视可能是自加速的，因此修补遭到严重忽视的东西贵得几乎难以想像。另一方面，以摩尔定律为例，如果直到未来计算机都能每年价格降低一半而速度翻倍，那么延迟一些特殊的计算挑战也说得过去。许多生物学家认为延迟人类基因组测序从经济角度上看是最明智的。你可以等技术发展几年，随着每年效率和速度翻倍，一旦便宜下来它就会突然发力。因此等的是更便宜和更快速。

所有的外熵系统（经济、大自然和技术）都是由自加速反馈循环所控制的。就像复利或良性循环，不断增加的盈利给它们提供了动力。成功导致成功。一个增量长尾逐渐积累起来，而后由于在每个循环周期都翻倍，它们便从默默无闻迅速激增到举足轻重的程度。外熵系统也能以相同的自加速方式突然崩溃，一个减法引起许多其他减法，这样在一个恶性循环中整个系统向内部坍塌下去。我们对未来的看法被这些指数曲线给歪曲和蒙蔽了。

但是尽管进步运转在指数曲线上，我们每个生命却是以线性方式在延续。我们日复一日地生活着。尽管我们可能觉得，在我们变老时，时间在飞，实际上它在一点一滴地慢慢流淌。今天总是比未来某一天更有价值。很大一部分原因在于我们无法保证一定能得到这一天。文明同样如此。在线性时间上未来是损失。但是因为人类心智和社会能够随着时间推移做些改良，并且在良性循环中增加这些改良，因此在这个维度上时间是盈利。因此长期思考必定包括线性和指数性两种趋势的合流。我们这个时代的线性征途贯穿于无数自我增强的指数级力量的一连串起起伏伏中。人类世代也在以线性顺序前进。它们前赴后继稳步向前，同时受到指数级变化的复合循环的推进。

长期思考的内容就是要权衡线性与指数的交叉点。每一代和每个问题的交点方程都各不相同。有时即刻需求会占上风，贴现率会有利于现在。比如说，儿童疫苗和抗生素的长期使用从长远看来可能证实存在负面作用，但是其对当前世代的价值如此之大，以至于我们同意把成本交给未来。这样子孙后代就不得不为此付出代价——解决这个问题，方法是发明更好的药物，采用成倍优于现在的知识和资源。其他时代下的后代子孙将从起初是小的即时回报的后来成指数级增长中大受裨益，以至于我们要提高贴现率。比如说在任何社会，对女孩子的教育投资收益如此之丰，给许多方面带来的增进如此之大，造福的世代如此之多，现在付出些代价简直太值了—— 即便是面对文化抵制和低即刻收益的高昂代价。这里成本点转向了现在。

如我们所预测，成本、效益、风险阈值落在文明每一部分的时间线，或者由我们的线性生活与指数变化相交之处构成的野外图，随便哪个都是现成的。

2008年7月3日

---

① 弗里曼·戴森（Freeman Dyson　1923年12月15日 - ）：美籍英裔数学物理学家，普林斯顿高等研究院教授，为量子电动力学的建立做出了决定性的贡献。戴森还以在核武器政策和外星智能方面的工作而闻名，著有许多科普读物。

② 1960年，美国科学家、加州大学教授查尔斯·戴维·基林（Charles David Keeling，1928—2005）以实证方法证实二氧化碳含量的确呈上升趋势，并提出著名的“基林曲线”（Keeling Curve）。

③ 贴现也叫票据贴现，它是指将未来的货币转换成当前或者其之前后，其货币的实际价值。

④ 尼古拉斯·斯特恩（Nicholas Stern）：前世界银行首席经济学家、全球气候变化政策奠基人、气候经济学之父。

⑤ 威廉·诺德豪斯（William D.Nordhaus）：美国最有影响的50名经济学家之一，全球研究气候变化经济学的顶级分析师之一。

PREDICTING THE PRESENT, FIRST FIVE YEARS OF WIRED
预言现在——《连线》杂志创刊五年引文集锦

某天查阅文件的时候，我找到了这份1997年的文档。里面收集了《连线》杂志创刊头五年里的一些引文。虽然我不记得自己为什么要创建这样一个文档，甚至不记得自己有没有编制过这些文档，不过我想这是为《连线》杂志五周年刊而编写的。印象中这些都没有刊发。现在读起来，会很清楚地发现，所有关于未来的预测，都只是对现在的预言。

以下是全部引文集锦：

人类文化深深地、无可救药地、疯狂地爱上了小发明和小玩意儿。而爱是不可能被战胜的。

杰伦·拉尼尔，1993年5月、6月，《连线》杂志1.02期第80页。

历史上，没有哪个阶级像蓝领工人阶级崛起得那样快，也没有哪个阶级没落得像它那样快。

彼得·德鲁克①，1993年7月、8月，《连线》杂志1.03期第80页。

在虚拟融入② 的世界中，创作者不再是传递经验，而是打造完全个人的体验。

布伦达·劳瑞尔③，1993年12月，《连线》杂志1.06期第107页。

我认为，在未来五年内，超过十分之一的人在乘坐公共汽车、火车和飞机时，会使用头戴式电脑显示器。

尼古拉斯·尼葛洛庞帝[4]，1993年12月，《连线》杂志1.06期第136页。

很快，人们对自己所使用的电脑的了解，还比不上对电从哪儿来这个问题的了解。

丹尼·希利斯[5]，1994年1月，《连线》杂志2.01期第103页。

如果人类要创造出思维机器，就不得不面对一大难题——如何创造出复杂到我们无法理解的东西。

丹尼·希利斯，1994年1月，《连线》杂志2.01期第104页。

电脑是我们这个时代的隐喻。

吉姆·梅茨纳[6]，1994年2月，《连线》杂志2.02期第66页。

过去，我们换频道。现在，我们按遥控。今后，我们将能够重新设定代理或过滤程序。广告[7] 不会消失，它会重新焕发活力。

迈克尔·施拉格[8]，1994年2月，《连线》杂志2.02期第73页。

今后，稀缺资源将不是物质，而是观点。

保罗·.萨福[9]，1994年3月，《连线》杂志2.03第73页。

在我看来，苹果公司推出200美元的产品这种想法很荒谬。苹果没法做出200美元的空白磁盘。

比尔·阿特金森[10]，1994年4月，《连线》杂志2.04期第104页。

信息高速公路上的牺牲品，将是那些只知道好莱坞、拉斯维加斯、游戏机厅或购物网站而忘记有其他出口的数十亿人。

艾伦·凯[11]，1994年5月，《连线》杂志2.05期第77页。

未来就是扯淡。

杰伊·恰特[12]，1994年7月，《连线》杂志2.07期第84页。

金钱只是一种信息，一旦数字化，就会遭到那些精通数学的黑客不断地程序攻击。

凯文·凯利，1994年7月，《连线》杂志2.07期第93页。

在信息加科技便等于权力的世界里，谁控制着编辑室，谁就掌控了全局。

休·加拉格尔[13]，1994年8月，《连线》杂志2.08期第86页。

其他功能需要驯养的机器人——被收买、哄骗或进化成为具有家庭角色的野生机器人。但首先要有机器人。

马克·蒂尔登[14]，1994年9月，《连线》杂志2.09期第107页。

永生依靠的是数学，而非奇迹。

迈克·佩里[15]，1994年10月，《连线》杂志2.10期第105页。

世界愈发一体化，种族也就越重要。坚持自己与众不同的地方就变得非常重要。

约翰·奈斯比特[16]，1994年10月，《连线》杂志2.10期第115页。

马克·安德里森[17] 会面无表情地告诉你，他认为马赛克通信公司（Mosaic Communications）的马赛克浏览器[18] 会成为全球电子信息的标准界面。

加里·沃尔夫[19]，1994年10月，《连线》杂志2.10期第116页。

对于坚持认为现实应该黑白分明的人来说，21世纪并不好过。

乔尔·加罗[20]，1994年11月，《连线》杂志2.11期第158页。

以兔八哥和猎手阿宝为例。不消一会儿，他们就打起来了——战略，进攻，撤退，再重演。整个军工复合体[21] 都体现在一只兔子和一个口吃的人你追我逐的场景中。

布莱恩·博伊贡[22]，1994年12月，《连线》杂志2.12期第94页。

数字世界里，正本和副本的区别毫无意义，因为数字世界的所有作品都是以复制的形式存在。

丹尼尔·皮埃尔贝克[23]，1994年12月，《连线》杂志2.12期第158页。

这些东西很难预测。20世纪80年代，如果让你来预言电脑革命，你绝对不会想到我。

比尔·盖茨，1994年12月，《连线》杂志2.12期第166页。

很长一段时间至今，在美国，大多数人大部分时间似乎都在看电视。但是直到最近，我们才开始意识到，自己也被电视关注着。

菲尔·佩顿[24]，1995年1月，《连线》杂志3.01期第126页。

人终有一死，正因此人类进入了对价值和意义的思考。

赫吉·德布黑[25]，1995年1月，《连线》杂志3.01期第162页。

可怕的并不是电脑将在2008年与人类智商相当，而是电脑智商的指数曲线将继续上升，上升，再上升。

格雷格·布朗德[26]，1995年3月，《连线》杂志3.03期第107页。

未来不会有500个频道，只有一个，那就是你的频道。

斯科特·萨沙[27]，1995年3月，《连线》杂志3.03期第113页。

在未来，你不用购买艺术家的作品，购买专门的软件即可；这些软件能够制作出“他们”的原创作品，或重现他们看待事物的方式。

布莱恩·伊诺[28]，1995年5月，《连线》杂志3.05期第150页。

将科技视作历史长河的一部分很重要，科技本身就有自己的历史。

弗农·维格[29]，1995年6月，《连线》杂志3.06期第161页。

极度乐观主义（认为越来越多的东西都在技术上可行）会引起关于意识、身份和欲望最基本的思考。

弗农·维格，1995年6月，《连线》杂志3.06期第161页。

我相信，人的本性比人类科技保守得多。

纽特·金里奇[30]，1995年8月，《连线》杂志3.08期第109页。

我们正在使用具有前所未有地有着强大能力的工具，而在这个过程中，我们正变成这些工具。

约翰·布罗克曼[31]，1995年8月，《连线》杂志3.08期第119页。

如果波音747遵守摩尔定律，那么它的时速会达到100万英里，飞机会缩小，而飞往纽约的机票只需5美元。

内森·麦沃尔德[32]，1995年，《连线》杂志3.09期第154页。

孩子们每天上网六小时，家长就担忧不已，而如果孩子将同样的时间用来读书，家长就很开心。这不是很奇怪吗？

尼古拉斯·尼葛洛庞帝，1995年9月，《连线》3.09期第206页。

短期内，人类的心灵都远远复杂过我们所能创造出的东西。如果我们在短期内创造出了比人类心灵更复杂的东西，那则意味着人类并不是那么复杂，我们一直以来都在骗自己。

侯世达，1995年11月，《连线》杂志3.11期第114页。

现在，网络比任何东西都更像是创业活动的平台——它是真正意义上的自由市场经济。

马克·安德里森，1995年12月，《连线》杂志3.12期第236页。

3D不是界面范例，也不是世界模型。3D并非不可缺少的要素，它只是一个属性，就像蓝色一样。

F.兰德尔·法莫[33]，1996年1月，《连线》杂志4.01期第117页。

如果无法深刻理解我们在虚拟中表达的自我，那么我们就无法利用这些体验来丰富现实。

雪莉·特克尔[34]，1996年1月，《连线》杂志4.01期第199页。

垃圾信息所带来的烦恼随着网络规模的扩张而增加。

雷·琼斯[35]，1996年2月，《连线》杂志4.02期第96页。

我们出生，度过短暂的一生，然后离开人世。一直以来都是如此。就算科技对此能有所作为，也不会改变太多。

史蒂夫·乔布斯，1996年2月，《连线》杂志4.02期第106页至107页。

就像存在宗教原教旨主义一样，这世上也存在科技原教旨主义。

保罗·维希留[36]，1996年5月，《连线》杂志4.05期第121页。

我想做点不费脑筋的事情放松一下时，就会去重装Windows95系统。

让-路易·加西[37]，1996年5月，《连线》杂志4.05期第190页。

电脑产业作为一个整体是否盈亏相平，这还是个疑问。

彼得·德鲁克，1996年8月，《连线》杂志4.08期第116页。

最成功的创新者是会创新的模仿者，二流创新者。

彼得·德鲁克，1996年8月，《连线》杂志4.08期第118页。

西方文化倾向于“放手去做”，而我认为一部分未来更多地取决于“顺其自然”。

瓦茨·瓦克[38]，1996年9月，《连线》杂志4.09期第168页。

革命并非小发明和科技的结果，而是权力转移的结果，后者正在世界各地发生。

沃尔特·里斯顿[39]，1996年10月，《连线》4.10期第205页。

网线会扭曲网络空间。用以传递信息的网线，其两端其实是同一点，即使它们位于地球的两端。

尼尔·斯蒂芬森[40]，1996年12月，《连线》杂志4.12期第98页。

网络是有生命的。它不是有知觉的存在，也不是超级集体意识。而更像是一个迅速生长的巨大黏菌。

史蒂芬·艾伦·爱德华兹[41]，1997年4月，《连线》杂志5.04期。

数字文化演变所展开的所有前景中，最诱人的是科技与政治融合创造出更为文明的社会的可能。

乔恩·卡茨[42]，1997年4月，《连线》杂志5.04期。

科技并非无名的其他事物。接受科技，就是接受和面对我们自己。

大卫·柯南伯格[43]，1997年5月，《连线》杂志5.05期第185页。

社区出现在商业之前。

约翰·哈格尔[44]，1997年8月，《连线》杂志5.08期第84页。

现代科技是一个重要的发展过渡。如果它的出现没有打乱现有的生活，那才令人震惊。

格雷戈里·斯托克[45]，1997年9月，《连线》5.09期第128页。

污染是低效率的行事方式，而低效率意味着损失利润。

乔·马塞达，1997年10月，《连线》杂志5.10期第138页。

旧式的明信片规则也适用于电子邮件。应该没有人会去看你的明信片，但是如果你在上面写了任何隐私信息，那就蠢到了家。

礼仪小姐[46]，1997年11月，《连线》杂志5.11期。

美国政府可以阻止我去美国，但他们阻止不了我的病毒。

1997年11月，《连线》杂志5.11期，黑暗复仇者（登载于当期杂志的侧边栏，并未收录到《连线》数字版中，摘编自萨拉·戈登对黑暗复仇者的访谈）

每个年代的人都认为过去很平静，这是一种妄自尊大。

汤姆·彼得斯[47]，1997年12月，《连线》杂志5.12期。

2010年5月26日

---

① 彼特·德鲁克（Peter Drucker）：现代管理学之父。

② 虚拟融入技术（Immersive Technology）通过模糊现实世界和数字或模拟世界之间的界限，从而创造出融入感。

③ 布伦达·劳瑞尔（Brenda Laurel）：人机交互、互动叙事以及科技文化方面的先锋作家、研究员、设计师兼企业家。

④ 尼古拉斯·尼葛洛庞帝（Nicholas Negroponte）：美国电脑专家，麻省理工学院教授，麻省理工学院媒体实验室的创办人。

⑤ 丹尼·希利斯（Danny Hillis）：当今著名的计算机科学家，思考机器公司的首席科学家与创办人之一，并参与世界上速度最快的计算机之设计工作，在美国拥有三十四项专利。

⑥ 吉姆·梅茨纳（Jim Metzner）：制作有系列广播节目《地球的脉搏》，常常做客《新闻面面观》（*All Things Considered*）、《市场》（*Marketplace*）和其他公共广播节目。

⑦ 原文中间还有一句话："以前我们只能眼睁睁地看着广告，现在我们能和它互动，以前我们避开广告，现在则搜寻广告。"

⑧ 迈克尔·施拉格（Michael Schrage）：美国麻省理工学院斯隆商学院电子商务研究中心的研究员。

⑨ 保罗·萨福（Paul Saffo）：硅谷科技预言家，斯坦福大学工程学院顾问教授，恒今基金会董事会成员。

⑩ 比尔·阿特金森（Bill Atkinson）：美国计算机工程师和摄影师。1978—1990在苹果公司工作，曾是苹果Macintosh研发团队的一员。

⑪ 艾伦·凯（Alan Kay）：美国计算机科学家，在面向对象编程和窗口式图形用户界面方面作出了先驱性贡献。2003年获得图灵奖。目前担任Viewpoints研究院院长，加州大学伯克利分校兼职教

授。曾任苹果公司院士，惠普公司资深院士。

⑫ 杰伊·恰特（Jay Chiat）：美国广告设计师，李岱艾广告公司（Chiat/Day）创始人之一，该公司因其为苹果公司创作的“1984”广告而出名。

⑬ 休·加拉格尔（Hugh Gallagher）：作家兼音乐家。

⑭ 马克·蒂尔登（Mark Tilden）：机器人物理学家，运用简单的模拟逻辑电路和分立电子元件，制造复杂的机器运动，且通常不用微处理器。

⑮ 迈克·佩里（Mike Perry）：科罗拉多大学计算机专业博士。

⑯ 约翰·奈斯比特（John Naisbitt）：未来学家，《大趋势》（*Megatrends*）作者。

⑰ 马克·安德里森（Marc Andreessen）：美国企业家，投资家，软件工程师。马赛克浏览器的共同创作者，网景通讯公司（Netscape Communications Corporation）共同创始人，Facebook董事会成员。

⑱ 马赛克浏览器浏览器是全球第一个广泛使用的图形接口网页浏览器，是网景浏览器前身。它为后来流行的IE和火狐等浏览器打下了开发基础。

⑲ 加里·沃尔夫（Gary Wolf）：记者，《连线》杂志撰稿人。

⑳ 乔尔·加罗（Joel Garreau）：美国记者、学者和作家。

㉑ 军事工业复合体（Military-Industrial Complex，MIC）是指一国之军队、私有产业、以相关的政经利益而紧密结合而成的共生关系。于此关系中，由于军队过份仰赖私有产业提供武器及军需，而私有的国防产业又企图以政治游说（如为地方创造就业机会）等政经手段来确保其相关预算。这个名词最常被用于美国，且由美国前总统德怀特·艾森豪在演说中首创。

㉒ 布莱恩·博伊贡（Brian Boigon）：设计和文化理论家。

㉓ 丹尼尔·皮埃尔贝克（Daniel Pierehbech）：纽约自由撰稿人，文学艺术杂志《开放城市》（*Open City*）的编辑。

㉔ 菲尔·佩顿（Phil Petton）：《君子》（*Esquire*）杂志特约编辑，著有《美国制造》（*Made in the USA*）。

㉕ 赫吉·德布黑（Regis Debray）：法国知识分子、记者、政府官员、教授。

㉖ 格雷格·布朗德（Greg Blonder）：通信行业科学家。

㉗ 斯科特·萨沙（Scott Sassa）：赫斯特娱乐集团（Hearst Entertainment & Syndication）总裁，该集团是赫斯特公司（Hearst Corporation）的精英集团，负责赫斯特在有线电视网络的收益。

㉘ 布莱恩·伊诺（Brian Eno）：英国音乐人、作曲家、制作人和音乐理论家。氛围音乐（Ambient Music）的先锋。常为U2乐团担任唱片制作。

㉙ 弗农·维格（Vernor Vinge）：圣地亚哥州立大学（San Diego State University）退休数学教授，计算机科学家，科幻小说家。

㉚ 纽特·金里奇（Newt Gingrich）：美国政治家。1995—1999期间担任美国国会众议院议长。

㉛ 约翰·布罗克曼（John Brockman）：文学经纪人和科幻文学作者，边缘基金会（Edge Foundation）创始人。该基金会旨在汇聚在科学和技术边缘领域工作的人。

㉜ 内森·麦沃尔德（Nathan Myrhvold）：微软公司前首席技术官，高智风投公司（Intellectual Ventures）创始人。

㉝ F·兰德尔·法莫（F. Randall Farmer）：电子社区（Electric Communities）发展副总裁。

㉞ 雪莉·特克尔（Sherry Turkle）：麻省理工学院科技社会研究教授。

㉟ 雷·琼斯（Ray Jones）：供职于一家3D软件公司。

㊱ 保罗·维希留（Paul Virilio）：法国当今著名的城市建筑家、哲学家、随笔作家，是当代最激进而坦率的“后现代解密者”，曾在雅克·德里达领导下从事研究工作。

㊲ 让-路易·加西（Jean-Louis Gassee）：法国巴黎人。苹果公司前高级管理人员，1981—1990

间任职该公司。离任后创建Be公司，开发出BeOS。该公司被收购后，任职于PalmSource。

㊳ 瓦茨 · 瓦克（Watts Wacker）：现代商界中最著名和最具影响力的思想家之一，著名的未来学家，畅销书作者，演说家，政治评论家，和社会评论家。第一要务公司（FirstMatter）首席执行官，该公司是一个智囊团，其指导原则是挑战传统。

㊴ 沃尔特 · 里斯顿（Walter Wriston）：银行家，花旗银行前董事长兼首席执行官，2005年1月去世。

㊵ 尼尔 · 斯蒂芬森（Neal Stephenson）：美国著名的网络朋克流科幻作家，同时，他还涉足技术领域，担任企业顾问，并为各类杂志撰写技术文献。

㊶ 史蒂芬 · 艾伦 · 爱德华兹（Steven Alan Edwards）：撰写关于科学和技术的文章，发表于《科技评论》（***Technology Review***）、《地下互联网》（***Internet Underground***）和《21C-扫描未来》（***21C - Scanning the Future***）等杂志。

㊷ 乔恩 · 卡茨（Jon Katz）：《热线》（***Hotwired***）网络杂志《媒介的咆哮》（***Media Rant***）专栏特约编辑。

㊸ 大卫 · 柯南伯格（David Cronenberg）：加拿大导演，主要作品有《每个人都有他自己的电影 》（***Chacun son cinéma ou Ce petit coup au coeur quand la lumière s'éteint et que le film commence***）、《裸体午餐》（***Naked Lunch***），和《蝴蝶君》（***M. Butterfly***）等。

㊹ 约翰 · 哈格尔（John Hagel）：作家，曾担任商业战略和信息技术交叉领域的顾问。

㊺ 格雷戈里 · 斯托克（Gregory Stock）：生物物理学家，畅销书作家，生物科技企业家，曾担任加州大学洛杉矶分校医学院医药、科技和社会（Medicine，Technology and Society）项目主任。

㊻ 礼仪小姐（Miss Manners）：真名朱迪丝 · 马丁（Judith Martin），美国最重要的礼仪专栏作家。

㊼ 汤姆 · 彼得斯（Tom Peters）：美国著名管理学家，管理类畅销书作家，被称为"商界教皇"。曾获斯坦福大学工商管理硕士和博士学位。并担任过麦肯锡公司顾问。